高等院校计算机基础教育应用型系列规划教材

数据库技术与应用简明教程

——Access 2010 版

曹 青 邱李华 郭志强 编著

中国铁道出版社有限公司
CHINA RAILWAY PUBLISHING HOUSE CO., LTD.

内 容 简 介

本书根据教育部对高等学校非计算机专业计算机基础系列课程的教学基本要求编写而成，以数据库应用为重点，以“教学管理”为主线，比较全面地介绍了数据库的基础知识和应用技术。

本书分为理论篇和实践篇两部分：理论篇共分 8 章，内容包括数据库技术基础、关系模型和关系数据库、数据库与表、查询、窗体、报表、宏、VBA 程序设计，且每章后配有大量习题，便于学生巩固和理解所学知识；实践篇与理论篇相呼应，通过 8 个实验使学生进一步巩固理论知识，深化对数据库技术的掌握。

本书结构清晰，示例丰富，讲解详尽，适合作为高等院校非计算机专业数据库课程的教材，也可作为高职高专院校计算机相关专业的教材，以及计算机等级考试（二级）的参考书。

图书在版编目（CIP）数据

数据库技术与应用简明教程：Access 2010 版/曹青，邱李华，郭志强编著. —北京：中国铁道出版社，2018.1（2021.7 重印）
高等院校计算机基础教育应用型系列规划教材
ISBN 978-7-113-24050-9

Ⅰ.①数… Ⅱ.①曹… ②邱… ③郭… Ⅲ.①关系数据库系统-高等学校-教材 Ⅳ.①TP311.138

中国版本图书馆 CIP 数据核字(2017)第 316407 号

书　　名：数据库技术与应用简明教程——Access 2010 版
作　　者：曹　青　邱李华　郭志强

策　　划：魏　娜　　　　**编辑部电话**：（010）63549501
责任编辑：贾　星　彭立辉
封面设计：付　巍
封面制作：刘　颖
责任校对：张玉华
责任印制：樊启鹏

出版发行：中国铁道出版社有限公司（100054，北京市西城区右安门西街 8 号）
网　　址：http://www.tdpress.com/51eds/
印　　刷：北京建宏印刷有限公司
版　　次：2018 年 1 月第 1 版　　2021 年 7 月第 2 次印刷
开　　本：787 mm×1 092mm　1/16　印张：14.75　字数：355 千
书　　号：ISBN 978-7-113-24050-9
定　　价：39.00 元

前　言

在《国家中长期教育改革和发展规划纲要（2010—2020年）》中强调要增强学生运用信息技术分析解决问题的能力。教育部高等学校大学计算机课程教学指导委员会发布的《大学计算机基础课程教学基本要求》对21世纪大学计算机基础教学提出了新的要求。作为当代大学生，尤其是学习、生活、工作在信息时代的大学生，应具备计算机应用知识和技能，具备信息处理的素质。数据库技术是计算机应用的一个重要组成部分，是高等院校非计算机专业计算机基础系列课程之一。

本书由北京建筑大学教材建设项目资助出版。全书分为理论篇与实践篇两大部分：理论篇主要介绍数据库的基本理论及在Access数据库管理系统下的实现；实践篇指导学生在理论的基础上上机实践课堂所讲授的内容。理论篇第1章主要介绍数据管理技术的发展、数据库系统的基本概念、数据库设计的步骤、常用的数据模型；第2章主要介绍关系模型的基本概念、关系的规范化理论、E-R模型向关系模型的转换，以及关系操作的基础——关系代数；第3章主要介绍Access 2010数据库对象、Access 2010的用户界面、创建数据库及表操作；第4章主要介绍结构化查询语言(SQL)及Access的主要查询操作;第5章主要介绍使用Access系统提供的各种工具快速创建窗体的方法、面向对象的基本概念，以及使用窗体设计视图创建自定义窗体的方法;第6章主要介绍使用Access系统提供的各种工具快速创建报表的方法，以及使用报表设计视图设计、创建满足用户要求的报表的方法；第7章主要介绍有关宏的基本概念、宏的创建与运行方法；第8章主要介绍VBA语法及在Access中的应用。本书以“教学管理”系统为示例，通过理论的讲解和上机实践，完整地实现一个小型数据库应用系统。理论篇每章后都配有大量的习题，知识点覆盖面广，便于学生巩固和理解所学知识。实践篇通过与理论篇相呼应的8个实验，使学生通过上机实际操练，加深对课堂理论知识的理解、消化和吸收。

本书由从事“数据库技术与应用”课程教学的一线教师编写，总结了多年的教学经验和体会，注重对学生基本概念、基本理论、基本技能的培养，是一本理论联系实际，使用价值很高的数据库教学用书。

本书由曹青、邱李华、郭志强编著，其中，理论篇的第1~5章由曹青编写，第7~8章由邱李华编写，第6章和实践篇由郭志强编写。

由于时间仓促，编者水平有限，书中难免存在疏漏与不妥之处，恳请读者批评指正，帮助我们不断改进和完善。

编　者

2017年10月

目　录

理　论　篇

实 践 篇

理论篇

第 1 章

数据库技术基础

目前正处于一个信息爆炸的时代，作为这个时代广泛应用的技术——数据库技术，在人们日常生活、学习、工作中随处可见，例如火车（飞机）的售票系统、图书馆图书管理系统、超市信息管理系统、学籍管理系统、各门户网站的用户管理系统等，可以说数据库技术已渗透到人们生活的方方面面。

本章主要介绍数据管理技术的发展、数据库系统的基本概念、数据库设计的步骤、常用的数据模型。

1.1 信息与数据

当今世界正处于信息技术飞速发展的时代，人们每天会接收到大量的信息。所谓信息，是指现实世界中各种事物的存在方式、运动形态以及它们之间的相互联系等诸要素在人脑中的反映。这里所指的事物，不仅仅是指那些看得见、摸得到的具体事物（如书本、桌子等），而且还可以是那些看不见、摸不到的抽象事物（如兴趣爱好、素养等）。

数据是事实或观察的结果，是用于表示客观事物的未经加工的原始素材，是反映客观事物存在方式和运动状态的记录，是信息的表现形式和载体。数据可以是符号、文字、数字、语音、图像、视频等。

数据和信息是不可分离的，数据是信息的表现形式，数据只有经过处理具有一定意义后才成为信息。所以，数据和信息的辩证关系是：数据是信息的载体，信息是数据的内涵。

1.2 数据管理技术的发展

数据管理是指利用计算机对各种类型的数据进行加工处理。它包括对数据的采集、整理、存储、分类、排序、检索、维护、加工、统计和传输等一系列操作过程。

数据管理技术经历了由低级向高级发展的过程，随着计算机技术的不断发展，数据管理技术的发展经历了人工管理阶段、文件系统阶段、数据库系统阶段 3 个阶段。

1. 人工管理阶段

在 20 世纪 50 年代中期，计算机主要用于科学计算。当时没有磁盘等直接存取设备，只有纸带、卡片、磁带等外部存储设备（简称外存），也没有操作系统和管理数据的专门软件。数据管理任务包括存储结构、存取方法、输入/输出方式等，都是针对每个具体应用，由编程人员单独设计解决的。该阶段管理数据的特点如下：

① 数据不保存。由于当时计算机主要应用于科学计算，因此对于数据保存的需求尚不迫切。

② 系统没有专用的软件对数据进行管理，每个应用程序都要包括数据的存储结构、存取方法和输入方法等。程序员编写应用程序时，还要安排数据的物理存储。

③ 数据不共享。数据是面向程序的，一组数据只能对应一个程序。

④ 数据不具有独立性。程序依赖于数据，如果数据的类型、格式或输入/输出方式等逻辑结构或物理结构发生变化，则必须对应用程序做出相应的修改。数据与程序是一个整体，数据只为本程序所使用。

在人工管理阶段程序与数据之间的关系是一对一的关系，如图 1-1-1 所示。

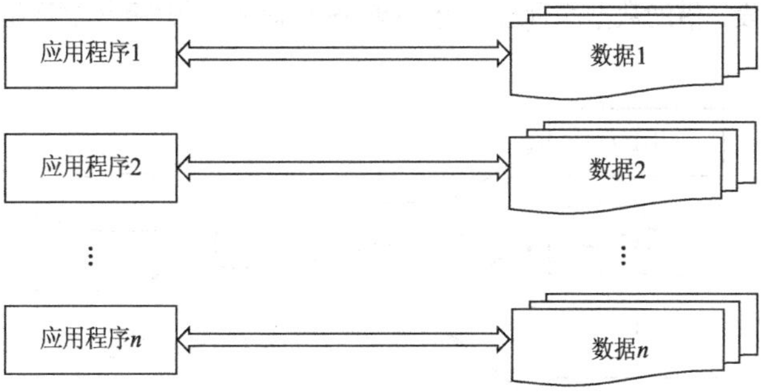

图 1-1-1　人工管理阶段程序和数据之间的关系

2. 文件系统阶段

20 世纪 50 年代后期到 60 年代中期，随着计算机硬件和软件的发展，磁盘、磁鼓等直接存取设备开始作为主要的外部存储设备进行数据存储，出现了高级语言和操作系统。此阶段借助操作系统的文件管理模块来管理外部存储设备中的数据。数据被组织成相互独立的数据文件，并可以独立地、长期地存储在外存中。

文件系统对计算机数据管理能力的提高起到了很大的作用，但存在许多根本性问题，此阶段具有如下特点：

① 数据可以长期保存。数据可以以文件的形式保存在外部存储设备上。

② 程序和数据之间具有设备独立性，即通过操作系统提供的文件管理功能和文件的存取方法实现对数据的访问，程序只需要文件名存取数据文件，但文件的建立、存取、查询、更新等操作，都通过程序实现。

③ 数据共享性差，冗余度大。由于数据文件之间缺乏联系，且如果数据文件的存取方式不同，每个应用程序对应的数据文件就不同，同样的数据就存储在不同的数据文件中。

④ 数据独立性差。数据之间的联系需要程序构造实现。

⑤ 数据不一致性。数据冗余往往易造成数据不一致。

文件系统阶段程序和数据之间的关系示意图如图 1-1-2 所示。

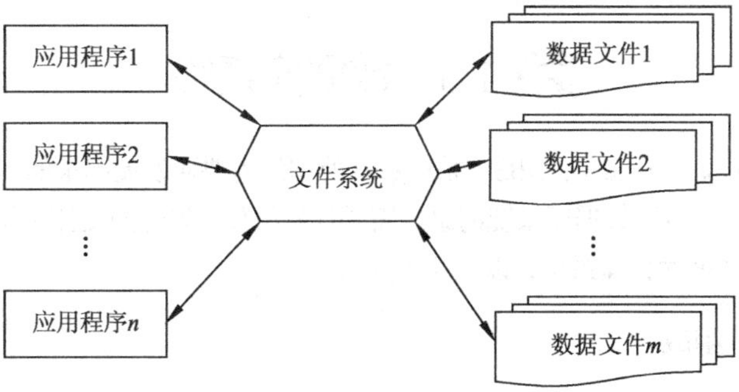

图 1-1-2　文件系统阶段程序和数据之间的关系

3. 数据库系统阶段

20 世纪 60 年代后期至今，计算机软硬件技术迅猛发展，特别是磁盘技术日益成熟，出现了大容量磁盘，存储容量大大增加且价格下降，为联机存取的数据库技术的实现提供了有力的支持。为了克服前几个阶段管理数据时的不足，满足和解决实际应用中多个用户、多个应用程序共享数据的要求，使数据能为尽可能多的应用程序服务，产生了数据库这样的数据管理技术。

在数据库系统阶段，借助数据库管理系统（DBMS）来统一管理和控制数据。程序和数据之间的关系如图 1-1-3 所示。

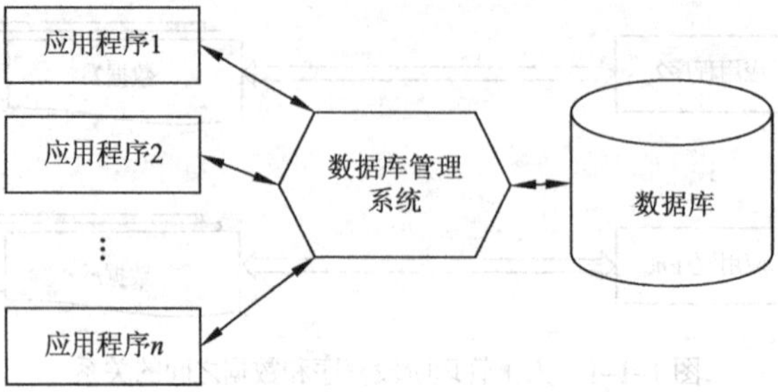

图 1-1-3　数据库系统阶段程序和数据之间的关系

数据库系统阶段的数据管理具有如下特点：

① 数据结构化。通过数据模型来表示复杂的数据结构，数据模型不仅要描述数据本身，还要描述数据之间的联系。

② 数据共享性高、冗余少。数据不再针对某一个应用，而是面向整个系统，数据可被多个用户和多个应用共享使用。数据共享可大大减少数据冗余。

③ 数据独立性高。数据与应用程序之间不存在依赖关系，彼此相互独立。

④ 提供完备的数据控制功能。为确保数据库数据的正确有效和数据库系统的有效运行，提供以下四方面的数据控制功能。

- 数据安全性控制：防止因非法使用数据而造成的数据丢失、泄露和破坏，保证数据的安全和机密。
- 数据的完整性控制：通过设置完整性规则集合，确保数据的正确性、有效性和相容性。
- 并发控制：多用户同时存取或修改数据库时，防止相互干扰而给用户提供不正确的数据，从而使数据库受到破坏。
- 数据恢复：当数据库被破坏或数据不可靠时，系统有能力将数据库从错误状态恢复到最近某个正确状态。

1.3　数据库系统

数据库系统（Database System，DBS）是应数据处理的需要而发展起来的一种数据处理系统，其架构于计算机系统之上，所以数据库系统的组成需要计算机软、硬件的支撑和协作，需要存储数据的数据库、管理数据的数据库管理系统，以及相关人员。

1.3.1　数据库系统的组成

数据库系统一般由四部分组成：

1. 计算机硬件

构成计算机系统的各种物理设备，包括存储所需的外围设备。硬件的配置应满足整个数据库系统的需求。

2. 计算机软件

计算机软件包括操作系统、数据库管理系统、应用系统以及应用开发工具等。其中，数据库管理系统是数据库系统的核心软件，它是在操作系统的支持下去解决如何科学地组织和存储数据，如何高效获取和维护数据的系统软件。其主要功能包括：数据定义功能、数据操纵功能、数据库的运行管理和数据库的建立与维护。

3. 数据库

数据库（Database，DB）是以一定的组织方式将相关的数据组织在一起、长期存放在计算机内、可为多个用户共享、与应用程序彼此独立、统一管理的数据集合。

数据库是数据库系统组成的核心要素。

4. 人员

人员主要有4类：

① 系统分析员和数据库设计人员：系统分析员负责应用系统的需求分析和规范说明，确定系统的硬件配置，并参与数据库系统的概要设计。数据库设计人员负责数据库中数据的确定、数据库各级模式的设计。

② 应用开发人员：负责编写使用数据库的应用程序。

③ 最终用户：是数据库系统的客户，他们利用系统的接口或查询语言访问数据库。

④ 数据库管理员（Database Administrator，DBA）：全面负责数据库系统的管理和控制。DBA的主要职责包括：参与确定数据库中的信息内容和结构，决定数据库的存储结构和存取策略，定义数据库的安全性要求和完整性约束条件，监控数据库的使用和运行，负责数据库的性能改进、重组和重构，以提高整个数据库系统的性能。

图1-1-4所示为数据库系统组成示意图。

人员（分析/设计/开发/管理/用户）
应用系统
应用开发工具
数据库管理系统
操作系统
数据库
计算机硬件

图1-1-4　数据库系统组成示意图

1.3.2　数据库系统的模式结构

数据库系统的结构可以从不同的角度来划分，从数据库管理系统角度分，数据库系统通常采用三级模式结构：外模式、模式和内模式，如图1-1-5所示。这是数据库系统内部的系统结构。

1. 内模式

内模式也称为存储模式或物理模式，是对数据的物理结构和存储方式的描述，是数据在数据库内部的表示方式。一个数据库只有一个内模式。

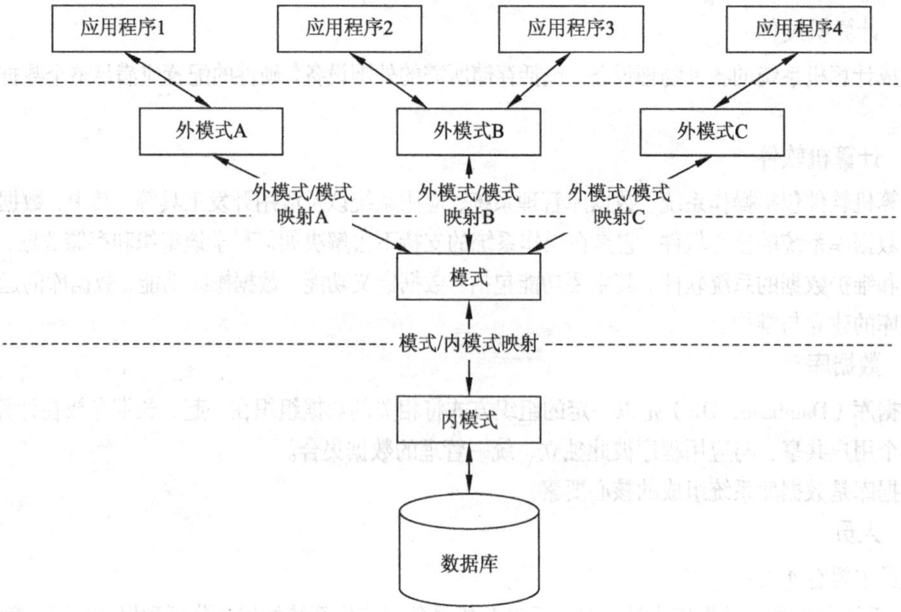

图 1-1-5　数据库系统的模式结构

2. 模式

模式也称为逻辑模式或概念模式，是对数据库中全体数据的逻辑结构和特征的描述，是所有数据在逻辑层面上的视图。一个数据库只有一个模式。

3. 外模式

外模式也称为子模式或用户模式，是数据库用户能够看见和使用的局部数据的逻辑结构和特征的描述，是数据库用户的数据视图，是与某一应用有关的数据的逻辑表示。

外模式一般是模式的子集。一个数据库可以有多个外模式，多个应用程序可以使用同一个外模式，但一个应用程序只能使用一个外模式。

4. 外模式/模式映射

外模式/模式映射定义了该外模式与模式之间的对应关系，实现了数据与程序的逻辑独立性，简称数据的逻辑独立性。即当模式改变（例如增加新的关系、新的属性，改变属性的数据类型）时，由数据库管理员对各自的外模式/模式映射做相应的修改，从而使外模式保持不变，进而依附于外模式的应用程序也不需要修改。

5. 模式/内模式映射

模式/内模式映射定义了模式与内模式之间的对应关系，即定义了数据的全体逻辑结构和数据的物理结构之间的对应关系。模式/内模式的映射使全局逻辑数据独立于物理数据，保证了数据与程序的物理独立性，简称数据的物理独立性。即当内模式改变（例如改变了数据的存储结构）时，由数据库管理员对模式/内模式映射做相应的修改，从而使模式保持不变，进而应用程序也不需要修改。

1.4　数据库设计的基本步骤

数据库设计是指对于一个给定的应用环境，构造最优的数据库模式，建立数据库及其应用系统，使之能够有效地存储数据，满足各类用户的应用需求（信息要求和处理要求）。

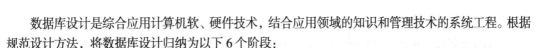

数据库设计是综合应用计算机软、硬件技术，结合应用领域的知识和管理技术的系统工程。根据规范设计方法，将数据库设计归纳为以下 6 个阶段：

1. 需求分析阶段

需求分析阶段是整个数据库设计的基础，在这个阶段必须准确地理解、分析用户的各种需求，主要获取用户的如下要求：

① 信息要求：用户需要从数据库中获取信息的内容与性质，确定在数据库中需要存储的数据。

② 处理要求：确定用户对处理功能、响应时间、处理方式的要求（批处理/联机处理）。

③ 安全性和完整性要求：确定用户对数据库中存放的信息的安全保密要求，确定数据的约束条件。

需求分析阶段是对用户需求进行认识、理解、分析、整理、归纳、提炼的阶段，它决定着整个数据库系统设计的成败。

2. 概念结构设计阶段

在需求分析的基础上，将用户需求进行抽象和模拟，构造信息世界的概念模型。概念结构设计是数据库设计的关键。

设计概念模型的常用方法是实体–联系模型（简称 E–R 模型），此部分内容将在 1.5.2 节详细介绍。

3. 逻辑结构设计阶段

将概念结构设计阶段构造的概念模型设计成数据库的一种逻辑模式，即适应于某种特定数据库管理系统所支持的逻辑数据模式。

逻辑结构设计的 3 个步骤如图 1–1–6 所示。

① 将概念模型转换为某个数据模型。

② 将该数据模型转换为具体的 DBMS 支持的数据模型。

③ 对数据模型进行优化。

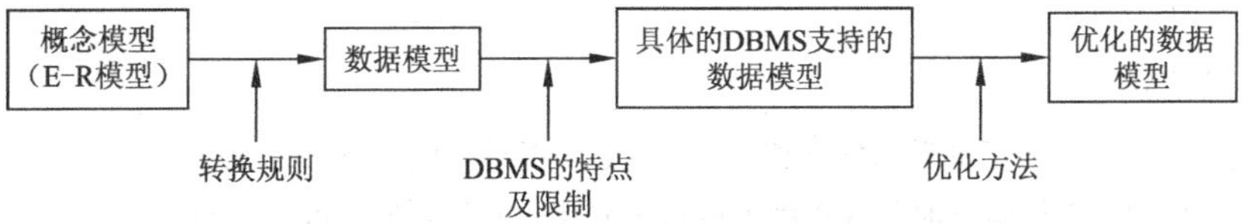

图 1–1–6　逻辑结构设计步骤

数据模型的概念详见 1.5 节。

4. 物理结构设计阶段

数据库在物理设备上的存储结构和存取方法称为数据库的物理结构，它依赖于具体的计算机系统。数据库物理结构设计就是为设计好的逻辑数据模型选择最适合的应用环境。物理结构设计主要完成两方面的工作：

① 确定数据库的物理结构，主要是确定存取方法和存储结构。

② 对物理结构进行评价，主要评价时间和空间效率。

5. 实施阶段

设计人员使用 DBMS 提供的数据定义语言及其他实用程序将上述阶段设计的结果描述出来，组织数据入库，编写并调试应用程序，然后试运行。

6．使用与维护阶段

当数据库试运行成功后，即可投入正常使用，在使用过程中，由数据库管理员负责整个数据库应用系统的日常维护工作，主要包括：数据库存储和恢复；数据库安全性和完整性控制；数据库性能的监督、分析和改进；数据库的重新组织和重新建构。

1.5 数 据 模 型

1.5.1 数据描述

现实世界中的数据能够被计算机所接收，需要经过一系列的认识、理解、整理、规范和加工的过程，然后才能存放到数据库中。即数据从现实世界进入到数据库中实质上经历了从现实世界到信息世界到计算机世界这 3 个范畴，如图 1-1-7 所示。

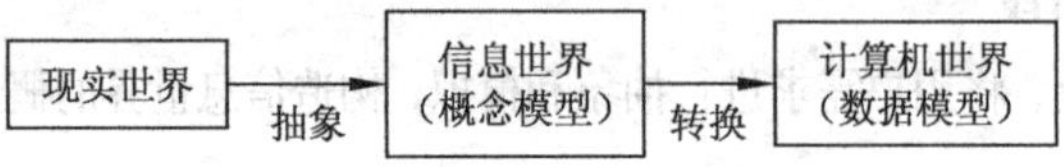

图 1-1-7 数据描述的三个范畴

1．现实世界

现实世界也称客观世界，存在于人们头脑之外的客观事物及其相互联系就处于这个世界之中。各种事物根据其特征和运动形态加以区分。事物可以是具体的，也可以是抽象的。例如，学校教学管理中涉及的学生管理。管理者要求：学生基本信息，内容主要包括学号、姓名、性别、出生日期、是否党员等；学习的课程信息，内容主要包括课程编号、课程名、课程的类别、开课学期、学时等；学生的成绩信息，内容主要包括学号、课程编号、成绩等。在现实世界，数据库设计者接触到的是最原始的数据，数据库设计者对这些原始数据进行整理、抽象成为数据库技术所能接收处理的数据，就进入信息世界。

2．信息世界

信息世界是人们把现实世界的信息和联系，通过“符号”记录下来，是对现实世界的一种抽象描述。在信息世界中，不是简单地对现实世界进行符号化，而是要通过筛选、归纳、总结、命名等抽象过程产生出概念模型，用以表示对现实世界的抽象与描述。例如，学生是客观世界的个体，可以用一组数据（学号、姓名、性别、出生日期）来抽象描述，通过这组数据可以了解该学生的基本信息，而不需要看见学生本人。

3．计算机世界

信息世界中的数据在计算机世界中的存储，即成为计算机的数据。计算机世界是信息世界的数据化。在现实世界中的客观事物及其相互联系，在计算机世界中以数据模型来表示。

从客观世界到信息世界不是简单的数据描述，而是从客观世界中抽象出适合数据库技术研究的数据。同时，要求这些数据能够很好地反映客观世界的事物；从信息世界到计算机世界也不再是简单的数据对应存储，而是设计计算机能处理的数据的逻辑结构和物理存储结构。数据的逻辑结构是指呈现在用户面前的数据形式，是数据本身所具有的特性，是现实世界的抽象；数据的物理结构是指数据在计算机存储设备上的实际存储结构。

数据模型是用于表达数据的工具。在计算机中表示数据的数据模型既要能够精确描述数据的静态特性，也要能够描述数据的动态特性，以及数据间的完整性约束条件。即数据模型的组成要素是：数据结构、数据操作、数据的完整性约束条件。

数据结构主要描述数据的类型、内容、性质以及数据间的联系等，是数据模型的基础。数据操作和完整性约束条件都建立在数据结构之上。不同的数据结构具有不同的操作和完整性约束条件。

数据操作主要描述在相应的数据结构上的操作类型和操作方式。数据操作主要有检索和修改（包括插入、删除、更新）两大类操作。

数据完整性约束条件主要描述数据结构内数据间的语法、词义联系以及制约和依存关系，是一组完整性规则的集合，用以确保数据的正确、有效和相容。

1.5.2 概念模型

概念模型是从用户的视角来对数据进行建模，是现实世界到信息世界的第一次抽象，所以概念模型应该能够方便、准确地表示客观世界中常用的概念。另外，概念模型也是用户和应用系统设计员互相交流的桥梁，以确保数据模型能够正确地描述客观世界。

1. 基本概念

（1）实体

客观存在并相互区别的事物称为实体（Entity）。实体可以是现实世界中看得见的事物，也可以是抽象的概念或联系，如一本书、一架飞机、一个学生、学生与课程之间的选修联系等都是实体。

（2）属性

实体都具有若干特性，其中每一个特性称为实体的一个属性（Attribute）。例如，学生实体可以由学号、姓名、性别、出生日期等属性组成，例如，(2016030205、张三、男、1998/06/26)就是一个学生实体。其中，“张三”是“姓名”属性的属性值。

（3）域

属性的取值范围称为该属性的域（Domain）。例如，性别的域是“男”或“女”。

（4）实体型

用实体名及描述它的各属性名来描述同类实体，称为实体型（Entity Type）。表示实体型的格式如下：

```
实体名（属性1，属性2，…，属性n）
```

例如，学生（学号，姓名，性别，出生日期）就是一个实体型。

（5）实体集

实体集（Entity Set）是具有相同类型及相同属性的实体的集合。例如，某个学校（或某个班级）的全体学生就是一个实体集。

（6）关键字

如果某个属性或某个属性集的值能够唯一地标识出实体集中的每一个实体，那么该属性或属性集就称为关键字（Key）或码。作为关键字的属性或属性集又称为主属性，反之称为非主属性。例如，一个学校中的学生实体集的学号属性是肯定不重复的，且可以标识出每一个学生，所以学号可以作为学生实体集的关键字。

（7）联系

联系（Relationship）是对实体集间的关联关系的描述。以两个实体集为例，联系的类型分为3类：一对一联系、一对多联系、多对多联系。

① 一对一联系：设有实体集 A 与实体集 B，如果 A 中的一个实体至多与 B 中的一个实体关联，反过来，B 中的一个实体至多与 A 中的一个实体关联，则称 A 与 B 是“一对一”联系类型，

记作（1∶1）。

例如，学校里每个班级都指派一位班主任，每位班主任只负责管理一个班级。班级和班主任之间存在一对一联系。

② 一对多联系：设有实体集 A 与实体集 B，如果 A 中的一个实体可以与 B 中多个实体关联，反过来，B 中的一个实体，至多与 A 中的一个实体关联，则称 A 与 B 是“一对多”联系类型，记作（$1:n$）。

例如，学校里每个班级有若干名学生，每个学生只属于一个班级。班级和学生之间存在一对多联系。

③ 多对多联系：设有实体集 A 与实体集 B，如果 A 中的一个实体可以与 B 中多个实体关联，反过来，B 中的一个实体可以与 A 中多个实体关联，则称 A 与 B 是“多对多”联系类型，记作（$m:n$）。

例如，学校里每位学生要选修多门课程，每门课程被若干名学生选修。学生和课程之间存在多对多联系。

2. 实体-联系模型

概念模型的常用表示方法是 P.P.Chen 于 1976 年提出的“实体-联系模型（Entity-Relationship Model）”，简称 E-R 模型。E-R 模型用 E-R 图的方式直观地表示概念模型中的实体集、联系、属性 3 个概念。在 E-R 图中，实体集用“矩形”框表示；实体或联系的属性用“椭圆形”框表示；实体集之间的联系用“菱形”框表示。

【例 1-1】将上述联系的 3 种类型用 E-R 图的方式表示出来（省略了实体集的属性），如图 1-1-8 所示。

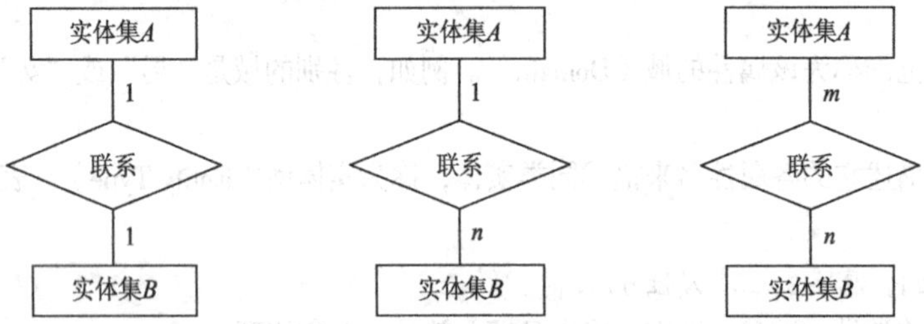

图 1-1-8　两个实体集间的联系类型

【例 1-2】某学校要开发一个数据库应用系统，通过需求分析阶段获取其中的学生管理子系统的信息如下：学院的学院编号、学院名称、负责人、电话、地址等信息；系的系编号、系名称、系主任、班级个数等信息；班级的班级编号、班级名称、班级人数、专业等信息；学生的学号、姓名、性别、出生日期、是否党员、入学成绩等信息；社团的社团编号、社团名称、创建日期等信息。每个学院会设置若干个系，每个系只属于一个学院；每个系拥有若干个班级，每个班级只属于一个系；每个班级有若干名学生，每位学生只属于一个班级；每个学生可以参加若干个社团，每个社团可以有若干名学生参加，参加社团记录其入团时间。设计 E-R 图，如图 1-1-9 所示。

一个数据库应用系统是由若干个子系统构成的，在进行概念结构设计时，通常采用的设计思想是：化全局为局部，然后再做局部集成。

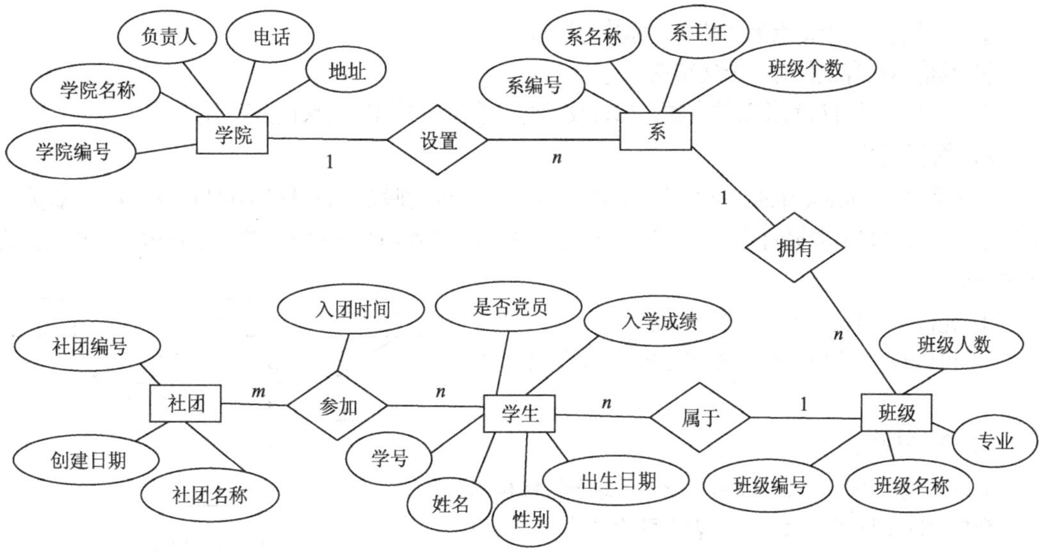

图 1-1-9 学生管理子系统 E-R 图

1.5.3 常用的数据模型

数据模型是从计算机系统的角度对数据进行建模。数据库的类型是根据数据模型来划分的，而任何一个 DBMS 也是根据数据模型有针对性地设计出来的，这就意味着必须把数据库组织成符合 DBMS 规定的数据模型。目前，成熟地应用在数据库系统中的数据模型有：层次模型、网状模型、关系模型和面向对象模型。它们之间的根本区别在于数据之间联系的表示方式不同。层次模型以“树结构”表示数据之间的联系。网状模型是以“图结构”来表示数据之间的联系。关系模型是用“二维表”（或称为关系）来表示数据之间的联系。面向对象模型以对象为单位，可以给类或对象类型定义任何有用的数据结构。

数据模型的称谓是以数据结构来命名的。

1. 层次模型

层次模型（Hierarchical Model）是数据库系统最早使用的一种数据模型，它的数据结构是一种倒挂的有向的“树结构”。其示意图如图 1-1-10 所示。

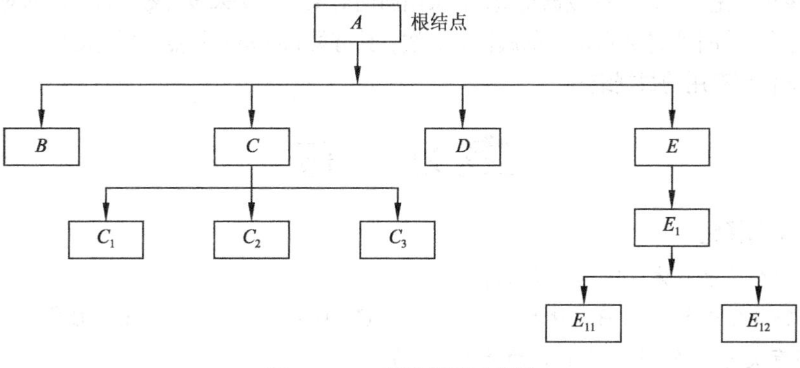

图 1-1-10 层次模型示意图

层次模型的主要特征如下：

① 有且仅有一个结点无父结点，称其为根结点。

② 其他结点有且仅有一个父结点。

现实世界中具有从属关系的事物，如行政机构、族谱均可以以层次模型表示。

2. 网状模型

网状模型（Network Model）以“图结构”表示数据之间的联系。网状模型可以表示多个从属关系的联系，也可以表示数据间的交叉关系，即数据间的横向关系与纵向关系，它是层次模型的扩展。其主要特征如下：

① 允许结点有多于一个的父结点。

② 可以有一个以上的结点没有父结点，如图 1-1-11 所示。

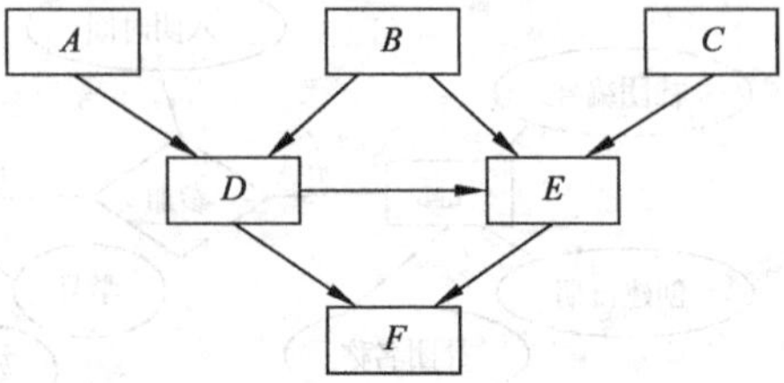

图 1-1-11　网状模型示意图

3. 关系模型

关系模型（Relational Model）以“二维表”结构来表示数据之间的联系，每个二维表又可称为关系。关系模型建立在严谨的数学理论基础之上，是目前最流行的一种数据模型。支持关系模型的数据库管理系统称为关系数据库管理系统，Access 就是一种关系数据库管理系统。图 1-1-12 所示为一个简单的关系模型二维表数据结构。

学号	姓名	性别	出生日期	籍贯	班级编号
2015050101	巩炎彬	男	1998-1-9	内蒙古	H0501
2015050102	骆蓝轩	男	1998-2-10	北京	H0501
2015050103	翟佳林	男	1998-5-11	北京	H0501
2015060201	解袭茗	女	1998-10-12	上海	N0602
2015060202	庞亦澎	女	1998-6-13	海南	N0602
2015070101	晏睿强	男	1998-3-14	上海	S0701
2015070102	狄墨涵	女	1998-4-15	北京	S0701

图 1-1-12　关系模型二维表数据结构

4. 面向对象模型

面向对象模型是一种新兴的数据模型，它采用面向对象的方法来设计数据库。面向对象的数据库是以对象为单位，每个对象包含对象的属性和方法，具有类和继承等特点。面向对象模型可以给类或对象类型定义任何有用的数据结构。

习　题

一、单项选择题

1. 数据是信息的载体，信息是数据的（　　）。

A. 符号化表示　　B. 载体　　C. 内涵　　D. 抽象

2. 以下有关对数据的解释，错误的是（　　）。

A. 数据是信息的载体　　B. 数据是信息的表现形式

C. 数据是 0~9 组成的符号序列　　D. 数据与信息在概念上是有区别的

3. 下面说法错误的是（　　）。

A. 数据本质上是对信息的一种符号化表示

B. 数据表现信息的形式是多种多样的

C. 数据经过加工处理后，使其具有知识性并对人类活动产生作用，从而形成了信息

D. 数据库中存放的数据可以毫无意义

4. 下列说法正确的是（　　）。

A. 信息是指现实世界中各种具体事物的存在方式、运动形态以及它们之间的相互联系等诸要素在人脑中的反映

B. 信息是指现实世界中各种事物的存在方式、运动形态以及它们之间的相互联系等诸要素在人脑中的反映

C. 信息是指现实世界中各种抽象事物的存在方式、运动形态以及它们之间的相互联系等诸要素在人脑中的反映

D. 上述说法均不对

5. 数据管理技术的发展阶段不包括（　　）。

A. 操作系统管理阶段　　B. 人工管理阶段

C. 文件系统阶段　　D. 数据库系统阶段

6. 在数据管理技术的发展过程中，经历了人工管理阶段、文件系统阶段和数据库系统阶段。在这几个阶段中，数据独立性最高的是（　　）阶段。

A. 数据库系统　　B. 文件系统　　C. 人工管理　　D. 数据项管理

7. 数据库系统与文件系统的主要区别是（　　）。

A. 数据库系统复杂，而文件系统简单

B. 文件系统不能解决数据冗余和数据独立性问题，而数据库系统可以解决

C. 文件系统只能管理程序文件，而数据库系统能够管理各种类型的文件

D. 文件系统管理的数据量较少，而数据库系统可以管理庞大的数据量

8. 数据库的基本特点是（　　）。

A. 数据结构化，数据独立性，数据冗余大、易移植，统一管理和控制

B. 数据结构化，数据独立性，数据冗余小、易扩充，统一管理和控制

C. 数据结构化，数据互换性，数据冗余小、易扩充，统一管理和控制

D. 数据非结构化，数据独立性，数据冗余小、易扩充，统一管理和控制

9. 数据库系统的特点是（　　）、数据独立、减少数据冗余、避免数据不一致和加强了数据保护。

A. 数据共享　　B. 数据存储　　C. 数据应用　　D. 数据保密

10. 在数据库方式下，信息处理中占据中心位置的是（　　）。

A. 磁盘　　B. 程序　　C. 数据　　D. 内存

11. 通常所说的数据库系统（DBS）、数据库管理系统（DBMS）和数据库（DB）三者之间的关系是（　　）。

A. DBMS 包含 DB 和 DBS　　B. DB 包含 DBS 和 DBMS

C. DBS 包含 DB 和 DBMS　　D. 三者无关

12. 数据库系统组成的核心要素是（　　）。

A. 数据库　　B. 用户　　C. 软件　　D. 硬件

13. 数据库管理系统是（　　）。

A. 操作系统的一部分　　B. 在操作系统支持下的系统软件
C. 一种编译程序　　D. 应用程序系统

14. Access 系统是（　　）。
A. 操作系统的一部分　　B. 操作系统支持下的系统软件
C. 一种编译程序　　D. 一种操作系统

15. 数据库管理系统能实现对数据库中数据的查询、插入、修改和删除，这类功能称为（　　）。
A. 数据定义功能　　B. 数据管理功能
C. 数据操纵功能　　D. 数据控制功能

16. 能够实现对数据库中数据操纵的软件是（　　）。
A. 操作系统　　B. 解释系统　　C. 编译系统　　D. 数据库管理系统

17. 以下不是数据库管理系统的子语言的是（　　）。
A. 数据定义语言　　B. C 语言　　C. 数据控制语言　　D. 数据操纵语言

18. 数据库管理系统提供授权功能来控制不同用户访问数据的权限，这主要是为了实现数据库的（　　）。
A. 可靠性　　B. 一致性　　C. 完整性　　D. 安全性

19. 存储在计算机外部存储介质上的结构化的数据集合的英文名称是（　　）。
A. Data Dictionary(DD)　　B. Database System(DBS)
C. Database(DB)　　D. Database Management System(DBMS)

20. 数据库是（　　）。
A. 以一定的组织结构保存在辅助存储器中的数据的集合
B. 一些数据的集合
C. 辅助存储器上的一个文件
D. 磁盘上的一个数据文件

21. 数据库的三级模式结构是对（　　）抽象的 3 个级别。
A. 存储器　　B. 数据　　C. 程序　　D. 外存

22. 数据库的三级模式结构中最接近外部存储器的是（　　）。
A. 子模式　　B. 外模式　　C. 模式　　D. 内模式

23. 在数据库的三级模式结构中，描述数据库全局逻辑结构和特性的是（　　）。
A. 外模式　　B. 内模式　　C. 存储模式　　D. 模式

24. 一般来说，在数据库系统的模式结构中，一个数据库系统的外模式（　　）。
A. 只能有一个　　B. 最多只能有一个　　C. 至少两个　　D. 可以有多个

25. 在数据库系统的模式结构中，模式和内模式（　　）。
A. 有且只有一个　　B. 最多只能有一个　　C. 至少两个　　D. 可以有多个

26. 在数据库系统的模式结构中，存在的正确的映射关系是（　　）。
A. 外模式/内模式　　B. 外模式/模式
C. 外模式/外模式　　D. 模式/模式

27. 数据库三级模式体系结构的划分，有利于保持数据库的（　　）。
A. 数据独立性　　B. 数据安全性　　C. 结构规范化　　D. 操作可行性

28. 数据库系统的数据独立性是指（　　）。
A. 不会因为数据的数值变化而影响应用程序

B. 不会因为系统数据存储结构与数据逻辑结构的变化而影响应用程序

C. 不会因为存储策略的变化而影响存储结构

D. 不会因为某些存储结构的变化而影响其他的存储结构

29. 在数据库的模式结构中，数据库存储的改变会引起内模式的改变。为使数据库的模式保持不变，从而不必修改应用程序，必须通过改变模式与内模式之间的映射来实现。这样，使数据库具有（　　）。

A. 数据独立性　　B. 逻辑独立性　　C. 物理独立性　　D. 操作独立性

30. 在数据库的模式结构中，数据库模式的改变会引起外模式的改变。为使数据库的外模式保持不变，从而不必修改应用程序，必须通过改变模式与外模式之间的映射来实现。这样，使数据库具有（　　）。

A. 数据独立性　　B. 逻辑独立性　　C. 物理独立性　　D. 操作独立性

31. 数据模型是（　　）。

A. 文件的集合　　B. 记录的集合

C. 数据的集合　　D. 数据及其联系的集合

32. 数据模型的三要素是（　　）。

A. 外模式、模式和内模式　　B. 关系模型、层次模型、网状模型

C. 实体、属性和联系　　D. 数据结构、数据操作和完整性约束

33. 层次模型的上一层记录类型和下一层记录类型之间的联系是（　　）。

A. 一对一联系　　B. 一对多联系　　C. 多对一联系　　D. 多对多联系

34. 层次模型必须满足的一个条件是（　　）。

A. 可以有一个以上的结点无父结点　　B. 有且仅有一个结点无父结点

C. 不能有结点无父结点　　D. 每个结点均可以有一个以上的父结点

35. 关系模型是（　　）的数据模型。

A. 用关系表示实体　　B. 用关系表示联系

C. 用关系表示实体及其联系　　D. 用关系表示属性

36. 下列（　　）数据模型是以数据表为基础结构。

A. 层次模型　　B. 网状模型　　C. 关系模型　　D. 面向对象模型

37. 具有联系的相关数据按一定的方式组织排列，并构成一定的结构，这种结构即（　　）。

A. 数据模型　　B. 数据库　　C. 关系模型　　D. 数据库管理系统

38. 按照传统的数据模型分类，数据库可分为3种类型（　　）。

A. 大型、中型和小型　　B. 西文、中文和兼容

C. 层次、网状和关系　　D. 数据、图形和多媒体

39. 下列关于层次模型的说法，不正确的是（　　）。

A. 用树形结构来表示实体集及实体集间的联系

B. 有且仅有一个结点无双亲

C. 其他结点有且仅有一个双亲

D. 用二维表结构表示实体集与实体集之间的联系的模型

40. 在数据库设计中用关系模型来表示实体集与实体集之间的联系，关系模型的数据结构是（　　）。

A. 层次结构　　B. 网状结构　　C. 二维表结构　　D. 封装结构

41. 层次型、网状型和关系型数据库划分原则是（　　）。

A. 记录长度　　B. 文件的大小

C. 联系的复杂程度　　D. 数据之间的联系方式

42. 在数据库的概念设计中，最常用的模型是（　　）。

A. 形象模型　　B. 物理模型　　C. 逻辑模型　　D. 实体-联系模型

43. 不同实体是根据（　　）区分的。

A. 代表的对象　　B. 名字　　C. 属性多少　　D. 属性的不同

44. 如果把学生的自然情况看成是实体，某个学生的姓名叫“张三”，则“张三”是实体的（　　）。

A. 属性型　　B. 属性值　　C. 记录型　　D. 记录值

45. 一个数据库系统必须能表示实体集和联系，与联系有关的实体集有（　　）。

A. 0 个　　B. 1 个　　C. 2 个　　D. 1 个或 1 个以上

46. 概念结构设计的主要目标是产生数据库的概念结构，该结构主要反映（　　）。

A. 应用程序员的编程需求　　B. DBA 的管理信息需求

C. 数据库系统的维护需求　　D. 企业组织的信息需求

47. 在关系数据库设计中，设计关系模式是（　　）的任务。

A. 需求分析阶段　　B. 概念结构设计阶段

C. 逻辑结构设计阶段　　D. 物理结构设计阶段

48. 在数据库设计中，用 E-R 图来描述信息结构但不涉及信息在计算机中的表示，它属于数据库设计的（　）阶段。

A. 需求分析　　B. 概念结构设计　　C. 逻辑结构设计　　D. 物理结构设计

49. E-R 模型是数据库设计的工具之一，它一般适用于建立数据库的（　　）。

A. 概念模型　　B. 结构模型　　C. 物理模型　　D. 逻辑模型

50. 在 E-R 模型中，通常实体集、属性、联系分别用（　　）表示。

A. 矩形框、椭圆形框、菱形框　　B. 椭圆形框、矩形框、菱形框

C. 矩形框、菱形框、椭圆形框　　D. 菱形框、椭圆形框、矩形框

51. 实体集与实体集之间的联系有一对一、一对多和多对多 3 种，不能描述多对多联系的是（　　）。

A. 网状模型　　B. 层次模型

C. 关系模型　　D. 网状模型和关系模型

52. 关于实体描述错误的是（　　）。

A. 实体是客观存在并相互区别的事物

B. 不能用来表示抽象的事物

C. 即可以表示具体的事物，也可以表示抽象的事物

D. 能用来表示抽象的事物

53. 对于现实世界中某一事物的某一特征，在 E-R 模型中使用（　　）。

A. 模型描述　　B. 关键字描述　　C. 关系描述　　D. 属性描述

54. 概念模型只能表示（　　）。

A. 实体间 1∶1 联系　　B. 实体间 1∶n 联系

C. 实体间 m∶n 联系　　D. 实体间的上述 3 种关系

55. 如果“学生表”和“学生成绩表”通过“学号”字段建立了一对多的关系，在“一”方的表

是（　　）。

A. 学生表　　B. 学生成绩表　　C. 都是　　D. 都不是

56. 设有“学生”和“班级”两个实体集，每个学生只能属于一个班级，一个班级可以有多个学生，“学生”和“班级”实体集之间的联系是（　　）。

A. 多对多　　B. 一对多　　C. 多对一　　D. 一对一

57. 将“名单”实体集中的“姓名”与“工资标准”实体集中的“姓名”建立关系，且两个实体集中的实体都是唯一的，则这两个实体集之间的联系是（　　）。

A. 一对一　　B. 一对多　　C. 多对一　　D. 多对多

58. 如果一个工人可管理多个设备，而一个设备只被一个工人管理，则实体集“工人”与实体集“设备”之间存在的联系是（　　）。

A. 一对一　　B. 一对多　　C. 多对一　　D. 多对多

二、填空题

1. 数据管理技术经历了________、________、________3个阶段。

2. 数据库系统由________、________、________、________组成。

3. ________是以一定的组织方式将相关的数据组织在一起，长期存放在计算机内，可为多个用户共享，与应用程序彼此独立，统一管理的数据的集合。

4. 由计算机硬件、DBMS、数据库、应用程序及用户等组成的一个整体称为________。

5. 硬件环境是数据库系统的物理支撑，它包括相当速率的 CPU、足够大的内存空间、足够大的________，以及配套的输入/输出设备。

6. 数据库系统的三级模式结构从内到外分别为________、________、________。

7. 数据库系统的三级模式结构中，保证数据的逻辑独立性的映射称为________。

8. 数据库系统的三级模式结构中，保证数据的物理独立性的映射称为________。

9. 数据的存储结构与数据逻辑结构之间的独立性称为数据的________。

10. 数据的逻辑结构与用户视图之间的独立性称为数据的________。

11. 在数据库系统中，模式/内模式映射用于解决数据的________独立性。

12. 在数据库系统中，外模式/模式映射用于解决数据的________独立性。

13. 在数据库系统的三级模式结构中，数据按________的描述提供给用户，按________的描述存储在磁盘中，而________提供了连接这两级的相对稳定的中间点，并使得两级中的任何一级的改变都不受另一级的牵制。

14. 数据库设计包括需求分析阶段、________设计阶段、________设计阶段、物理结构设计阶段、实施阶段、使用与维护阶段。

15. 联系的类型分为一对一联系、________联系和________联系。

16. 设有“班级”实体集与“班长”实体集，如果每个班只有一个班长，每个班长只能在一个班级任职，则“班级”与“班长”实体集之间存在________联系。

17. 设有“班级”实体集与“学生”实体集，如果每个班有几十名学生，每个学生只能在一个班级学习，则“班级”与“学生”实体集之间存在________联系。

18. 设有“教师”实体集与“课程”实体集，如果每位教师可以讲授多门课程，每门课程可以由多位教师讲授，则“教师”与“课程”实体集之间存在________联系。

19. 常见的数据模型有层次模型、网状模型、________、面向对象模型。

20. 用二维表的形式来表示实体之间联系的数据模型叫作________。

21. 实体可以是实际的事物，也可以是________的事物。

22. 具有相同类型及相同属性的实体的集合，称为________。

23. 数据库概念结构设计的核心内容是构造________模型。

三、简答题

1. 设某商业集团数据库中有 3 个实体集：一是“商店”实体集，属性有商店编号、商店名、地址等；二是“商品”实体集，属性有商品号、商品名、规格、单价等；三是“职工”实体集，属性有职工编号、姓名、性别、业绩等。

“商店”实体集与“商品”实体集之间存在“销售”联系，每个商店可以销售多种商品，每种商品可以在多个商店销售，每个商店销售的每种商品，有月销售量；“商店”实体集与“职工”实体集之间存在“聘用”联系，每个商店聘用多位职工，每个职工只能在一个商店工作，商店聘用职工有聘期和月薪。试画出 E-R 图，并在图上注明属性、联系的类型。

2. 设某商业集团数据库中有 3 个实体集：一是“公司”实体集，属性有公司编号、公司名、电话、地址等；二是“仓库”实体集，属性有仓库编号、仓库名、电话、地址等；三是“职工”实体集，属性有职工编号、姓名、性别等。

“公司”实体集与“仓库”实体集之间存在“隶属”联系，每个公司管辖若干仓库，每个仓库只能划归一个公司管辖；“仓库”实体集与“职工”实体集之间存在“聘用”联系，每个仓库可以聘用多个职工，每个职工只能在一个仓库工作，仓库聘用职工有聘期和工资属性。“职工”实体集本身具有“领导”联系，同一个仓库的若干名职工由一个经理领导。试画出 E-R 图，并在图上注明属性、联系的类型。

3. 设某商业集团数据库有 3 个实体集：一是“商品”实体集，属性有商品号、商品名、规格、单价等；二是“商店”实体集，属性有商店号、商店名、电话、地址等；三是“供应商”实体集，属性有供应商编号、供应商名、电话、地址、联系人等。

“供应商”实体集、“商店”实体集与“商品”实体集三者之间存在“供应”联系，每个供应商可以供应多种商品，每种商品可以由多个供应商供货，每个供应商可以向多个商店供货，每个商店可以由多个供应商供货，每个商店可以供应多种商品，每种商品可以在多个商店供应，每个供应商向每个商店供应每种商品有月供应量；“商店”实体集与“商品”实体集之间存在“销售”联系，每个商店可以销售多种商品，每种商品可以在多个商店销售，每个商店销售每种商品有月计划数。试画出 E-R 图，并在图上注明属性、联系的类型。

4. 某货运公司车队数据库中有 4 个实体集：一是“车队”实体集，属性有车队号、名称、地址等；二是“司机”实体集，属性有司机号、姓名、执照号、电话、工资等；三是“车辆”实体集，属性有车牌号、车型、颜色、载重等；四是“保险公司”实体集，属性有保险公司号、名称、地址等。

“车队”实体集与“车辆”实体集之间存在“拥有”联系，一个车队拥有多辆车，一辆车只属于一个车队；“车队”实体集与“司机”实体集之间存在“聘用”联系，一个车队可以聘用多位司机，一位司机只能在一个车队工作；“司机”实体集与“保险公司”实体集之间存在“保险 1”联系，一个司机只与一个保险公司签署保险合同，一个保险公司可以与多位司机签署合同，每签署一份保险合同，就有投保日期、保险种类、费用等属性；“车辆”实体集与“保险公司”实体集之间存在“保险 2”联系，一辆车只在一个保险公司投保，一个保险公司可以负责多辆汽车的投保，每签署一份保险合同，就有投保日期、保险种类、费用等属性。试画出 E-R 图，并在图上注明属性、联系的类型。

5. 某人事数据库有职工、部门、岗位3个实体集："职工"实体集有工号、姓名、性别、年龄、学历等属性；"部门"实体集有部门号、部门名称、职能等属性；"岗位"实体集有岗位编号、岗位名称、岗位等级等属性。

"部门"实体集与"职工"实体集之间存在"属于"联系，每个部门有多名职工，每个职工只属于一个部门；"部门"实体集与"岗位"实体集之间存在"设置"联系，每个部门可以设置多种岗位，每种岗位可以设置在多个部门，每种岗位设置都有人数属性；"职工"实体集与"岗位"实体集之间存在"聘任"联系，每种岗位可以聘任多位职工，每位职工只能受聘于一种岗位。试画出 E-R 图，并在图上注明属性、联系的类型。

6. 设某数据库有4个实体集：班级、学生、课程、教师。"班级"实体集的属性有班级号、班级名、专业、人数等；"学生"实体集的属性有学号、姓名、性别、出生年月等；"课程"实体集的属性有课程号、课程名、课时、学分等；"教师"实体集的属性有工号、姓名、性别、出生年月、职称等。

"班级"实体集和"学生"实体集之间存在"属于"联系，每个班级有若干名学生，每个学生只属于1个班级；"学生"实体集和"课程"实体集之间存在"选课"联系，每个学生可以选修多门课程，每门课程可以被多个学生选修，学生每选修1门课程，就有一个成绩；"课程"实体集和"教师"实体集之间存在"授课"联系，每个教师可以讲授多门课程，每门课程可以由多位教师讲授，每个教师每讲授1门课程就有一个授课时间。试画出E-R图，并在图上注明属性、联系的类型。

7. 某体育运动锦标赛有来自世界各国运动员组成的体育代表团参赛各类比赛项目。为其设计一个数据库，该数据库有4个实体集：一是"代表团"实体集，属性有团编号、地区、住所；二是"运动员"实体集，属性有运动员编号、姓名、年龄、性别；三是"比赛类别"实体集，属性有类别编号、类别名、主管；四是"比赛项目"实体集，属性有项目编号、项目名、级别。

"代表团"实体集与"运动员"实体集之间存在"成员"联系，每个代表团有多个运动员，每个运动员只属于一个代表团；"比赛类别"实体集和"比赛项目"实体集之间存在"属于"联系，每种比赛类别有多个比赛项目，每个比赛项目只属于一种比赛类别；"运动员"实体集和"比赛项目"实体集之间存在"参加"联系，每个运动员可以参加多项比赛项目，每个比赛项目有若干位运动员参加比赛。运动员参加比赛项目有比赛时间和得分。试为该锦标赛设计一个 E-R 模型，并在图上注明属性、联系的类型。

8. 某工程管理系统有4个实体集：单位、职工、工程、设备，其中"单位"实体集有单位名、地址、电话等属性；"职工"实体集有职工号、姓名、性别等属性；"工程"实体集有工程号、工程名、地点属性；"设备"实体集有设备号、设备名、产地等属性。

"单位"实体集和"职工"实体集之间存在"拥有"联系，每一单位有多个职工，每个职工仅隶属于一个单位；"职工"实体集和"工程"实体集之间存在"参加"联系，一个职工仅在一个工程中工作，但一个工程中可以有很多职工参加工作；"工程"实体集与"设备"实体集之间存在"供应"联系，每种设备可以供应多个工程，每个工程需要多种设备，每个工程需要供应的每种设备有数量属性。试画出E-R图，并在图上注明属性、联系的类型。

9. 某大型企业的进销存管理信息子系统包含商品、仓库、采购单、采购员4个实体集，其中"商品"实体集有商品代码、型号、名称、单价等属性；"仓库"实体集有仓库号、负责人、地址、电话等属性；"采购单"实体集有采购单号、日期、总价值等属性；"采购员"实体集有采购员号、姓名、性别、业绩等属性。

"仓库"实体集与"商品"实体集之间存在"存放"联系，每种商品可以存放在多个仓库，每个仓库可以存放多种商品，商品存放在仓库有存储量、日期属性；“商品”实体集与“采购单”实体集之间存在“采购明细”联系，每种商品可以有多张采购单，每张采购单可以含有多种商品，采购明细具有数量、价格等属性；“采购单”实体集与“采购员”实体集之间存在“采购”联系，每位采购员可以采购多张采购单，每张采购单只能由一位采购员负责采购。试画出 E-R 图，并在图上注明属性、联系的类型。

第 2 章

关系模型和关系数据库

1970 年，美国 IBM 公司 San Jose 研究室的研究员 E.F.Codd 首次提出了数据库系统的关系模型，开创了数据库的关系方法和关系数据理论的研究，为数据库技术奠定了理论基础。关系模型是目前常用的一种数据模型，许多数据库管理系统都支持关系模型，如 Access、DB2、Oracle、Sybase、Informix、SQL Server 等。

本章主要介绍关系模型的基本概念、关系的规范化理论、E-R 模型向关系模型的转换，以及关系操作的基础——关系代数。

2.1 关系模型

关系模型是由关系数据结构、关系操作和关系完整性约束 3 部分组成。

2.1.1 关系数据结构

关系模型是用二维表形式来表示实体集和实体集间联系的数据模型。其数据结构就是二维表结构。

1. 关系

关系（Relation）即是一张二维表，其通过关系名来标识。

2. 属性

在一个关系中，每一竖列称为一个属性（Attribute），其通过属性名来标识。

3. 分量

在一个关系中，每一个数据都可看成独立的分量（Component）。

4. 元组

在一个关系中，每一横行称为一个元组（Tuple）。

5. 域

在一个关系中，每一个属性的取值范围称为该属性的域（Domain）。域是相同数据类型的值的集合。

6. 关系模式

在一个关系中，通常将用于描述关系结构的关系名和属性名的集合称为关系模式（Schema）。其一般格式为：

```
关系名（属性名 1，属性名 2，...，属性名 n）
```

例如，关系模式：学生（学号，姓名，性别，出生日期，联系方式，身份证号）

图 1-2-1 所示为二维表、关系模型及概念模型之间的对应术语。

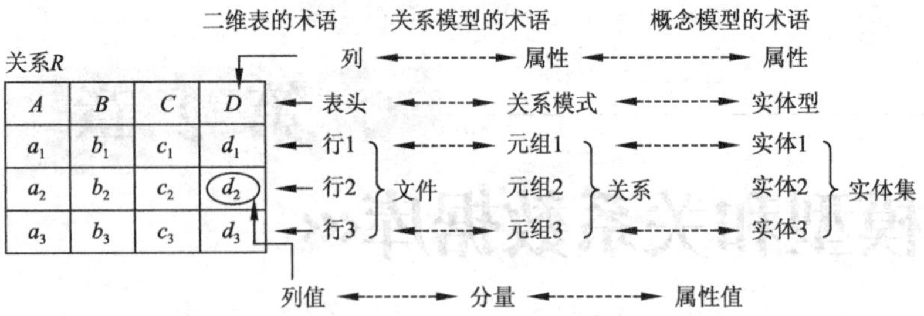

图 1-2-1　二维表、关系模型及概念模型的对应术语

7. 关键字

① 候选关键字：在一个关系中，如果某个属性或某个属性集能唯一标识元组，且又不含有多余的属性或属性集，那么这个属性或属性集称为该关系的候选关键字（Candidate Key），也称为候选键。

例如，学生关系，以关系模式表示：学生（学号，姓名，性别，出生日期，联系方式，身份证号），其中，学号、身份证号分别是候选键。

又如，学生选修课程的选修关系，以关系模式表示：选修（学号，课程编号，成绩），其中，（学号，课程编号）两个属性构成属性集共同做候选键。

② 主关键字：在一个关系中，正在使用的候选键或由用户特别指定的某一候选键，称为该关系的主键（Primary Key），也称为主键或主码。

例如，上例学生关系中，可以指定"学号"候选键为主键。

又如，上例选修关系中，只有一个候选键（学号，课程编号），所以这个唯一的候选键就为主键。

③ 外部关键字：如果关系 R 中某个属性或属性集是其他关系的主键，那么该属性或属性集是关系 R 的外部关键字（Foreign Key），或称为外键、外码。

例如，选修关系中，"学号"属性在学生关系中做主键，所以"学号"属性在选修关系中是外部关键字。

如果课程关系以关系模式表示为：课程（课程编号，课程名，学时，课程类别，开课学期），课程编号是唯一候选键，所以指定为主键。那么在选修关系中，"课程编号"属性是外部关键字。

对于一个关系应具有如下特点：

① 关系中的每一个分量都是不可再分的、最基本的数据单位。

② 关系中每一列的分量都是同一类型的数据，且都取值于同一个域。关系中列的顺序是任意的。

③ 关系中各行的顺序可以是任意的。

④ 一个关系是一张二维表，不允许有相同的属性名，也不允许有相同的元组。

8. 关系数据库

关系数据库是在关系模型基础上创建的数据库，它借助于集合代数等数学概念和方法来处理数据库中的数据。现实世界中的各种实体以及实体之间的各种联系均用关系模型来表示。

在关系数据库中，将一个关系视为一张二维表，又称其为数据表（简称表），表中的行称为记录，列称为字段。关系模型的关系与关系数据库的表中相关概念的对应关系如表 1-2-1 所示。

表 1-2-1　关系与表中相关概念的对应关系

关　系	表
元组	记录
属性	字段
分量	数据项

2.1.2 关系操作与关系的完整性约束

1. 关系操作

关系模型常用的关系操作是查询、插入、删除和修改。

关系模型的关系操作是集合操作性质的，即数据操作的对象和操作结果均为集合。

2. 关系的完整性约束

关系完整性是为了保证数据库中数据的正确性和相容性，而对关系模型提出的某种约束条件或规则。关系完整性通常包括实体完整性、参照完整性和用户定义完整性。

（1）实体完整性

实体完整性（Entity Integrity）规定关系的主关键字不能取空值（NULL）。

一个关系对应现实世界中的一个实体集。现实世界中的实体是可以相互区分、识别的，因为它们具有某种唯一性标识。在关系中，以主关键字作为唯一性标识，而主关键字中的属性不能取空值，否则，表明该关系中存在着不可标识的实体（因空值代表“不确定”），这与现实世界的实际情况相矛盾，这样的实体就不是一个完整实体。按实体完整性规则要求，主关键字不得取空值，若主关键字是由多个属性组合而成，则其中的所有属性均不得取空值。例如，选修关系：选修（学号，课程编号，成绩），主关键字是（学号，课程编号），那么“学号”属性不能取空值，同样“课程编号”属性也不能取空值。

（2）参照完整性

参照完整性（Referential Integrity）规定关系的外部关键字要么引用其对应的主关键字的有效值，要么取空值（NULL）。

关系数据库中通常都包含若干个存在相互联系的关系，关系与关系之间的联系是通过关联属性来实现的。所谓关联属性是指一个关系 R 的主关键字，同时又是另一关系 S 的外部关键字。要求相关联的两个关系之间必须遵循参照完整性，以确保数据的一致性。

例如，有学院和系两个关系，以关系模式表示如下，其中主键用下画线标注，外部关键字用下画波浪线标注。

学院（<u>学院编号</u>，学院名称，负责人，电话，地址）

系（<u>系编号</u>，系名称，系主任，班级个数，学院编号）

“系”关系中的“学院编号”属性是外部关键字，其取值要么是“学院”关系中主键“学院编号”的有效值，要么取空值，这样，在这两个关系之间就建立了相关联的主键和外部关键字的引用，符合参照完整性规则要求。

又如，学生、选修、课程 3 个关系，以关系模式表示如下，其中主键用下画线标注，外部关键字用下画波浪线标注。

学生（<u>学号</u>，姓名，性别，出生日期）

选修（<u>学号，课程编号</u>，成绩）

课程（<u>课程编号</u>，课程名，学时，课程类别，开课学期）

“选修”关系中“学号”是外部关键字，它的值只能引用“学生”关系中“学号”的有效值，而不能取空值，因为它在“选修”关系中还是主键的组成部分，还必须遵循实体完整性要求。同样，“选修”关系中“课程编号”也是外部关键字，它的值只能引用“课程”关系中“课程编号”的有效值，并且不能取空值。

（3）用户定义完整性

用户定义完整性（User-defined Integrity）是根据应用环境的要求和实际的需要，对某一具体应用所涉及的数据提出约束性条件。例如，百分制成绩属性的取值范围约束在[0,100]区间。

2.2 关系的规范化

设计一个数据库应用系统的关键是如何使数据库能合理地存储用户的数据，方便用户进行数据处理。这就是关系的规范化理论要解决的问题。

2.2.1 引例

【例 2-1】设有一个关于学生信息和所学课程成绩的关系模式：学生-选修信息（学号，姓名，专业，课程编号，成绩）。该关系模式的候选键是（学号，课程编号），因为唯一，所以此候选键也是主键。表 1-2-2 列出其中部分数据。

表 1-2-2 学生-选修信息

学　号	姓　名	专　业	课程编号	成　绩
2015010101	张三	计算机	210101	86
2015010101	张三	计算机	210102	78
2015010101	张三	计算机	210103	90
2015010101	张三	计算机	210104	69
2015020122	李四	土木工程	210201	77
2015020122	李四	土木工程	210202	83
…	…	…	…	…

数据冗余

假设需要将表 1-2-2 中的“计算机”专业更改为“计算机科学与技术”专业，但管理员由于失误将数据修改为表 1-2-3。

表 1-2-3 学生-选修信息（修改专业数据）

学　号	姓　名	专　业	课程编号	成　绩
2015010101	张三	计算机科学与技术	210101	86
2015010101	张三	计算机科学与技术	210102	78
2015010101	张三	计算机	210103	90
2015010101	张三	计算机科学与技术	210104	69
2015020122	李四	土木工程	210201	77
2015020122	李四	土木工程	210202	83
…	…		…	…

更新异常：数据不一致

假如有一位学生报到后，就申请了休学一年，没有学习任何课程，无法填入课程编号，而根据实体完整性规则，主键不能为空，则该学生的学号、姓名、专业信息亦不能填入表中，如表 1-2-4 所示。

表 1-2-4 学生-选修信息（插入异常）

学　号	姓　名	专　业	课程编号	成　绩
2015010101	张三	计算机	210101	86

续表

学　　号	姓　　名	专　　业	课 程 编 号	成　　绩
2015010101	张三	计算机	210102	78
2015010101	张三	计算机	210103	90
2015010101	张三	计算机	210104	69
2015020122	李四	土木工程	210201	77
2015020122	李四	土木工程	210202	83
…		…		…
2015050633	王五	工程管理	×	

插入异常：该插入的数据无法插入

假如有一位学生在学习中途，放弃所学的课程，要求保留学籍出国，由于不保留课程编号，则该学生的学号、姓名、专业信息亦不能存于表中而被删除，如表1-2-5所示。

表1-2-5　学生-选修信息（删除异常）

学　　号	姓　　名	专　　业	课 程 编 号	成　　绩
2015010101	张三	计算机	210101	86
2015010101	张三	计算机	210102	78
2015010101	张三	计算机	210103	90
2015010101	张三	计算机	210104	69
2015050122	李四	土木工程	210201	77
2015050122	李四	土木工程	210202	83
…			…	…
~~2015030321~~	~~刘六~~	~~测量工程~~	×××	

删除异常：不该删除的数据被删除了

由于不规范的数据会存在数据冗余、更新异常、插入异常、删除异常等问题，所以要对数据进行规范化处理，解决其中不合理的数据依赖。

2.2.2　函数依赖

函数依赖（Function Dependency，FD）是关系规范化的主要概念，用于描述属性之间的一种联系。

1. 函数依赖的定义

设 $R(U)$ 是一个属性集 U 上的关系模式，X 和 Y 是 U 的子集。对于 $R(U)$ 的任意一个可能的关系 r，r 中不可能存在两个元组，在 X 上的属性值相同，而在 Y 上的属性值不等，则称“X 函数确定 Y”或“Y 函数依赖于 X”，记作 $X \to Y$。

【例2-2】关系模式：学生-选修（学号，姓名，专业，课程编号，成绩），语义规定：每个学生的学号是唯一的；姓名可以重名；每个学生只能就读一个专业；每个学生每学习一门课程，就有一个成绩。那么就可以写出如下的函数依赖形式：

学号→姓名

学号→专业

学号，课程编号→成绩

由于姓名可以重名，所以姓名→专业是不成立的。

2. 完全函数依赖的定义

在关系模式 $R(U)$中，如果 $X \to Y$，并且对于 X 的任何一个真子集 X'，都有 $X' \nrightarrow Y$，则称 Y 完全函数依赖于 X，记作 $X \xrightarrow{f} Y$。

在关系模式 $R(U)$中，如果 $X \to Y$，并且存在 X 的一个真子集 X' ，都有 $X' \to Y$，则称 Y 部分函数依赖于 X，记作 $X \xrightarrow{p} Y$。

在例 2-2 的关系模式中，（学号，课程编号）$\xrightarrow{f}$ 成绩，而（学号，课程编号）$\xrightarrow{p}$ 姓名。

3. 传递函数依赖的定义

在关系模式 $R(U)$中，如果 $X \to Y$，（$Y \nsubseteq X$），且 $Y \nrightarrow X$，$Y \to Z$，则称 Z 传递函数依赖于 X。

【例 2-3】设有关系模式：学生–系（学号，姓名，性别，系编号，系名称）。语义规定：每个学生只属于一个系，每个系有许多学生；每个系有唯一的系编号，则该关系模式存在如下函数依赖：

学号→系编号

系编号→系名称

则可以推出学号→系名称，所以该关系模式存在传递函数依赖。

2.2.3 关系规范化

关系规范化理论是将一个不合理的关系模式如何转化为合理的关系模式的理论，它是围绕范式而建立的。关系规范化理论认为，关系数据库中的每一个关系都应满足一定的规范。根据满足规范的条件不同，可以分为 6 个等级 5 个范式（Normal Form，NF），分别称为第一范式（1NF）、第二范式（2NF）、第三范式（3NF）、修正的第三范式（BCNF）、第四范式（4NF）、第五范式（5NF）。各范式之间的关系如图 1-2-2 所示。

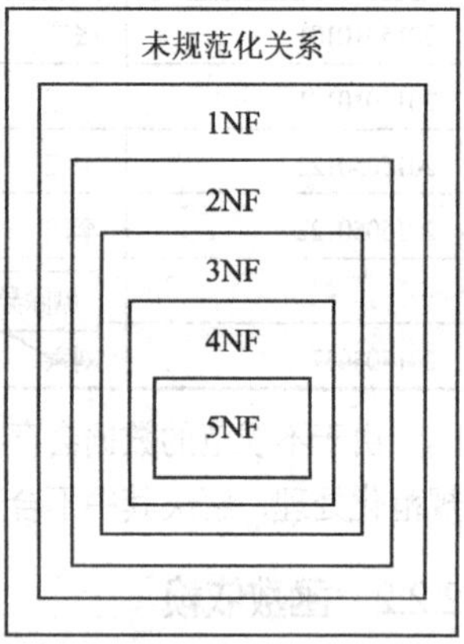

图 1-2-2 各范式之间的关系

一个低一级范式的关系模式，通过模式分解可以转换为若干个高一级范式的关系模式的集合，这种过程叫作规范化。

下面介绍前 3 个范式。

1. 第一范式

若一个关系模式的所有分量都是不可再分的基本数据项，则该关系模式属于第一范式（1NF）。

【例 2-4】设有如下学生选课表，每个学生都可以选修几门课程，如表 1-2-6 所示。

对表 1-2-6 分解后所得到的表 1-2-7 满足 1NF。

表 1-2-6 学生选课表

学　号	课　程　名
2015010101	编译原理、操作系统
2015020122	工程测量、结构力学、土木工程材料
…	…

分量可再分，不符合 1NF，将分量进行分解

表 1-2-7 学生选课表（1NF）

学　号	课　程　名
2015010101	编译原理
2015010101	操作系统
2015020122	工程测量
2015020122	结构力学
2015020122	土木工程材料
…	…

【例 2-5】设有如下职工工资信息表，如表 1-2-8 所示。

表 1-2-8　职工工资信息

工　号	姓　名	工　资			扣　款		实发工资
		基　本	工　龄	职　务	房　租	水　电	

“工资”可再分为“基本”“工龄”“职务”，不是 1NF

“扣款”可再分为“房租”“水电”，不是 1NF

分解为表 1-2-9 所示的职工工资信息，此时满足 1NF。

表 1-2-9　职工工资信息（1NF）

工　号	姓　名	基本工资	工龄工资	职务工资	房　租	水　电	实发工资

从前面讲述的关系的特性可知，是关系就一定满足 1NF。

2. 第二范式（2NF）

若一个关系模式满足 1NF，且每个非主属性都完全函数依赖于主键，则该关系模式属于 2NF。2NF 不允许关系中的非主属性部分函数依赖于主键。

前面例 2-2 中的学生-选修（学号，姓名，专业，课程编号，成绩）关系模式，存在（学号，课程编号）$\xrightarrow{p}$姓名，“姓名”是部分函数依赖于（学号，课程编号），所以不是 2NF。

当关系模式不满足 2NF 时，可以使用模式分解的方法将其转换为 2NF。分解成 2NF 模式集的算法是：

① 设关系模式 $R(U)$，U 是属性集，主键是 X，R 上还存在函数依赖：$X'\rightarrow Y$，并且 Y 是非主属性，存在 $X'\subset X$，那么 $X\rightarrow Y$ 就是一个部分函数依赖。此时应把 R 分解成两个模式：

- $R_1(X',Y)$，主键是 X'。
- $R_2(U-Y)$，主键仍是 X，外部关键字是 X'（参照 R_1）。

利用外部关键字和主键的连接可以从 R_1 和 R_2 重新得到 R。

② 如果 R_1 和 R_2 还不是 2NF，则重复上述过程，直到每一个关系模式都是 2NF 为止。

【例 2-6】关系模式：学生-选修（学号，姓名，专业，课程编号，成绩），语义规定：每个学生的学号是唯一的，姓名可以重名；每个学生只能就读一个专业；每个学生每学习一门课程，就有一个成绩。

① 根据上述规定，写出模式“学生-选修”的基本函数依赖和主键。

② 说明“学生-选修”不是 2NF 的理由，并把“学生-选修”分解成 2NF 模式集。

答：① 基本函数依赖如下。

学号→姓名

学号→专业

学号，课程编号→成绩

主键是（学号，课程编号）

② 在“学生-选修”关系模式中存在如下两个函数依赖：

学号→姓名，专业

学号，课程编号→姓名，专业

可见，第 2 个函数依赖是部分函数依赖，所以“学生–选修”关系模式不是 2NF 模式。

分解为：学生（学号，姓名，专业），主键：学号。

选修（学号，课程编号，成绩），主键：（学号，课程编号）；外部关键字：学号。

分解后的“学生”“选修”模式都是 2NF 模式。

3. 第三范式（3NF）

若一个关系模式满足 2NF，且每个非主属性都不传递函数依赖于主键，则该关系模式属于 3NF。

前面例 2–3 中的学生–系（学号，姓名，性别，系编号，系名称）关系模式，存在

学号→系编号

系编号→系名称

则可以推出学号→系名称，该关系模式存在传递函数依赖，所以不是 3NF。

当关系模式不满足 3NF 时，可以使用模式分解的方法将其转换为 3NF。分解成 3NF 模式集的算法如下：

① 设关系模式 $R(U)$，U 是属性集，主键是 X，R 上还存在函数依赖：$Y \rightarrow Z$，并且 Z 是非主属性，Y 不是候选键，这样 $X \rightarrow Z$ 就是一个传递函数依赖。此时应把 R 分解成两个模式：

$R_1(Y,Z)$，主键是 Y。

$R_2(U-Z)$，主键仍是 X，外部关键字是 Y（参照 R_1）。

② 如果 R1 和 R2 还不是 3NF，则重复上述过程，直到每一个关系模式都是 3NF 为止。

【例 2–7】 关系模式：学生–系（学号，姓名，性别，系编号，系名称）。语义规定：每个学生的学号是唯一的，姓名可以重名；每个学生只属于一个系，每个系有许多学生；每个系有唯一的系编号。

① 根据上述规定，写出模式“学生–系”的基本函数依赖和主键。

② 说明“学生–系”不是 3NF 的理由，并把“学生–系”分解成 3NF 模式集。

答：① 基本函数依赖如下。

学号→姓名

学号→系编号

系编号→系名称

主键：学号

② 在“学生–系”关系模式中存在：

学号→系编号

系编号→系名称

则可以推出学号→系名称，存在传递函数依赖，所以不是 3NF 模式。

分解为：系（系编号，系名称），主键：系编号。

学生（学号，姓名，性别，系编号），主键：学号；外部关键字：系编号。

分解后的“学生”“系”模式都是 3NF 模式。

范式是数据库设计所需要满足的规范，满足这些规范的数据库是简洁的、结构明晰的。

2.3 E–R 模型向关系模型的转换

E–R 图描述了实体集、属性、实体集之间的联系 3 个元素，那么将 E–R 模型转换为关系模型，就是将实体集以及实体集之间的联系转换为关系模式，并确定关系模式的属性和主键。由于联系的类型有 3 种，所以实体集之间的联系转换的规则是不同的。

1. 一对一联系

设有实体集 A、实体集 B，其中实体集 A 中有属性：a_1、a_2、a_3、a_4，a_1是主键（以下画线标注）。实体集 B 中有属性：b_1、b_2、b_3，b_1是主键（以下画线标注）。实体集 A 与实体集 B 之间存在一对一的 AB 联系，且具有 ab 属性。E–R 图及转换规则如图 1–2–3 所示。

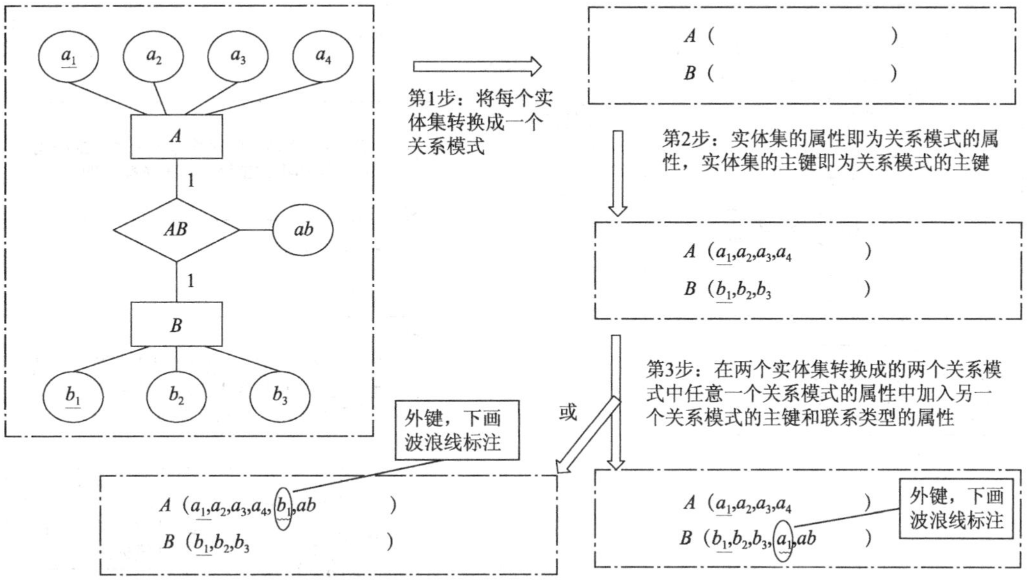

图 1–2–3　一对一联系的转换

2. 一对多联系

设有实体集 A、实体集 B，其中实体集 A 中有属性：a_1、a_2、a_3、a_4，a_1是主键（以下画线标注）。实体集 B 中有属性：b_1、b_2、b_3，b_1是主键（以下画线标注）。实体集 A 与实体集 B 之间存在一对多的 AB 联系，且具有 ab 属性。E–R 图及转换规则如图 1–2–4 所示。

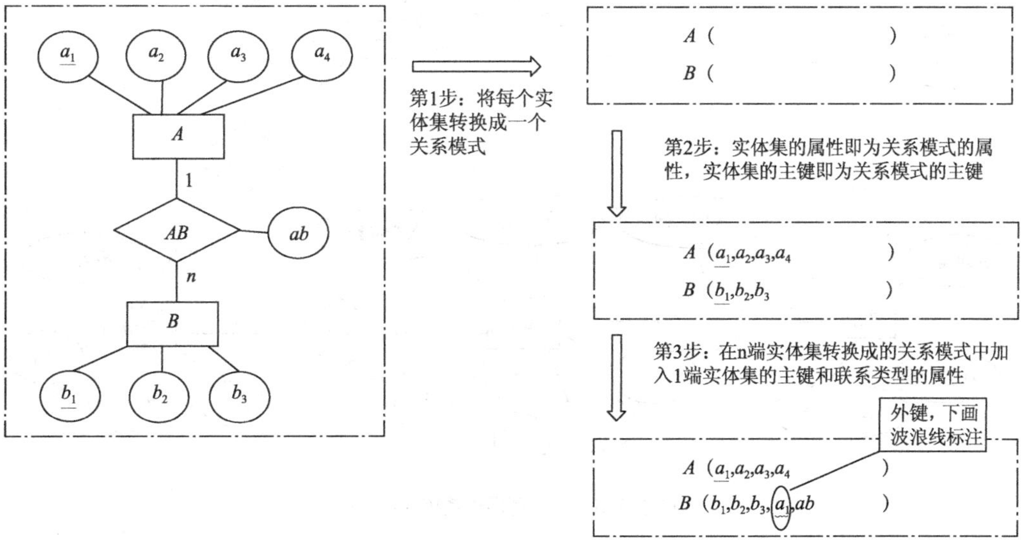

图 1–2–4　一对多联系的转换

3. 多对多联系

设有实体集 A、实体集 B，其中实体集 A 中有属性：a_1、a_2、a_3、a_4，a_1 是主键（以下画线标注）。实体集 B 中有属性：b_1、b_2、b_3，b_1 是主键（以下画线标注）。实体集 A 与实体集 B 之间存在多对多的 AB 联系，且具有 ab 属性。E-R 图及转换规则如图 1-2-5 所示。

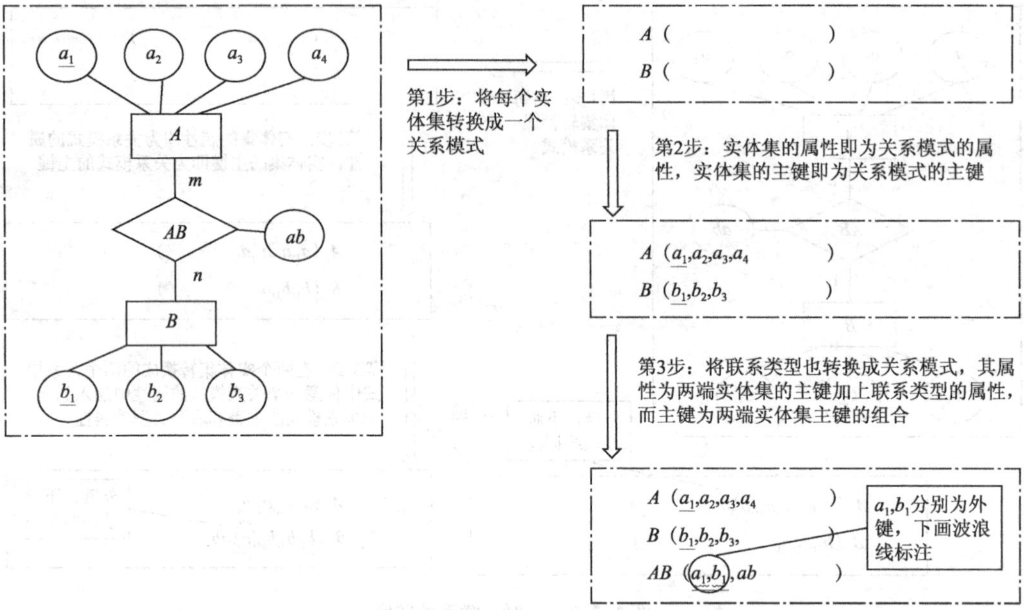

图 1-2-5　多对多联系的转换

【例 2-8】 将 E-R 图 1-2-6 转换为关系模式。

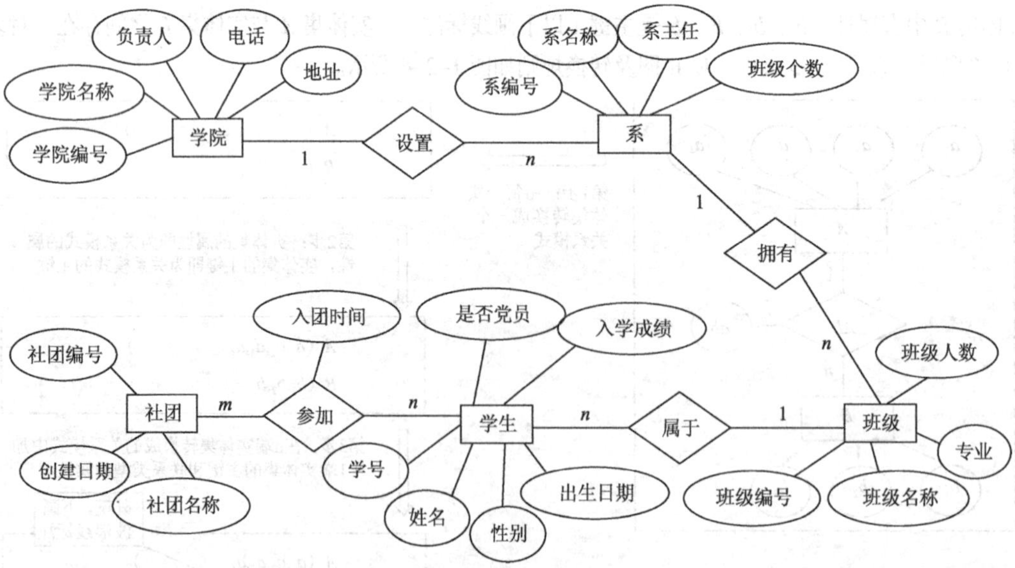

图 1-2-6　学生管理子系统 E-R 图

将整个 E-R 图转换为关系模式的步骤：①将所有实体集转换为关系模式；②在关系模式中填入属性，标注主键；③根据联系的类型转换每个联系，标注外键。

此 E–R 图可以转换为 6 个关系模式：

学院（学院编号，学院名称，负责人，电话，地址）

系（系编号，系名称，系主任，班级个数，学院编号）

班级（班级编号，班级名称，专业，班级人数，系编号）

学生（学号，姓名，性别，出生日期，是否党员，入学成绩，班级编号）

社团（社团编号，社团名称，创建日期）

参加（学号，社团编号，入团时间）

一个实体集间的联系类型的转换同上述介绍；3 个及 3 个以上实体集间的联系类型的转换，总是将联系类型转换成关系模式，其属性为三端实体集的主键加上联系类型的属性，而主键为三端实体集的主键的组合。

2.4 关系代数

关系代数是关系数据库系统查询语言的理论基础，是一种抽象的查询语言，通过对关系的运算来表达查询。

关系代数的运算对象是关系，运算结果仍为关系。关系代数的运算按运算符的不同主要分为传统的集合运算和专门的关系运算两类。

2.4.1 传统的集合运算

传统的集合运算是二目运算（即两个操作数），包括并、差、交、广义笛卡儿积 4 种运算。

1. 并运算

设关系 R 和关系 S 具有相同的属性个数，且对应的属性取自同一个域，则关系 R 与关系 S 的并将产生一个包含 R、S 中所有不同元组组成的新关系。记作：$R \cup S$。

【例 2-9】已知喜欢唱歌的学生关系 R 和喜欢跳舞的学生关系 S，求喜欢唱歌或跳舞的学生，即求 $R \cup S$，如图 1–2–7 所示。

R

学　号	姓　名	性　别
2015010101	张三	男
2015020122	李四	女
2015050633	王五	男

S

学　号	姓　名	性　别
2015010101	张三	男
2015030321	刘六	女
2015060633	谭七	女

$R \cup S$ ⇒

$R \cup S$

学　号	姓　名	性　别
2015010101	张三	男
2015020122	李四	女
2015050633	王五	男
2015030321	刘六	女
2015060633	谭七	女

图 1–2–7　$R \cup S$ 示例

2. 差运算

设关系 R 和关系 S 具有相同的属性个数，且对应的属性取自同一个域，则两个已知关系 R 和 S 的差，是所有属于 R 但不属于 S 的元组组成的新关系。记作：$R-S$。

【例 2-10】 已知喜欢唱歌的学生关系 R 和喜欢跳舞的学生关系 S，求喜欢唱歌但不喜欢跳舞的学生，即求 $R-S$；求喜欢跳舞但不喜欢唱歌的学生，即求 S-R，如图 1-2-8 所示。

R

学　号	姓　名	性　别
2015010101	张三	男
2015020122	李四	女
2015050633	王五	男

$R-S$ →

$R-S$

学　号	姓　名	性　别
2015020122	李四	女
2015050633	王五	男

S

学　号	姓　名	性　别
2015010101	张三	男
2015030321	刘六	女
2015060633	谭七	女

$S-R$ →

$S-R$

学　号	姓　名	性　别
2015030321	刘六	女
2015060633	谭七	女

图 1-2-8　$R-S$、$S-R$ 示例

注意：$R-S$ 和 $S-R$ 的结果是不同的。

3. 交运算

设关系 R 和关系 S 具有相同的属性个数，且对应的属性取自同一个域，则两个已知关系 R 和 S 的交，是属于 R 而且也属于 S 的元组组成的新关系。记作：$R \cap S$。

【例 2-11】 已知喜欢唱歌的学生关系 R 和喜欢跳舞的学生关系 S，求既喜欢唱歌又喜欢跳舞的学生，即求 $R \cap S$。如图 1-2-9 所示。

R

学　号	姓　名	性　别
2015010101	张三	男
2015020122	李四	女
2015050633	王五	男

S

学　号	姓　名	性　别
2015010101	张三	男
2015030321	刘六	女
2015060633	谭七	女

$R \cap S$ →

$R \cap S$

学　号	姓　名	性　别
2015010101	张三	男

图 1-2-9　$R \cap S$ 示例

4. 广义笛卡儿积运算

两个已知关系 R 和 S 的广义笛卡儿积，是 R 中每个元组与 S 中每个元组连接组成的新关系，记作：$R \times S$。

【例 2-12】 已知学生关系、课程关系，求学生选课情况，即学生 × 课程，如图 1-2-10 所示。

学生

学　号	姓　名
2015020122	李四
2015020131	玖九

课程

课 程 号	课 程 名
210203	工程测量
210204	结构力学
210205	土木工程材料

学生×课程

学　号	姓　名	课 程 编 号	课 程 名
2015020122	李四	210203	工程测量
2015020122	李四	210204	结构力学
2015020122	李四	210205	土木工程材料
2015020131	玖九	210203	工程测量
2015020131	玖九	210204	结构力学
2015020131	玖九	210205	土木工程材料

图 1-2-10　学生×课程示例

假设关系 R 有 r 个属性个数、m 个元组，关系 S 有 s 个属性个数、n 个元组，则 $R\times S$ 的结果有 $r+s$ 个属性个数，$m\times n$ 个元组。

2.4.2　专门的关系运算

专门的关系运算包括投影、选择、连接等。

1. 投影运算

投影是选择关系 R 中的若干属性组成新的关系，并去掉了重复元组，是对关系的属性进行筛选。记作 $\pi_A(R)$，其中，A 为关系 R 的属性列表，各属性间用逗号分隔，既可以是属性名也可以是属性序号。

投影运算结果的属性个数往往比原关系的属性个数少，而且还取消重复元组。投影运算可以改变原关系的属性顺序。

【例 2-13】有学生关系如表 1-2-10 所示。写出下列各题的关系代数表达式。

表 1-2-10　学生关系

学　号	姓　名	性　别	出 生 日 期	籍　贯	班 级 编 号
2015050101	巩炎彬	男	1998-1-9	内蒙古	H0501
2015050102	骆蓝轩	男	1998-2-10	北京	H0501
2015050103	翟佳林	男	1998-5-11	北京	H0501
2015060201	解袭茗	女	1998-10-12	上海	N0602
2015060201	庞亦澎	女	1998-6-13	海南	N0602
2015070102	晏睿强	男	1998-3-14	上海	S0701
2015070102	狄墨涵	女	1998-4-15	北京	S0701

① 查询学生的学号、姓名、出生日期。

关系代数表达式为：

$\pi_{\text{学号,姓名,出生日期}}(\text{学生})$　　或者　　$\pi_{1,2,4}(\text{学生})$

查询结果如表 1-2-11 所示。

表 1-2-11　学生关系对学号、姓名、出生日期投影后结果

学　号	姓　名	出生日期
2015050101	巩炎彬	1998-1-9
2015050102	骆蓝轩	1998-2-10
2015050103	翟佳林	1998-5-11
2015060201	解袭茗	1998-10-12
2015060202	庞亦澎	1998-6-13
2015070101	晏睿强	1998-3-14
2015070102	狄墨涵	1998-4-15

② 查询学生的籍贯。

关系代数表达式为：

$\pi_{籍贯}$(学生)　　或者　　π_{5}(学生)

查询结果如表 1-2-12 所示。

结果去掉了重复的元组。

表 1-2-12　学生关系对籍贯进行投影后结果

籍　贯
内蒙古
北京
上海
海南

2. 选择运算

选择是根据给定的条件选取关系 *R* 中的若干元组组成新的关系，是对关系的元组进行筛选，记作 $\sigma_{条件}(R)$。其中，“条件”是一个逻辑表达式，表示选取的条件，用到比较运算符（>、≥、<、≤、= 或<>）、逻辑运算符（非¬、与∧、或∨）。

选择运算结果的元组个数往往比原关系的元组个数少，它是原关系的子集，但关系模式不变。

【例 2-14】有学生关系（见表 1-2-10），写出下列各题的关系代数表达式。

① 查询所有女生的信息。

关系代数表达式为：

$\sigma_{性别='女'}$(学生)　　或者　　$\sigma_{3='女'}$(学生)

查询结果如表 1-2-13 所示。

表 1-2-13　查询学生关系中女生信息后的结果

学　号	姓　名	性　别	出生日期	籍　贯	班级编号
2015060201	解袭茗	女	1998-10-12	上海	N0602
2015060202	庞亦澎	女	1998-6-13	海南	N0602
2015070102	狄墨涵	女	1998-4-15	北京	S0701

② 查询 1998 年下半年以后出生的学生的学号、姓名。

关系代数表达式为：

$\pi_{学号,\ 姓名}(\sigma_{出生日期>\#1998-6-30\#}$(学生))

查询结果如表 1-2-14 所示。

表 1-2-14　查询 1998 年下半年以后出生的学生的学号、姓名的结果

学　号	姓　名
2015060201	解袭茗

③ 查询籍贯是“北京”的女生姓名。

关系代数表达式为：

$\pi_{姓名}(\sigma_{性别='女'\wedge 籍贯='北京'}$(学生))　　或者　　$\pi_{2}(\sigma_{3='女'\wedge 5='北京'}$(学生))

查询结果如表 1-2-15 所示。

④ 查询籍贯是“北京”或“上海”的学生姓名。

关系代数表达式为：

$\pi_{姓名}(\sigma_{籍贯='北京' \vee 籍贯='上海'}(学生))$　　或者　　$\pi_{姓名}(\sigma_{籍贯='北京'}(学生)) \cup \pi_{姓名}(\sigma_{籍贯='上海'}(学生))$

查询结果如表 1-2-16 所示。

表 1-2-15　查询籍贯是“北京”的女生姓名的查询结果

姓　名
狄墨涵

表 1-2-16　查询籍贯是“北京”或“上海”的学生姓名的查询结果

姓　名
骆蓝轩
翟佳林
解袭茗
晏睿强
狄墨涵

3. 连接运算

连接也叫 θ 连接，是根据给定的条件，从两个已知关系 R 和 S 的广义笛卡儿积中，选取属性之间满足连接条件的若干元组组成新的关系。记作：$R \underset{i\theta j}{\bowtie} S$，其中，θ 是比较运算符。

【例 2-15】 设有关系 R 和 S：

R

A	B
a	b
c	b

S

B	C
b	c
e	a
b	d

计算 $R \underset{B<C}{\bowtie} S$。

答：① 先计算 $R \times S$。

$R.A$	$R.B$	$S.B$	$S.C$
a	b	b	c
a	b	e	a
a	b	b	d
c	b	b	c
c	b	e	a
c	b	b	d

② 在广义笛卡儿积中选取 $R.B$ 的值小于 $S.C$ 的值的行：

$R\underset{B<C}{\bowtie}S$

R.A	R.B	S.B	S.C
a	b	b	c
a	b	b	d
c	b	b	c
c	b	b	d

自然连接：是一种特殊的连接，它是从两个关系的广义笛卡儿积中，选取公共属性满足等值条件的元组，但新关系不包含重复的属性，记作：$R\bowtie S$。

【例 2-16】根据例 2-15 中的关系 R 和关系 S，计算 $R\bowtie S$。

分析：关系 R 和关系 S 的公共属性是 B，所以首先在 $R\times S$ 的基础上选取 R.B 等于 S.B 的行，然后去掉重复的一列 B。计算过程如图 1-2-11 所示。

R×S

R.A	R.B	S.B	S.C
a	b	b	c
a	b	e	a
a	b	b	d
c	b	b	c
c	b	e	a
c	b	b	d

选取 R.B=S.B 的行

R.A	R.B	S.B	S.C
a	b	b	c
a	b	b	d
c	b	b	c
c	b	b	d

去掉重复的一列 B

$R\bowtie S$

R.A	B	S.C
a	b	c
a	b	d
c	b	c
c	b	d

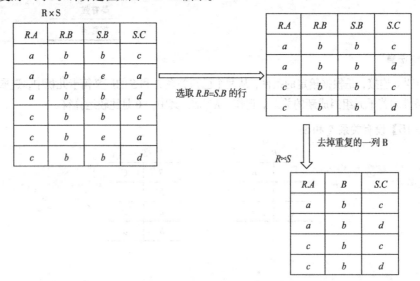

图 1-2-11 计算 $R\bowtie S$ 的过程

如果两个关系没有公共属性，那么其自然连接操作表现为广义笛卡儿积。

【例 2-17】设有学生关系（见表 1-2-10）和选修关系（见表 1-2-17），查询学生的学号、姓名、课程编号、成绩。写出关系代数表达式。

表 1-2-17 选修关系

学 号	课程编号	成 绩
2015010101	210101	86
2015010101	210102	78
2015010101	210103	90
2015010101	210104	69
2015020122	210201	77
2015020122	210202	83

分析：查询结果涉及学生和选修两个关系，所以先计算学生×选修，在广义笛卡儿积的基础上选取公共属性“学号”相等的行，然后取消重复的一列“学号”，即做自然连接：学生⋈选修，最后做投影运算。查询过程略。关系代数表达式如下：

$\pi_{学号,姓名,课程编号,成绩}(学生 \bowtie 选修)$

【例2-18】查询没有选修210102号课程的学生姓名，写出关系代数表达式。

分析：先求出全体学生的姓名；再求出选修了210102号课程的学生的姓名；最后执行两个集合的差操作。关系代数表达式如下：

$\pi_{姓名}(学生)-\pi_{姓名}(\sigma_{课程编号='210102'}(学生 \bowtie 选修))$

习　题

一、单项选择题

1. 以二维表做数据结构的数据模型称为（　　）。

   A. 层次模型　　B. 网状模型　　C. 关系模型　　D. 面向对象模型

2. 在数据库设计中用关系模型来表示实体与实体之间的联系，关系模型的数据结构是（　　）。

   A. 层次结构　　B. 网状结构　　C. 二维表结构　　D. 封装结构

3. 以下对于关系的描述，正确的是（　　）。

   A. 同一个关系中第一个属性必须是主键　　B. 同一个关系中主属性必须升序排序

   C. 同一个关系中不能出现相同的属性　　D. 同一个关系中可以出现相同的属性

4. 下列说法正确的是（　　）。

   A. 在某关系中，允许“扣款”数据包含“房租”和“水电”两项

   B. 在一个关系中，每一个数据都可看成独立的分量

   C. 在一个关系中，允许每一个数据都可以分解成若干项

   D. 在一个关系中，允许每个分量是可以再分的

5. 在一个关系中，每一个属性的取值范围称为该属性的（　　）。

   A. 值　　B. 域　　C. 区间　　D. 定义

6. 在关系数据模型中，域是指（　　）。

   A. 字段　　B. 记录　　C. 属性　　D. 属性的取值范围

7.下面说法正确的是（　　）。

   A. 每个属性的域是相同数据类型的值的集合

   B. 每个属性的域是不同数据类型的值的集合

   C. 同一个属性的值可以来自不同的域

   D. 同一个属性的值可以是不同的数据类型

8. 在关系模型中，关系的一个元组对应关系数据库中数据表的（　　）。

   A. 一个字段　　B. 一个域　　C. 一个记录　　D. 多个记录

9. 关系模式的候选键可以有（　　），主键有（　　）。

   A. 0个　　B. 1个　　C. 1个或多个　　D. 无数个

10. 关系数据库中的候选键是指（　　）。

    A. 能唯一决定关系的字段　　B. 不可改动的专用保留字

    C. 关键的很重要的字段　　D. 能唯一标识记录的字段或字段组

11. 设有一关系模式为：运货路径（顾客姓名，顾客地址，商品名，供应商姓名，供应商地址），则该关系模式的主键是（　　）。

A. （顾客姓名，供应商姓名）　　B. （顾客姓名，商品名）

C. （顾客姓名，商品名，供应商姓名）　　D. （顾客姓名，顾客地址，商品名）

12. 有关系模式：销售（商品名，客户名，数量），该关系模式的主键是（　　）。

A. 商品名　　B. 客户名　　C. 商品名+客户名　　D. 商品名+数量

13. 如果表中的一个字段不是本表的主关键字，而是另外一个表的主关键字，这个字段称为（　　）。

A. 元组　　B. 属性　　C. 关键字　　D. 外部关键字

14. 已知系(系编号，系名称，系主任，电话，地点)和学生(学号，姓名，性别，入学日期，专业，系编号)两个关系，系关系的主键是（　　），系关系的外部关键字是（　　），学生关系的主键是（　　），学生关系的外部关键字是（　　）。

A. 系编号　　B. 学号　　C. 无　　D. 电话

15. 在关系 *R*(*R#*,*RN*,*S#*)和 *S*(*S#*,*SN*,*SD*）中，*R* 的主键是 *R#*，*S* 的主键是 *S#*，则 *S#*在 *R* 中称为（　　）。

A. 外部关键字　　B. 候选键　　C. 主键　　D. 超码

16. 关系数据库中的数据表（　　）。

A. 完全独立，相互没有关系　　B. 相互联系，不能单独存在

C. 既相对独立，又相互联系　　D. 以数据表名来表现其相互间的联系

17. 在关系模型中主键标识元组的作用是通过（　　）实现的。

A. 实体完整性原则　　B. 参照完整性原则

C. 用户定义完整性规则　　D. 数据完整性原则

18. 关系数据库设计理论中，起核心作用的是（　　）。

A. 范式　　B. 模式设计　　C. 数据依赖　　D. 数据完整性

19. 在关系模式 *R* 中，函数依赖 $X \rightarrow Y$ 的语义是（　　）。

A. 在 *R* 的某一关系中，若两个元组的 *X* 值相等，则 *Y* 值也相等

B. 在 *R* 的每一关系中，若两个元组的 *X* 值相等，则 *Y* 值也相等

C. 在 *R* 的某一关系中，*Y* 值应与 *X* 值相等

D. 在 *R* 的每一关系中，*Y* 值应与 *X* 值相等

20. 关系数据库规范化是为解决关系数据库中（　　）问题而引入的。

A. 插入、删除和数据冗余　　B. 提高查询速度

C. 减少数据操作的复杂性　　D. 保证数据的安全性和完整性

21. 关系模式中各级模式之间的关系为（　　）。

A. $3NF \subset 2NF \subset 1NF$　　B. $3NF \subset 1NF \subset 2NF$

C. $1NF \subset 2NF \subset 3NF$　　D. $2NF \subset 1NF \subset 3NF$

22. 关系模型中的关系模式至少是（　　）。

A. 1NF　　B. 2NF　　C. 3NF　　D. BCNF

23. 根据关系数据库规范化理论，关系数据库中的关系要满足第一范式。下面“部门”关系中，（　　）属性不满足 1NF。

部门（部门号，部门名，部门成员，部门总经理）

A. 部门总经理　　B. 部门成员　　C. 部门名　　D. 部门号

24. 关系模式中，满足 2NF 的模式（　　）。

A. 可能是 1NF　　B. 必定是 1NF　　C. 必定是 3NF　　D. 必定是 BCNF

25. 消除了部分函数依赖的 1NF 的关系模式，必定是（　　）。

A. 1NF　　B. 2NF　　C. 3NF　　D. 以上都不是

26. 在关系模式 $R(A,B,C)$ 中，存在函数依赖 $\{A \to C, C \to B\}$，则关系模式 R 最高可以达到（　　）。

A. 1NF　　B. 2NF　　C. 3NF　　D. 以上都不是

27. 在关系模式 $R(A,B,C,D)$ 中，存在函数依赖集 $F=\{B \to C, C \to D, D \to A\}$，则关系模式 R 能达到（　　）。

A. 1NF　　B. 2NF　　C. 3NF　　D. 以上都不是

28. 当关系模式 $R(A,B)$ 已属于 3NF，下列说法中（　　）是正确的。

A. 它一定消除了插入和删除异常　　B. 仍存在一定的插入和删除异常

C. 一定属于 BCNF　　D. A 和 C 都是

29. 关系模式 R 中的属性全部是主属性，则 R 的最高范式必定是（　　）。

A. 2NF　　B. 3NF　　C. 1NF　　D. 以上都不是

30. 根据关系规范化理论，关系模式的任何属性（　　）。

A. 可再分　　B. 命名可以不唯一　　C. 不可再分　　D. 以上都不对

31. 关系规范化中的删除操作异常是指（　　），插入操作异常是指（　　）。

A. 不该删除的数据被删除了　　B. 该插入的数据被插入

C. 应该删除的数据未被删除　　D. 应该插入的数据未被插入

32. 如果有 10 个不同的实体集，它们之间存在着 12 个不同的二元联系（二元联系是指两个实体集之间的联系），其中 3 个 1∶1 联系，4 个 1∶*n* 联系，5 个 *m*∶*n* 联系，那么根据 E-R 模型转换成关系模型的规则，这个 E-R 结构转换成的关系模式个数为（　　）。

A. 14 个　　B. 15 个　　C. 19 个　　D. 22 个

33. 有 6 个实体集，并且它们之间存在着 8 个不同的二元联系，其中 2 个是 1∶1 联系类型，6 个是 1∶*n* 联系类型，那么根据转换规则，这个 E-R 结构转换成的关系模式有（　　）。

A. 8 个　　B. 6 个　　C. 16 个　　D. 22 个

34. 当同一个实体集内部的实体之间存在着一个 1∶*n* 联系时，那么根据 E-R 模型转换成关系模型的规则，这个 E-R 结构转换成的关系模式个数为（　　）。

A1 个　　B. 2 个　　C. 3 个　　D. 4 个

35. 当同一个实体集内部的实体之间存在着一个 *m*∶*n* 联系时，那么根据 E-R 模型转换成关系模型的规则，这个 E-R 结构转换成的关系模式个数为（　　）。

A. 1 个　　B. 2 个　　C. 3 个　　D. 4 个

36. 从 E-R 模型向关系模型转换时，一个 *m*:*n* 联系转换为关系模式时，该关系模式的主键是（　　）。

A. *m* 端实体集的主键

B. *n* 端实体集的主键

C. *m* 端实体集的主键与 *n* 端实体集的主键的组合

D. 重新选取其他属性

37. 若两个实体集之间的联系是 1:*m*，则从 E-R 模型向关系模型转换时，一个 1:*m* 联系转换为关系模式实现的方法是（　　）。

A. 在 m 端实体集转换的关系模式中加入“1”端实体集的主键

B. 将 m 端实体集转换关系模式的主键加入到“1”端的关系模式中

C. 在两个实体集转换的关系模式中，分别加入另一个关系模式的主键

D. 将两个实体集转换成一个关系模式

38. 一个关系数据库的表中有多条记录，记录之间的相互关系是（　　）。

A. 前后顺序不能任意颠倒，一定要按照输入的顺序排列

B. 前后顺序可以任意颠倒，不影响表中的数据关系

C. 前后顺序可以任意颠倒，但排列顺序不同，统计处理结果可能不同

D. 前后顺序不能任意颠倒，一定要按照关键字段值的顺序排列

39. 参加差运算的两个关系（　　）。

A. 属性个数可以不相同

B. 属性个数必须相同，且相对应的属性的值域相同

C. 一个关系包含另一个关系的属性

D. 属性名必须相同

40. 两个关系没有公共属性时，其自然连接操作表现为（　　）。

A. 结果为空关系　　B. 广义笛卡儿积操作

C. 等值连接操作　　D. 无意义的操作

41. 对一个关系做投影操作后，新关系的属性个数（　　）原来关系的属性个数。

A. 小于　　B. 小于或等于　　C. 等于　　D. 大于

42. 选取关系中满足某个条件的元组的关系代数运算称为（　　）。

A. 选中运算　　B. 选择运算　　C. 投影运算　　D. 搜索运算

43. 设关系 R 的属性个数≥2，那么 $\sigma_{2>'4'}$（R）表示（　　）。

A. 从 R 中挑选 2 的值大于 4 个分量值的元组所构成的关系

B. 从 R 中挑选第 2 个分量值大于 4 的元组所构成的关系

C. 从 R 中挑选第 2 个分量值大于 4 个分量值的元组所构成的关系

D. $\sigma_{2>'4'}$与 R 相比，元组数不变，属性个数减少

44. 有两个关系 R 和 S，分别包含 15 个和 10 个元组，则在 $R \cup S, R-S, R \cap S$ 中不可能出现的元组数目情况是（　　）。

A. 15，5，10　　B. 18，7，7　　C. 21，11，4　　D. 25，15，0

45. 设关系 R 的属性个数为 r，元组个数为 m；关系 S 的属性个数为 s，元组个数为 n。那么，$R \times S$ 的属性个数为（　　），元组个数为（　　）；$R \underset{i\theta j}{\bowtie} S$ 的属性个数为（　　），但元组个数（　　）$m \times n$；$R \bowtie S$ 的属性个数（　　）$r+s$，元组个数（　　）$m \times n$。

A. $r+s$　　B. $m \times n$　　C. 小于或等于　　D. 等于

46. 设关系 R 和 S 的结构相同，且各有 10 个元组，那么这两个关系的并操作结果的元组个数为（　　）。

A. 10　　B. 小于或等于 10　　C. 20　　D. 小于或等于 20

47. 设有选修计算机基础的学生关系 R，选修数据库 Access 的学生关系 S，求选修了计算机基础又选修了数据库 Access 的学生，则需进行（　　）运算。

A. 并　　B. 差　　C. 交　　D. 或

48. 要从教师表中找出职称为教授的教师，则需进行的关系运算是（　　）。

A. 选择　　B. 投影　　C. 连接　　D. 交

49. 要从学生关系中查询学生的姓名和班级，则需进行的关系运算是（　　）。

A. 选择　　B. 投影　　C. 连接　　D. 交

50. 关系 R_1 和 R_2，经过关系运算得到的 S 是（　　）。

A. 一个关系　　B. 一个表单　　C. 一个数据库　　D. 一个数组

51. 在关系运算中，要改变一个关系中的属性排列顺序，应使用（　　）关系运算。

A. 选择　　B. 除　　C. 连接　　D. 投影

二、填空题

1. 在关系模型中，二维表的列称为________，二维表的行称为元组。

2. 在关系数据库中，唯一标识一条记录的一个或多个字段称为________。

3. 关系模型的基本数据结构是________。

4、关系模型三类完整性规则是________、________、________。

5. 实体完整性规则是对________的约束，参照完整性规则是对________的约束。

6. 关系模式的操作异常问题往往是由________引起的。

7. 消除了非主属性对主键的部分函数依赖的关系模式，称为________模式。

8. 消除了非主属性对主键的传递函数依赖的关系模式，称为________模式。

9. 对关系进行选择、投影和连接运算，其运算结果仍是________。

10. 若有 R 和 S 两个关系，将在 R 中出现的元组，且在 S 中也出现的元组，组织成一个新关系，这个运算是________。

11. 若有 R 和 S 两个关系，将在 R 中出现的元组，且在 S 中不出现的元组，组织成一个新关系，这个运算是________。

12. 选择关系 R 中的若干属性组成新的关系，并去掉了重复元组，这个运算是________。

13. 投影运算结果不仅取消了原关系中的某些属性，而且还可能取消________。

14. 根据给定的条件选取关系 R 中的若干元组组成新的关系，这个运算是________。

15. 选择运算的结果往往比原有关系元组个数少，它是原关系的一个子集，但________不变。

三、简答题

1. 某汽车运输公司数据库中有一个记录司机运输里程的关系模式：

R（司机编号，汽车牌照，行驶公里，车队编号，车队主管）

如果规定：“行驶公里”为某司机驾驶某辆汽车行驶的总公里数。每个司机属于一个车队，每个车队只有一个主管。

试回答下列问题：

（1）根据上述规定，写出模式 R 的基本函数依赖和主键。

（2）说明 R 不是 2NF 的理由，并把 R 分解成 2NF 模式集。

（3）说明 R 不是 3NF 的理由，并把 R 分解成 3NF 模式集。

2. 设有关系模式 R（教工编号，学期，工作量，院系名，院系领导），该模式统计院系每个教工的学期工作量，以及教工所在的院系和领导信息。

如果规定：每个教工每学期只有一个工作量；每个教工只在一个院系工作；每个院系只有一个领导。

（1）根据上述规定，写出模式 R 的基本函数依赖和主键。

（2）说明 R 不是 2NF 的理由，并把 R 分解成 2NF 模式集。

（3）说明 R 不是 3NF 的理由，并把 R 分解成 3NF 模式集。

3. 设有关系模式 R（职工名，项目名，工资，部门名，部门经理）。

如果规定：每个职工每参加一个项目就领一份工资；每个项目只属于一个部门管理；每个部门只有一个经理。

（1）根据上述规定，写出模式 R 的基本函数依赖和主键。

（2）说明 R 不是 2NF 的理由，并把 R 分解成 2NF 模式集。

（3）说明 R 不是 3NF 的理由，并把 R 分解成 3NF 模式集。

4. 设有关系模式 R（职工编号，日期，日营业额，部门名，部门经理），该模式统计商店里每个职工的日营业额，以及职工所在的部门和经理信息。

如果规定：每个职工每天只有一个营业额；每个职工只在一个部门工作；每个部门只有一个经理。

（1）根据上述规定，写出模式 R 的基本函数依赖和主键。

（2）说明 R 不是 2NF 的理由，并把 R 分解成 2NF 模式集。

（3）说明 R 不是 3NF 的理由，并把 R 分解成 3NF 模式集。

5. 设有关系模式：R（课程号，课程名，学分，授课教师号，授课时数），该模式记录课程信息及教师授课信息。

如果规定：课程号唯一，课程名有重名；一门课程有确定的学分，每名教师讲授每门课程有确定的授课时数。

（1）根据上述规定，写出模式 R 的基本函数依赖和主键。

（2）说明 R 不是 2NF 的理由，并把 R 分解成 2NF 模式集。

6. 将第 1 章习题三简答题 1 题的 E-R 图转换为关系模型。

7. 将第 1 章习题三简答题 2 题的 E-R 图转换为关系模型。

8. 将第 1 章习题三简答题 3 题的 E-R 图转换为关系模型。

9. 将第 1 章习题三简答题 4 题的 E-R 图转换为关系模型。

10. 将第 1 章习题三简答题 5 题的 E-R 图转换为关系模型。

11. 将第 1 章习题三简答题 6 题的 E-R 图转换为关系模型。

12. 将第 1 章习题三简答题 7 题的 E-R 图转换为关系模型。

13. 将第 1 章习题三简答题 8 题的 E-R 图转换为关系模型。

14. 将第 1 章习题三简答题 9 题的 E-R 图转换为关系模型。

15. 一个供应数据库，包括供应商、零件、项目、供货 4 个关系模式：

供应商（供应商编号、姓名、状态、所在城市）

零件（零件编号、零件名称、颜色、质量）

项目（项目编号、项目名称、所在城市）

供货（供应商编号、零件编号、项目编号、供应数量）（注：供应数量为某供应商供应某种零件给某工程项目的数量）

写出下列各题对应的关系代数表达式：

（1）查询供应商的姓名和所在城市。

（2）查询零件的名称和质量。

（3）查询在“北京”的供应商信息。

（4）查询“红”颜色的零件信息。

（5）查询在“北京”的供应商的编号、姓名。

（6）查询“红”颜色零件的编号、质量。

（7）查询获“批准”的“北京”的供应商姓名。

（8）查询“红”颜色的、质量小于 100 g 的零件名称。

（9）查询“蓝”颜色的或者质量小于 50 g 的零件名称。

（10）查询质量大于 200 g 或者小于 80 g 的零件名称。

（11）查询编号为 S101 的供应商所供应的项目名称。

（12）查询供应商姓名、零件名称、供应的项目名称以及供应数量。

（13）查询没有为 J555 工程项目供货的供应商编号。

第 3 章

数据库与表 «‹

Microsoft Office Access 2010（简称 Access 2010）是由微软发布的关系型数据库管理系统。本章主要介绍 Access 2010 数据库对象、Access 2010 的用户界面、创建数据库和表对象以及有关的表操作。

3.1 初识 Access 2010

3.1.1 启动与退出

1. 启动

启动 Access 2010 的方式与 Windows 下其他应用程序相同，选择“开始”→“所有程序”→“Microsoft Office→Microsoft Access 2010”命令，即可启动 Access 2010。

2. 退出

以下几种方法均可以退出 Access 2010：

① 单击“文件”选项卡，选择“退出”命令。

② 单击标题栏右侧的“关闭”按钮。

③ 双击“控制”按钮或单击“控制”按钮，在弹出的“控制菜单”中选择“关闭”命令。

④ 按【Alt+F4】组合键。

3.1.2 Access 的数据库对象

Access 2010 数据库是由表、查询、窗体、报表、宏和模块 6 个对象组成。Access 2010 的主要功能就是通过这 6 个数据库对象来完成的。不同的对象在数据库中起着不同的作用。

1. 表

表是数据库中存储数据的对象，是数据库中最基本的组成单位。Access 允许一个数据库包含若干张表，每张表是基于某个主题的，通过在表与表之间建立“关系”将不同表中的数据关联起来，供其他数据库对象使用。

2. 查询

查询是数据库中应用最多的对象之一，可以通过不同的查询，方便、快捷地获取数据表中的数据，并可以使用查询筛选数据、执行数据计算和汇总数据。还可以使用查询自动执行许多数据管理任务，并在提交数据更改之前查看这些更改。

查询的结果以二维表的形式显示，是一个动态数据集，这个动态数据集将显示在虚拟数据表中，以供用户浏览、打印和编辑。

查询以表对象或已创建查询为基础数据源，查询也是窗体、报表等对象的数据源。

3. 窗体

窗体是用户与数据库应用系统进行人机交互的界面，主要用于控制数据库应用系统流程，浏览用户信息，完成对表或查询中的数据的输入、编辑、删除等操作。

窗体对象的数据源是表或查询。

4. 报表

报表是用打印格式展示数据的一种有效方式。在 Access 中，使用报表对象将需要的数据从数据表中提取出来，并在进行分析和计算的基础上，将数据以格式化的方式发送到屏幕或打印机上输出。

报表对象的数据源是表或查询。

5. 宏

宏是一系列操作的集合，每个操作都对应于 Access 的某项特定功能，如打开窗体、打印报表。

用户通过宏可以完成大多数的数据处理任务，甚至可以开发具有特定功能的数据库应用程序。利用宏可以使大量的重复性操作自动完成，可以更加方便、快捷地管理和维护 Access 数据库。

6. 模块

模块是 Access 数据库中存放 VBA（Visual Basic for Applications）代码的对象，创建模块对象的过程也就是使用 VBA 编写程序的过程。模块用于实现数据库较为复杂的操作。

宏和模块是强化 Access 数据库功能的有力工具，可以在窗体或报表中被引用。

Access 2010 的 6 个数据库对象相互联系，构成一个完整的数据库应用系统。只要在表中保存好数据，就可以从表、查询、窗体和报表等多个角度查看到数据。由于数据的关联性，对某一处的数据的更新，会自动更新所有出现此数据的地方。

Access 2010 的 6 个数据库对象的关系如图 1-3-1 所示。

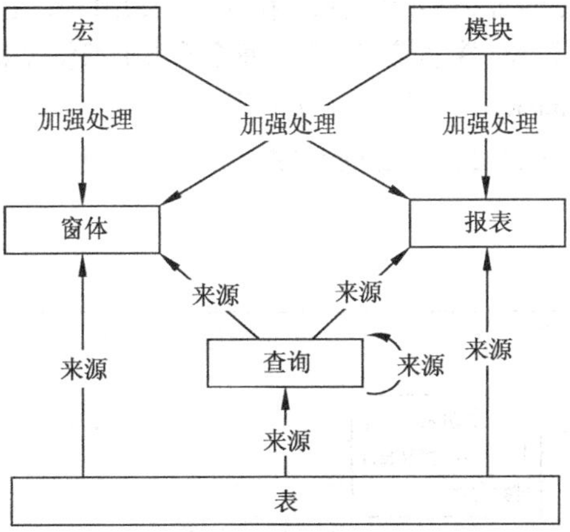

图 1-3-1　Access 2010 的 6 个数据库对象的关系

3.1.3 Access 的用户界面

Access 2010 的用户界面主要由三部分构成：

① 功能区：由一系列包含命令的命令选项卡组成。

② Backstage 视图：是功能区中“文件”选项卡上显示的命令集合。在启动 Access 但未打开数据库时（例如，从 Windows“开始”菜单中打开 Access），显示 Backstage 视图。

③ 导航窗格：显示已创建的数据库对象。

1. Backstage 视图

Backstage视图是Access 2010中的新增功能，它包含应用于整个数据库的命令。在启动Access 2010并未打开数据库时，或打开“文件”选项卡时显示Backstage视图，如图1-3-2所示。

通过Backstage视图可以创建新的空数据库、根据示例模板创建数据库、打开最近使用的数据库，以及执行很多文件和数据库的维护任务。

图 1-3-2　Backstage 视图

2. 功能区

打开数据库时，功能区显示在Access主窗口的顶部，它在此处显示了活动（当前）命令选项卡中的命令。图1-3-3所示为Access 2010主窗口。

功能区由一系列包含命令的命令选项卡组成。在Access 2010中，主要的命令选项卡包括“文件”“开始”“创建”“外部数据”和“数据库工具”。每个选项卡都包含多组相关命令，这些命令组展现了其他一些新的UI（User Interface，用户界面）元素。

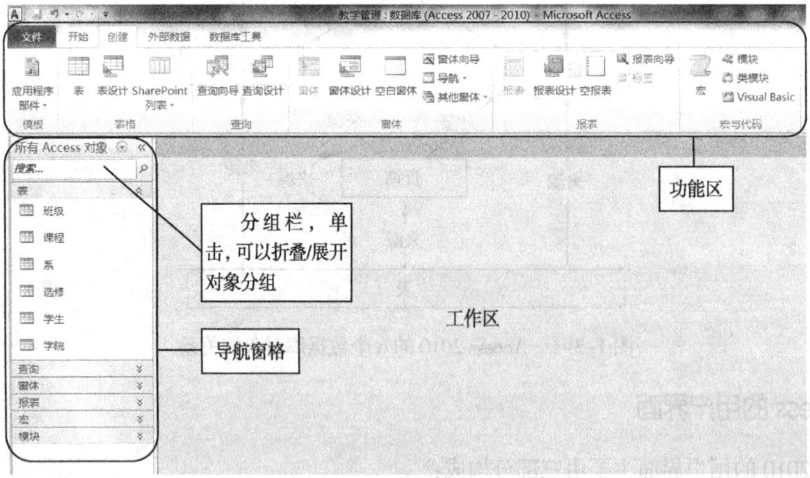

图 1-3-3　Access 2010 主窗口

除标准命令选项卡之外，Access 2010还有上下文命令选项卡。根据上下文即将进行操作的对象以及正在执行的操作的不同，标准命令选项卡旁边可能会出现一个或多个上下文命令选项卡。图1-3-4所示为在创建窗体时，显示的“窗体设计工具”上下文命令选项卡。

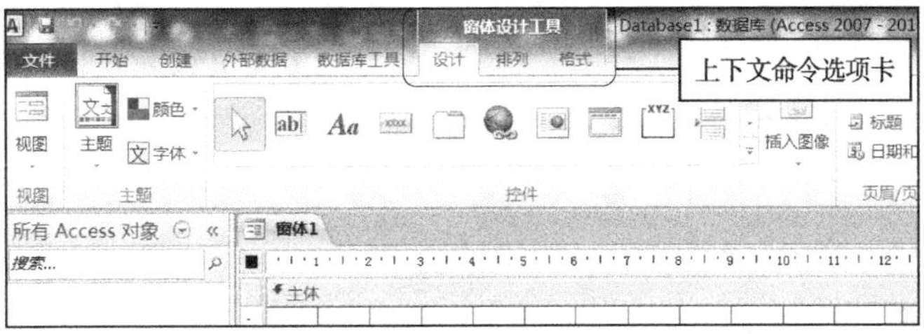

图 1-3-4 “窗体设计工具”选项卡

3. 导航窗格

在打开数据库或创建新数据库时，数据库对象的名称将显示在导航窗格中。数据库对象包括表、查询窗体、报表、宏和模块。图 1-3-3 所示的导航窗格是某个已创建好的数据库应用系统所创建的对象的分组，其中，“表”对象分组处于展开状态，可以看到已创建的所有表对象，其他对象分组处于折叠状态，单击“分组栏”可以展开/折叠对象分组。

在导航窗格中，双击对象可以打开该对象。右击某对象，弹出快捷菜单，可以执行打开、重命名、删除等命令。

3.2 创建数据库

Access 数据库是一个存放各个对象的容器，在创建数据库对象前，必须先创建数据库。

3.2.1 创建数据库的方法

Access 提供了两种创建数据库的方法：一种是先创建一个空数据库，然后向数据库中添加表、查询、窗体和报表等对象；另一种是使用数据库向导来完成数据库创建，即利用系统提供的模板，通过向导建立相应的表、查询、窗体和报表等对象，从而建立一个完整的数据库。在创建数据库之后，可以在任何时候修改或扩展数据库。

Access 数据库是以文件形式存放在磁盘上的。以 Access 2010 格式创建的数据库存放在扩展名为.accdb 的一个数据库文件中。

1. 创建空数据库

创建空数据库的操作步骤如下：

① 启动 Access 2010，进入 Backstage 视图，如图 1-3-5 所示。

② 在左侧导航窗格中选择“新建”，在“可用模板”中单击“空数据库”。

③ 单击“浏览”按钮，更改文件的存放位置，在“文件名”文本框中输入存盘的文件名，然后单击“创建”按钮，进入如图 1-3-6 所示的 Access 主窗口，并且以数据表视图创建一个新数据表“表 1”。

2. 使用模板创建数据库

模板是拿来即用的数据库，其中包含执行特定任务时所需要的所有表、查询、窗体和报表。Access 附带了各种各样的模板，用户可以根据需求进行选择，也可以只使用这些模板作为创建数据库的起点。Access 提供的模板以及创建方法可查阅帮助。

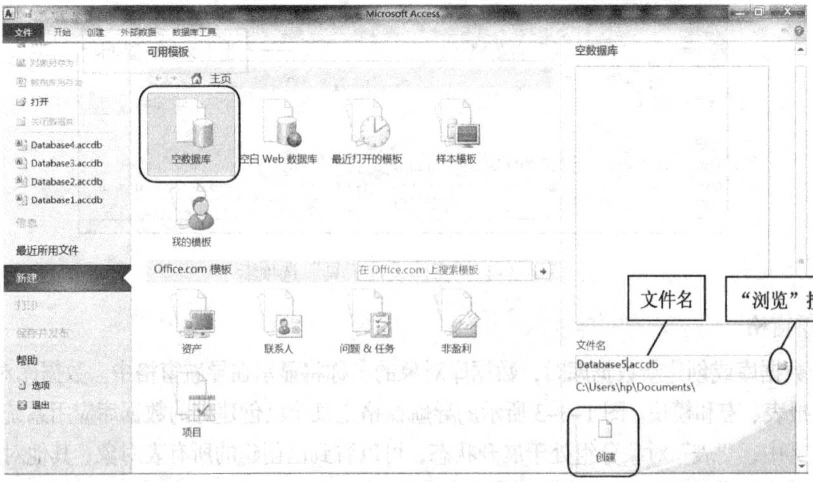

图 1-3-5　创建空数据库

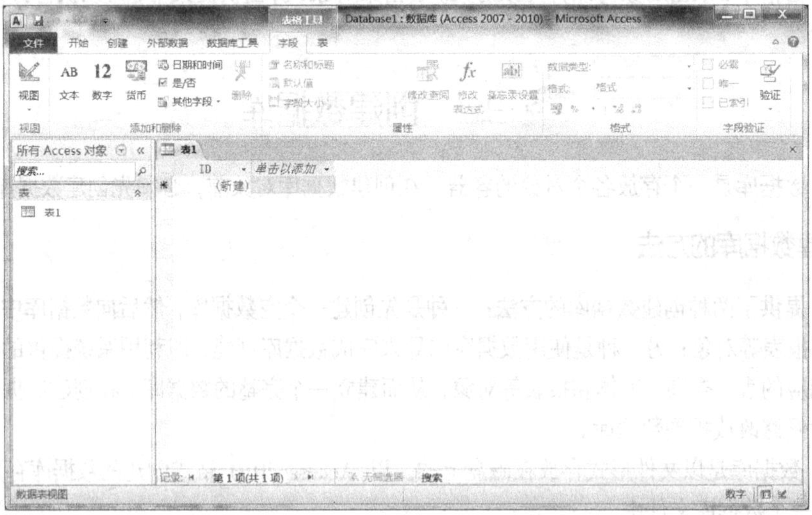

图 1-3-6　创建空数据库主窗口

3.2.2　数据库的打开与关闭

1．数据库的打开

当要访问一个已创建的数据库时，需要打开数据库，然后才能进一步进行操作。

Access 数据库文件的打开方式有 4 种：

① 若要打开数据库以便在多用户环境中进行共享访问，和其他用户共享读/写数据库，则选择“打开”。

② 若要打开数据库只进行只读访问，既可查看数据库但不可编辑数据库，则选择“以只读方式打开”。

③ 若要以独占访问方式打开数据库，禁止其他人访问数据库，则选择“以独占方式打开”。当以独占访问方式打开数据库时，试图打开该数据库的任何其他人将收到“文件已在使用中”消息。

④ 若要打开数据库只浏览数据库，不得编辑、修改，不与其他人共享，则选择“以独占只读方式打开”。

打开现有的 Access 数据库的方法如下：

① 双击数据库文件，以默认的“打开”方式打开。

② 在 Access 中选择“文件”→“打开”命令，在“打开”对话框中选择需打开的数据库文件，单击“打开”按钮旁边的下拉按钮，可以选择打开数据库的方式，如图 1-3-7 所示。

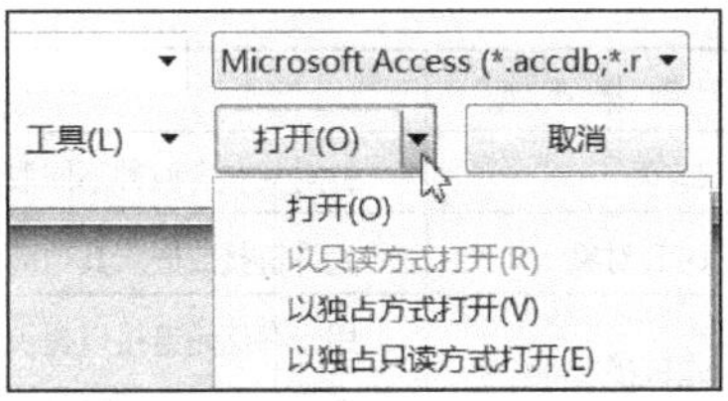

图 1-3-7　数据库文件打开方式

2．数据库的关闭

使用完数据库后，应该关闭数据库。关闭数据库的方法如下：

① 单击 Access 窗口的“关闭”按钮。

② 单击“文件”选项卡，选择“关闭数据库”命令。

③ 双击数据库窗口的“控制”按钮。

④ 按【Alt+F4】组合键。

3.3 表 操 作

表是整个数据库应用系统的基础，是数据库其他对象的数据来源。创建一个数据库应用系统必须先创建表对象。

在 Access 数据库中，表包含两部分：表结构和表数据。

3.3.1 表结构

表结构由字段名称、字段的数据类型以及字段属性三部分组成。

1．字段名称

字段名称可以使用字母、汉字、数字、空格和其他字符，长度最多 64 个字符，但不能使用小数点（.）、叹号（！）、方括号（[]）、单引号（'）等。

2．数据类型

字段的数据类型是指字段取值的数据类型，包括文本型、数字型、备注型、日期/时间型、是/否型等 12 种，如表 1-3-1 所示。

表 1-3-1　Access 数据类型

数 据 类 型	说　明
文本	用来存放字符串数据（汉字、字母、数字或可显示字符组成），如地址。不需要计算的数字都定义为文本型，如学号、电话号码等。文本型数据最大长度为 255 个字符
备注（备忘录）	用来存放较长的文本型数据，如备注、简历等字段。备注型数据是文本型数据类型的特殊形式，最多可存储 65 535 个字符
数字	用来存储需要进行计算的数据类型。数字型可以分为整型、长整型、单精度型、双精度型等，可以通过“字段大小”属性设置具体类型，默认数据类型为长整型
日期/时间	用于存储日期、时间或日期时间组合的数据。可以在“格式”属性中设置显示格式为常规日期、长日期、中日期、短日期、长时间、中时间和短时间等
货币	用于存储货币值。在数据输入时，不需要输入货币符号和千分位分隔符，Access 会自动显示相应的符号，并添加 2 位小数到货币型字段中。在计算期间禁止四舍五入
自动编号	一种特殊的数据类型，用于在添加记录时自动插入唯一值（每次递增 1）或随机编号（可以通过“新值”属性设置）。每个表中只能有一个自动编号型字段，该字段中的顺序号永久与记录绑定，不能人工指定或更改自动编号型字段中的数值

续表

数据类型	说明
是/否	针对只包含两种不同取值的字段而设置，又称为布尔型数据
OLE 对象	允许链接或嵌入其他应用程序所创建的文档、声音、图片文件等
超链接	用于存储超链接以提供通过单击 URL（统一资源定位器）对网页进行访问或通过单击 UNC（通用命名约定）格式的名称对文件进行访问。还可以链接到存储在数据库中的 Access 对象
附件	用于存放图片、图像、二进制文件、Office 文件等，是用于存放图像和任意类型的二进制文件的首选数据类型
计算	引用同一表中的其他字段及所需运算获取计算结果
查阅向导	实际上不是一个数据类型，而是用于启动查阅向导，以便可以从表或查询中获取一个数据列表或存储一组固定值列表。具体的数据类型以获取的数据类型为准

3. 字段属性

创建字段后，通过设置字段属性，可以控制字段中数据，以防止在字段中输入不正确的数据；为字段指定默认值；帮助加速对字段进行搜索和排序等。每个字段所具有的属性与字段的数据类型有关。表 1-3-2 列出了常用字段属性及其功能。

表 1-3-2 常用字段属性及功能

属性	功能
字段大小	文本型字段输入介于 1～255 的值。数字型字段可从列表中选择字节、整型、长整型、单精度型、双精度型
小数位数	指定数字型数据小数点右边显示的位数
格式	设置字段的显示布局，格式设置仅影响显示和打印格式，不影响表中实际存储的数据。对于数字型、货币型、日期/时间型和是/否型字段，系统提供了预定义的格式设置供用户选择，用户也可以使用格式符号来设置自定义格式
输入掩码	设置字段中所有输入数据的模式，确保输入数据的正确性。适用于文本型、日期/时间型、数字型、货币型数据。单击 … 按钮打开“输入掩码向导”，通过“输入掩码向导”进行设置，或者由用户自定义
标题	字段的显示名称，在数据表视图中，是字段列标题显示的内容；在窗体、报表中，是字段标签显示的内容。如果此属性为空，则使用字段名称
默认值	自动输入到该字段中、作为新记录的值
有效性规则	设置限制该字段输入值的表达式
有效性文本	设置输入数据时违反有效性规则时显示的消息
必需	指定是否需要在字段中输入数据。如果是“否”，则可不输入数据，否则必须输入数据。默认值为“否”
索引	创建索引，加速查找和排序的速度。字段的索引属性有三类：无、有（有重复）和有（无重复）
文本对齐	指定控件内文本的默认对齐方式：常规、左、居中、右、分散

表 1-3-3 列出了用户自定义输入掩码时可以使用的掩码字符及其功能。

表 1-3-3 输入掩码字符及其功能

掩码字符	功能	示例
0	必须输入一个数字（0~9）	邮政编码由 6 位数字组成，输入掩码为：000000
9	可以输入一个数字（0~9）或空格	电话号码为 7 位或 8 位，输入掩码为：00000009
#	可以输入数字、空格、+、–	记录收支情况，整数部分最多 3 位，保留 2 位小数，+代表收入，–代表支出，输入掩码为：#999.00
L	必须输入一个字母	学院编号前 2 位为字母，后 3 位为数字，输入掩码为：LL000

续表

掩码字符	功　能	示　例
?	可以输入一个字母或空格	度量单位最多由 4 位字母组成，输入掩码为：????
A	必须输入一个字母或数字	18 位身份证号 17 位数字，最后 1 位校验位是数字或字母 输入掩码为：00000000000000000A
a	可以输入一个字母或数字	
&	必须输入一个字符或空格	书号 ISBN 为 13 位，若前面固定为“ISBN 978–”，包含连字符“–”的输入掩码为："ISBN 978–"0\-&&&&&&&&&\-A
C	可以输入一个字符或空格	序列号，输入掩码为：CCCCC\-CCCCC\-CCCCC
<	将右侧所有字母转换为小写字母	
>	将右侧所有字母转换为大写字母	单词第 1 个字母大写，后面小写，输入掩码为：>L<???????????????
密码	不显示输入字符，只显示*	
\	使其后的 1 个字符显示为原义字符	车牌号码“京”后跟 1 位字母，空格后是 5 位字母或数字，输入掩码为：\京 L\ AAAAA
""	原样显示双引号中的字符串	"ISBN"显示为 ISBN
. , : /	小数分隔符、千位分隔符、日期分隔符、时间分隔符	工资输入掩码为：9,999.99 出生日期输入掩码为：9999/99/99

3.3.2 创建表

Access 数据库的表有两种视图：数据表视图和设计视图，可以分别在这两种视图下创建表。下面以学生表为例，分别使用两种视图来创建。“学生”表结构如表 1–3–4 所示。

表 1-3-4 “学生”表结构

字段名称	数据类型	字段大小	完整性	索引	其他字段属性
学号	文本	10	主键		
姓名	文本	8			必需：是
性别	文本	1			默认值：男
出生日期	日期/时间				格式：短日期
是否党员	是/否				格式：是/否
入学成绩	数字	整型	[0,750]		有效性规则：>=0 And <=750； 有效性文本：输入值应在[0,750]范围内
照片	附件				标题：免冠照片
简历	备注				
班级编号	文本	5	参照完整性（“关系”中设置）	有（有重复）	

1. 使用数据表视图创建表

数据表视图是以行、列形式显示表中数据的视图。Access 2010 允许在数据表视图下添加、编辑、修改、删除字段。

如果当前是一个新建的空数据库，系统会自动进入一个新表的数据表视图。

【例 3-1】 使用数据表视图创建“学生”表结构，创建步骤如图 1–3–8 所示。

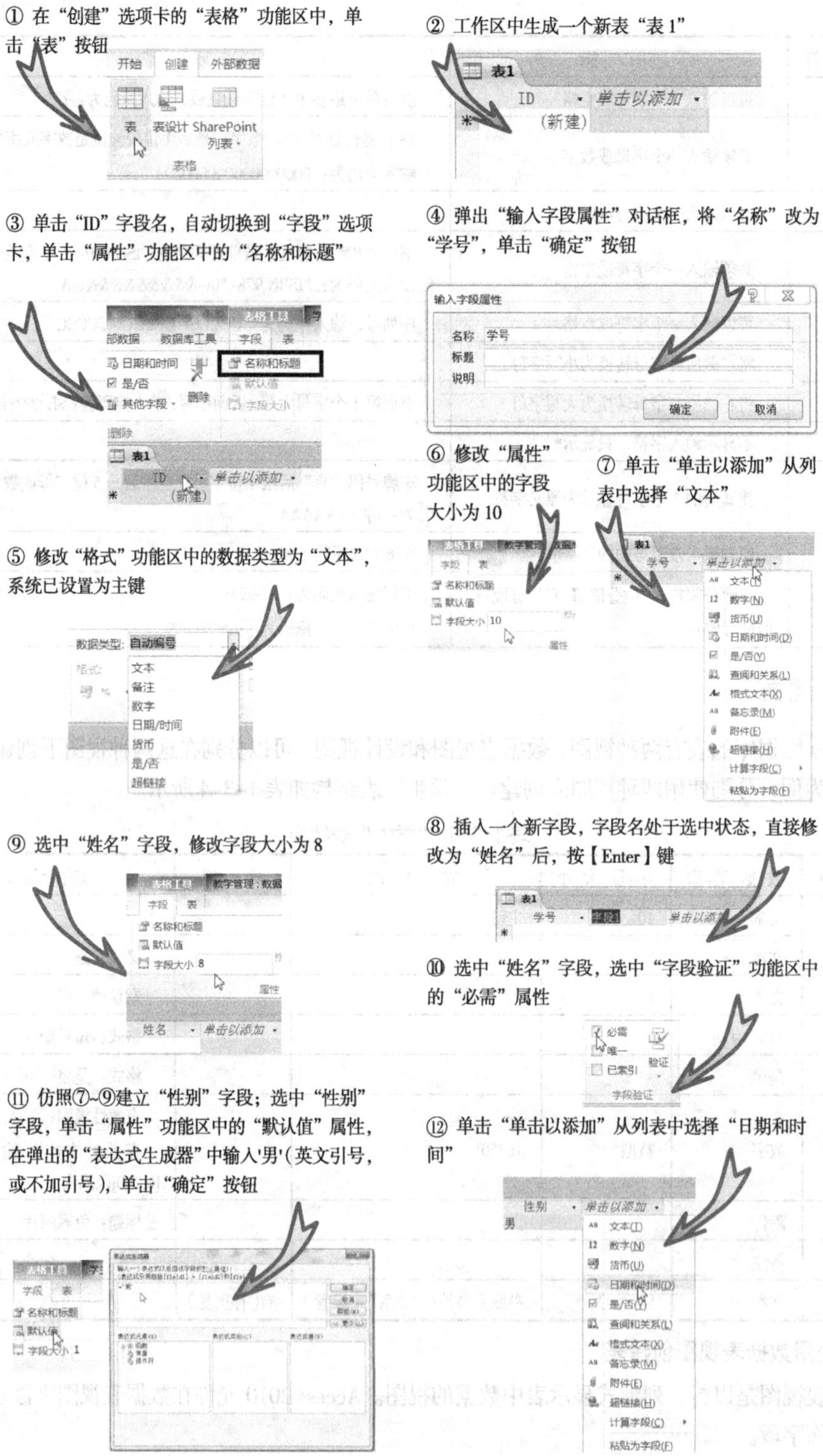
① 在“创建”选项卡的“表格”功能区中，单击“表”按钮
② 工作区中生成一个新表“表1”
③ 单击“ID”字段名，自动切换到“字段”选项卡，单击“属性”功能区中的“名称和标题”
④ 弹出“输入字段属性”对话框，将“名称”改为“学号”，单击“确定”按钮
⑤ 修改“格式”功能区中的数据类型为“文本”，系统已设置为主键
⑥ 修改“属性”功能区中的字段大小为10
⑦ 单击“单击以添加”从列表中选择“文本”
⑧ 插入一个新字段，字段名处于选中状态，直接修改为“姓名”后，按【Enter】键
⑨ 选中“姓名”字段，修改字段大小为8
⑩ 选中“姓名”字段，选中“字段验证”功能区中的“必需”属性
⑪ 仿照⑦~⑨建立“性别”字段；选中“性别”字段，单击“属性”功能区中的“默认值”属性，在弹出的“表达式生成器”中输入'男'（英文引号，或不加引号），单击“确定”按钮
⑫ 单击“单击以添加”从列表中选择“日期和时间”

图 1-3-8　使用数据表视图创建“学生”表结构的步骤

⑬ 插入一个新字段，字段名处于选中状态，直接修改为“出生日期”后，按【Enter】键。选中“出生日期”，设置“格式”功能区中的“格式”属性为“短日期”

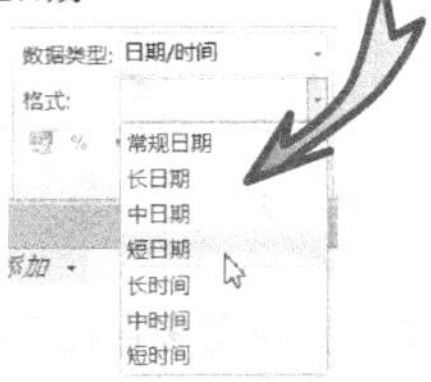

⑭ 单击“单击以添加”从列表中选择“是/否”

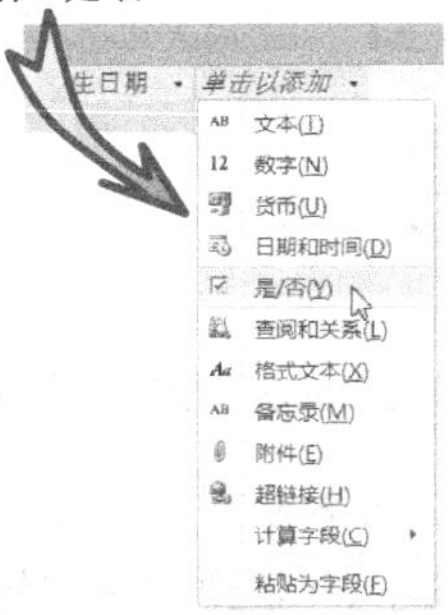

⑮ 插入一个新字段，字段名处于选中状态，直接修改为“是否党员”后，按【Enter】键。选中“是否党员”，设置“格式”功能区中的“格式”属性为“是/否”

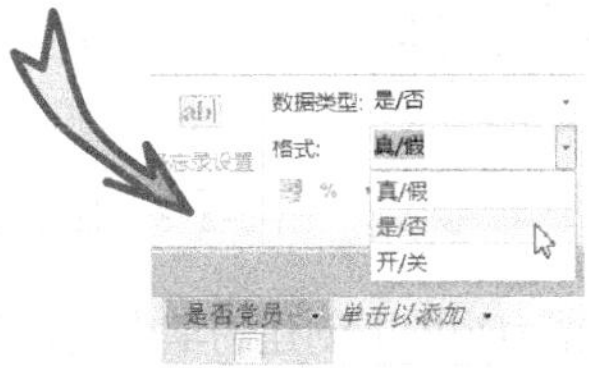

⑯ 在“是否党员”选中的情况下，单击“添加和删除”功能区中的“12 数字”按钮，在“是否党员”后插入一个新字段，输入“入学成绩”

⑰ 选中“入学成绩”字段，单击“字段验证”功能区中的“验证”下拉按钮，选择“字段验证规则”，打开表达式生成器

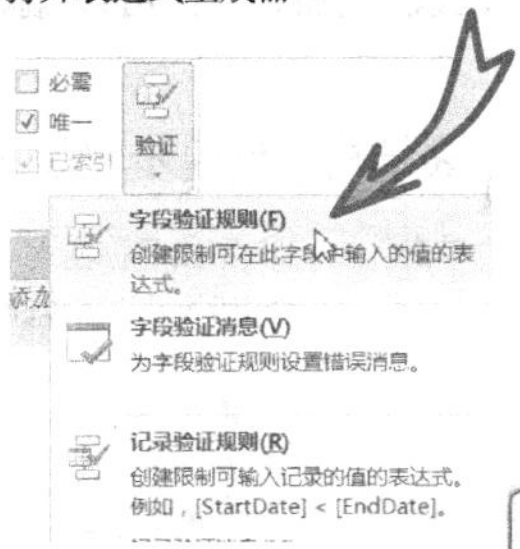

⑱ 在表达式生成器中，输入：>=0 and <=750，单击“确定”按钮

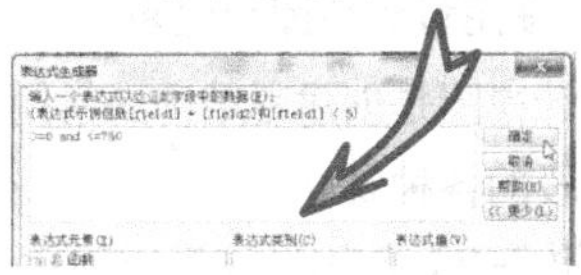

⑳ 在“输入验证消息”对话框输入“输入值应在[0,750]范围内”，单击“确定”按钮

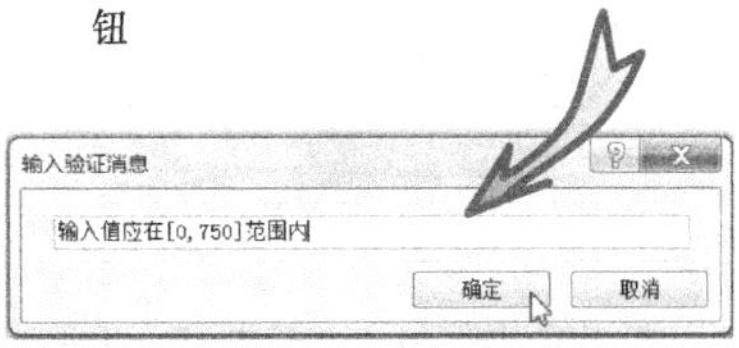

⑲ 选中“入学成绩”字段，单击“字段验证”功能区中的“验证”下拉按钮，选择“字段验证消息”，弹出“输入验证消息”对话框

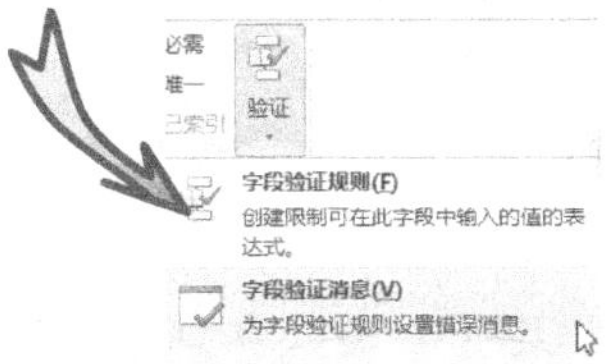

㉑ 单击“单击以添加”从列表中选择“附件”

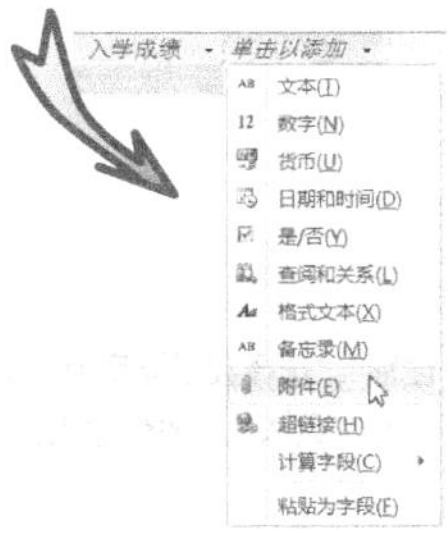

㉒ 插入一个新字段，单击“属性”功能区中的“名称和标题”按钮，打开“输入字段属性”对话框，“名称”框输入“照片”，“标题”框中输入“免冠照片”，单击“确定”按钮

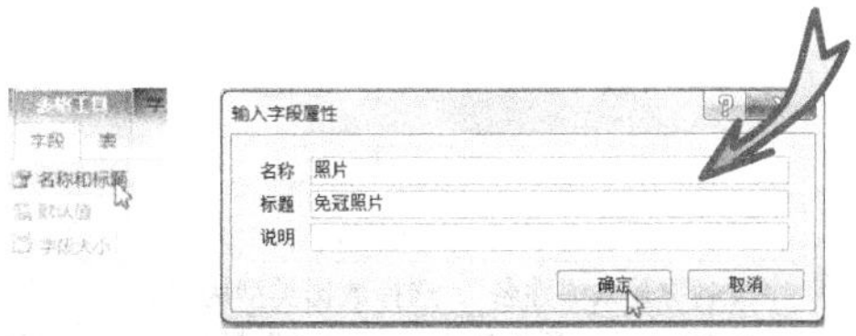

㉓ 在“照片”字段选中的情况下，单击“添加和删除”功能区中 “其他字段”后的下拉按钮，选中列表中的“备忘录”，插入一个新字段，输入“简历”

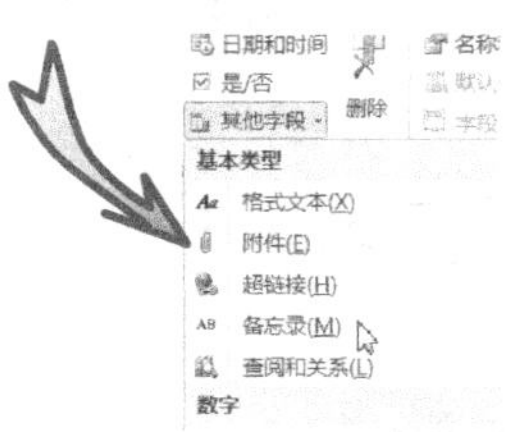

㉔ 选中“简历”字段，单击“添加和删除”功能区中的“AB 文本”，产生一个新字段，输入字段名“班级编号”，按【Enter】键。选中“班级编号”字段，将“属性”功能区中的字段大小改为 5

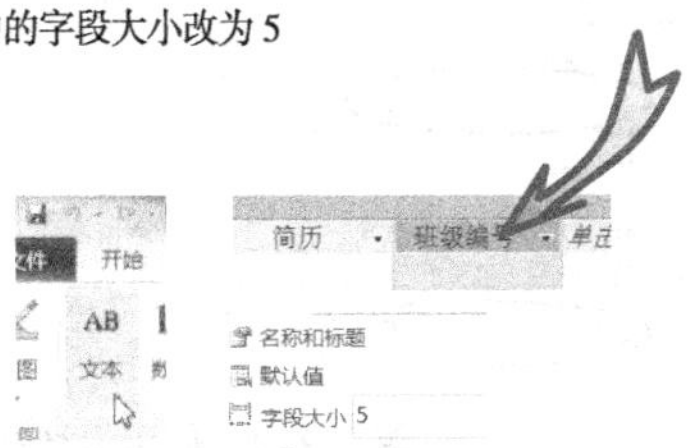

图 1-3-8　使用数据表视图创建“学生”表结构的步骤（续）

㉕ 选中“班级编号”字段，选中“字段验证”功能区中的“已索引”

㉖ 右击“表 1”选项卡，选择“保存”命令，弹出“另存为”对话框，输入表名称“学生”，单击“确定”按钮，建立“学生”表结构

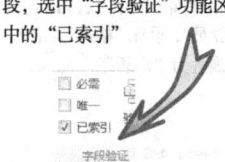

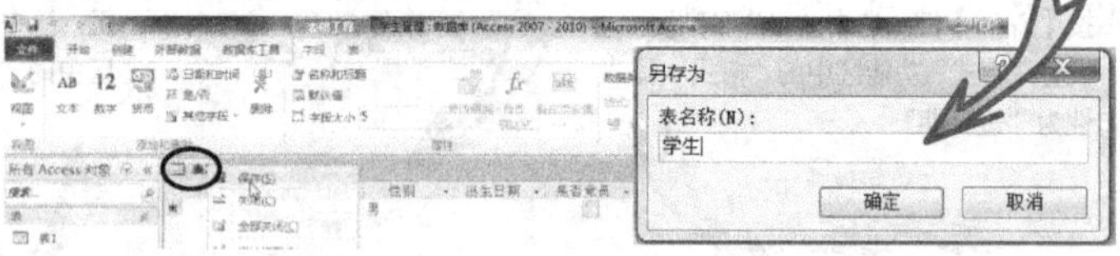

图 1-3-8　使用数据表视图创建“学生”表结构的步骤（续）

在数据表视图下创建的学生表，其中“入学成绩”字段的“整型”属性无法直接在功能区设置，需要进入“设计视图”进行设置，即可以使用数据表视图来设置一些可用的字段属性。但要访问和设置字段属性的完整列表，必须使用设计视图。

2. 使用设计视图创建表

设计视图是创建表结构的常用工具。在设计视图下，可以编辑字段名称，确定字段的数据类型，设置字段的各种属性。

【例 3-2】 使用设计视图创建“学生”表结构。创建步骤如图 1-3-9 所示。

① 在“创建”选项卡的“表格”功能区中，单击“表设计”按钮

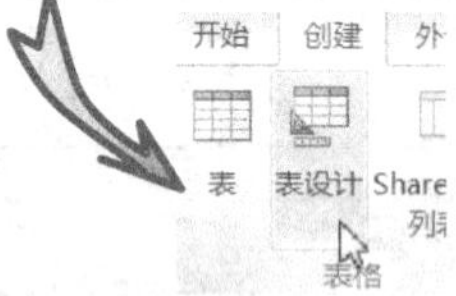

② 系统创建一个新表“表 1”，并进入表的设计视图，且自动切换到“表格工具-设计”选项卡

③ 字段名称输入“学号”，选择数据类型为“文本”，“字段大小”属性改为 10，单击“工具”功能区中的“主键”按钮

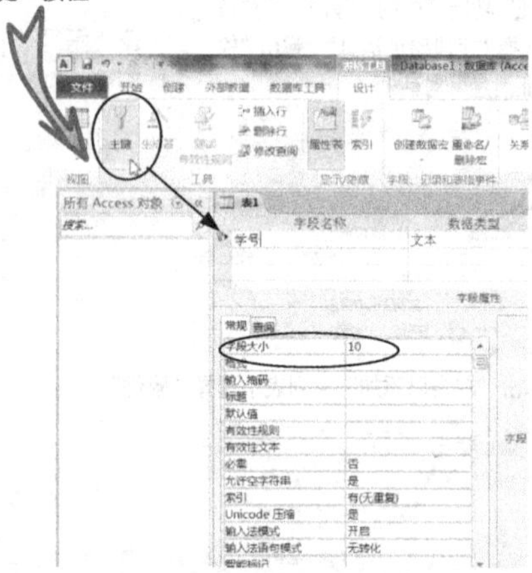

④ 字段名称输入“姓名”，选择数据类型为“文本”，“字段大小”属性改为 8；“必需”属性改为“是”

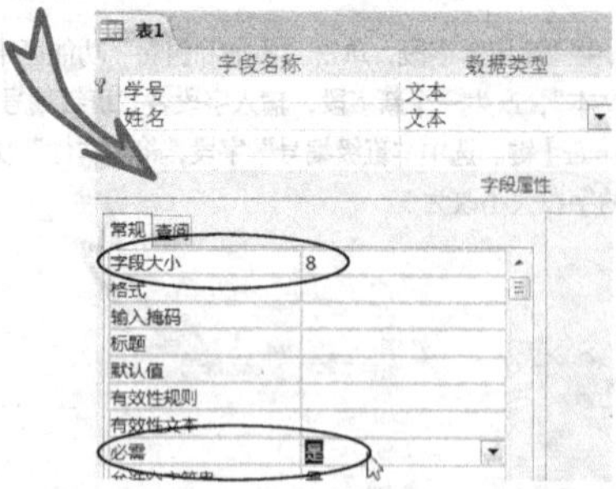

⑤ 字段名称输入“性别”，选择数据类型为“文本”，“字段大小”属性改为 1；“默认值”属性输入：男（系统自动加引号）

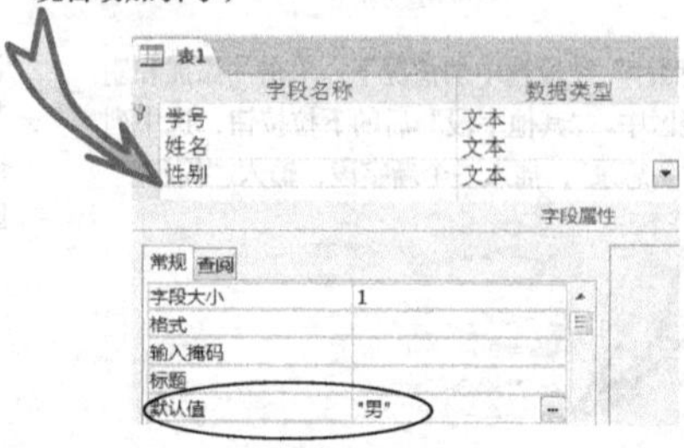

图 1-3-9　使用设计视图创建“学生”表结构的步骤

⑥ 字段名称输入“出生日期”，选择数据类型为“日期/时间”，“格式”属性选择“短日期”

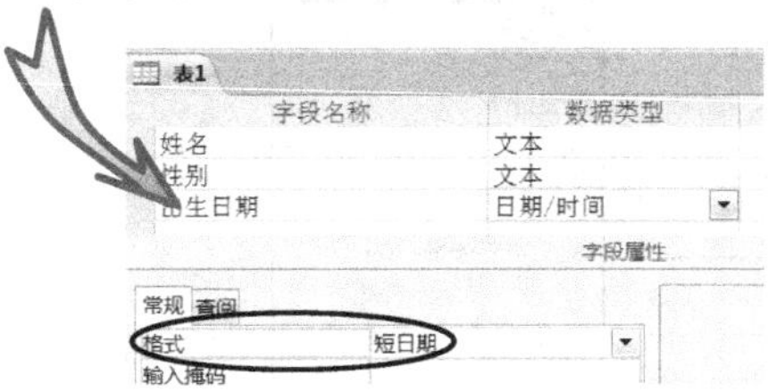

⑦ 字段名称输入“是否党员”，选择数据类型为“是/否”，“格式”属性选择“是/否”

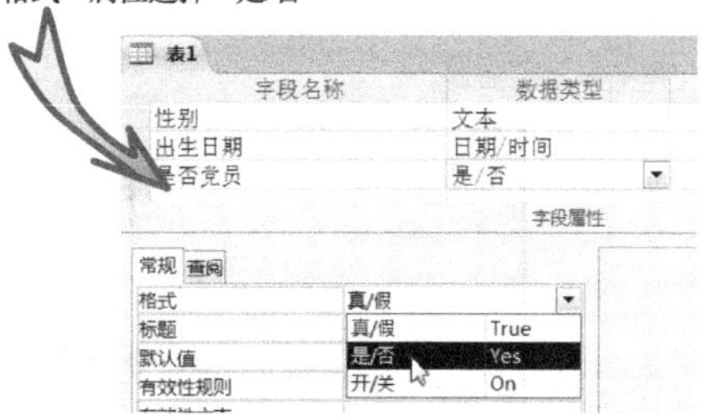

⑧ 字段名称输入“入学成绩”，选择数据类型为“数字”，“字段大小”属性选择“整型”

有效性规则：>=0 and <=750

有效性文本：输入值应在[0,750]范围内

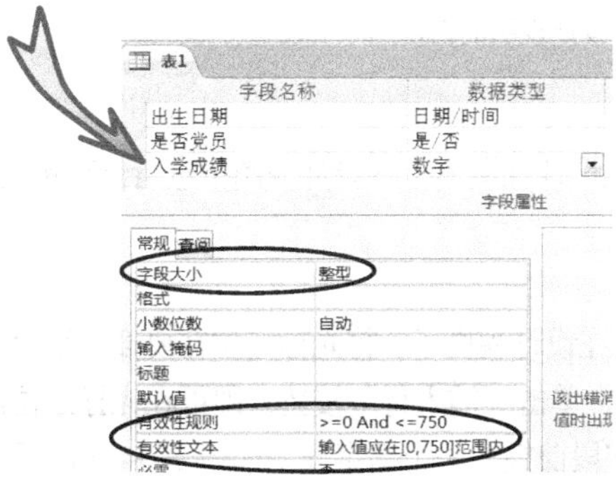

⑨ 字段名称输入“照片”，选择数据类型为“附件”，“标题”属性输入“免冠照片”

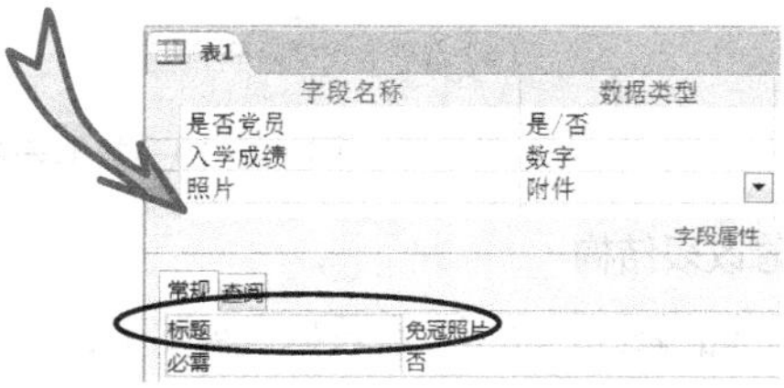

⑩ 字段名称中输入“简历”，选择数据类型为“备注”

⑪ 字段名称中输入“班级编号”，选择数据类型为“文本”，字段大小设为5，“索引”属性选择“有（有重复）”

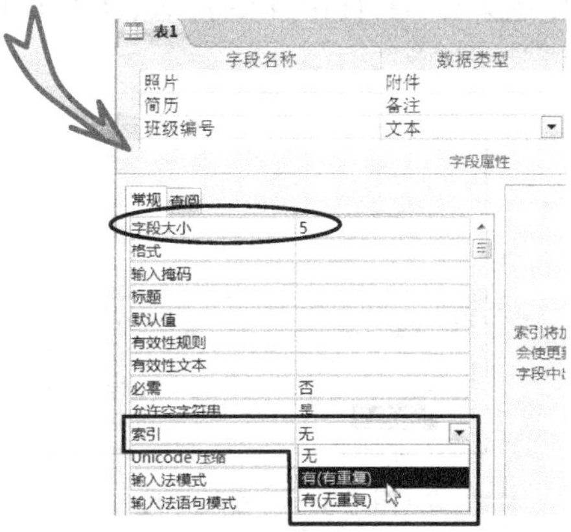

⑫ 单击快速工具栏中的“保存”按钮，在“另存为”对话框中输入表名称：学生，表结构创建完成

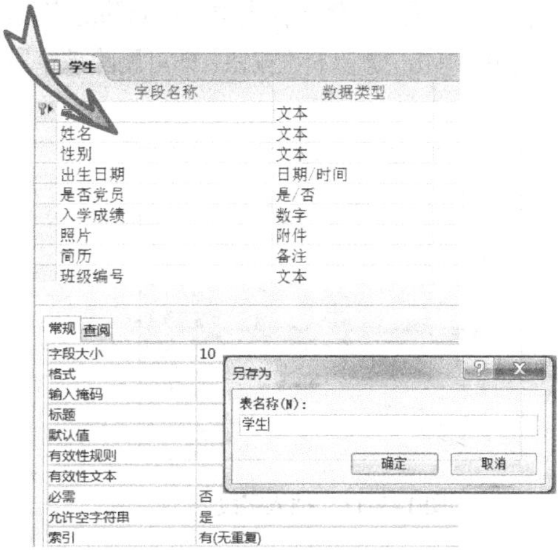

图 1-3-9　使用设计视图创建“学生”表结构的步骤（续）

3.3.3　表的基本操作

表对象常用的视图有两种：数据表视图和设计视图。这两种视图在表的创建、表结构的修改、数据的输入、数据的编辑时经常要进行切换。数据表视图与设计视图的切换方式有多种：一种是右击工作区的选项卡，在弹出的快捷菜单中进行选择，如图 1-3-10（a）所示；一种是在“开始”选项卡的“视图”功能区中，直接单击“视图”按钮切换，或单击下拉按钮，在打开的下拉菜单中进行选择，

如图 1-3-10（b）所示。

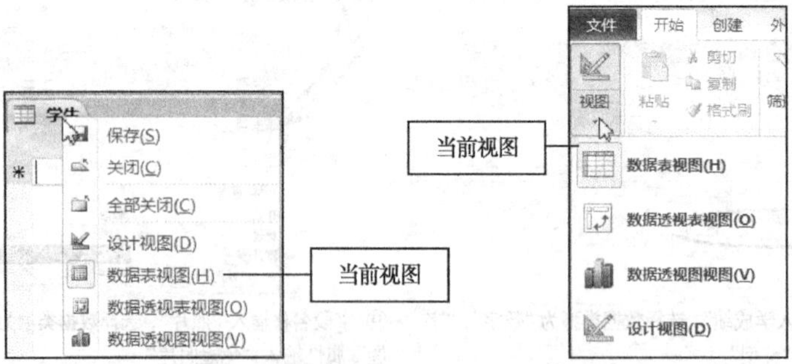

（a）选项卡快捷菜单　　（b）“视图”下拉菜单

图 1-3-10　数据表视图与设计视图的切换

1. 修改表结构

表结构的修改，既可以在数据表视图下，也可以在设计视图下，在设计视图下进行修改更全面、更直观。

（1）插入字段

若发现表结构中少了字段，需要插入新字段，那么在设计视图下，将光标定位在要插入字段的位置，在“表格工具-设计”选项卡的“工具”功能区中，单击“插入行”按钮，即可在光标定位前插入一空行，可以输入新字段。例如，在“班级编号”字段前插入一个新字段，如图 1-3-11 所示。

（2）删除字段

在设计视图下，将光标定位在待删除的字段的任何位置，在“表格工具-设计”选项卡的“工具”功能区中，单击“删除行”按钮，即可删除该字段。例如，删除图 1-3-11 中插入的字段，如图 1-3-12 所示。

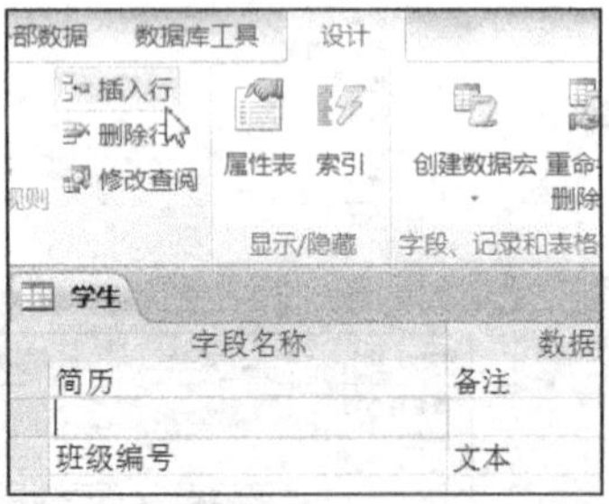

图 1-3-11　插入字段

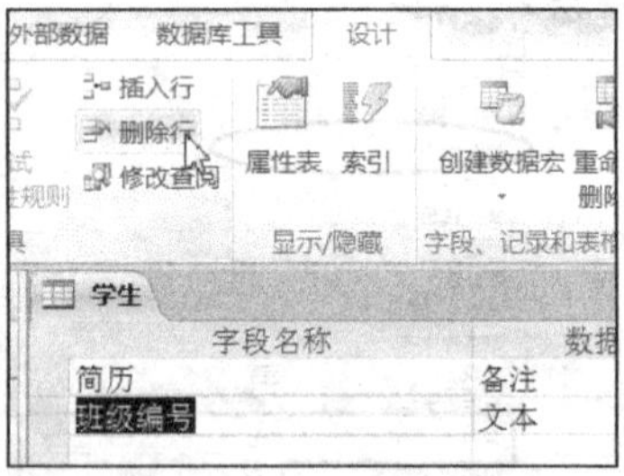

图 1-3-12　删除字段

2. 输入数据

表中数据的输入是在数据表视图下完成的。图 1-3-13 所示为输入数据时记录选择器上的符号含义。

图 1-3-13　输入数据时记录选择器上的符号含义

日期/时间型数据的输入可以借助日期控件完成（见图 1-3-14），或直接按 yyyy-mm-dd 格式输入。

是/否型数据的输入若采用复选框控件形式（默认的），则选中表示“是”，不选表示“否”。

附件型数据输入时，需双击单元格[见图 1-3-15（a）]，打开“附件”对话框[见图 1-3-15（b）]，单击“添加”按钮添加附件。

图 1-3-14　借助日期控件输入日期/时间型数据

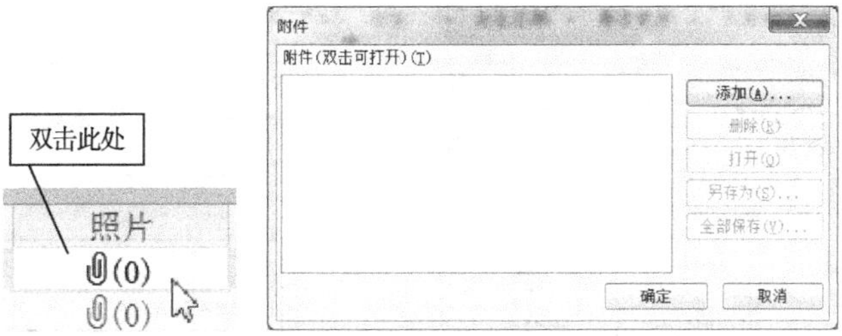

（a）双击单元格　　（b）“附件”对话框

图 1-3-15　附件型数据的输入

其他类型的数据如文本型、数字型、备注型等皆可直接输入。

主键字段必须输入数据，不能空着，也不能与已输入的数据重复。设置“必填”属性为“是”的字段，也必须输入数据。

3.3.4　创建表间关系

一个数据库应用系统包含若干个数据表，表与表之间存在着一对一、一对多联系（Access 中多对多联系已分解为两个一对多），在全部创建完表对象之后，就需要创建这些表之间的关联关系。创建表间关系的步骤如下：

① 关闭所有的表，单击“数据库工具”选项卡中的“关系”按钮[见图 1-3-16（a）]，进入“关系”窗口，同时弹出“显示表”对话框，如 1-3-16（b）所示。

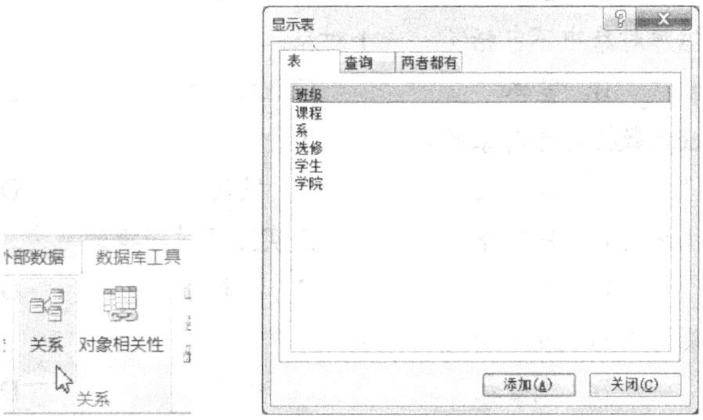

（a）“关系”按钮　　（b）“显示表”对话框

图 1-3-16　“关系”按钮和“显示表”对话框

② 在“显示表”对话框，将要建立关联关系的表（学院、系、班级、学生、选修、课程）添加到“关系”窗口中。

③ 在“关系”窗口，通过鼠标拖动，将一个表中的相关字段拖到另一个表中相关字段的位置，如将图 1-3-17（a）中“班级”表中的“班级编号”字段拖动到“学生”表中的“班级编号”字段，弹出“编辑关系”对话框，如图 1-3-17（b）所示。

④ 在“编辑关系”对话框，选中“实施参照完整性”“级联更新相关字段”“级联删除相关记录”，单击“创建”按钮，两表中的关联字段间就有了一个连线（连线上标注着“1”和“∞”，表示一对多），由此两表间就有了一个关系。如图 1-3-17（a）所示，右击关系连线，通过弹出的快捷菜单可以编辑关系或删除关系。

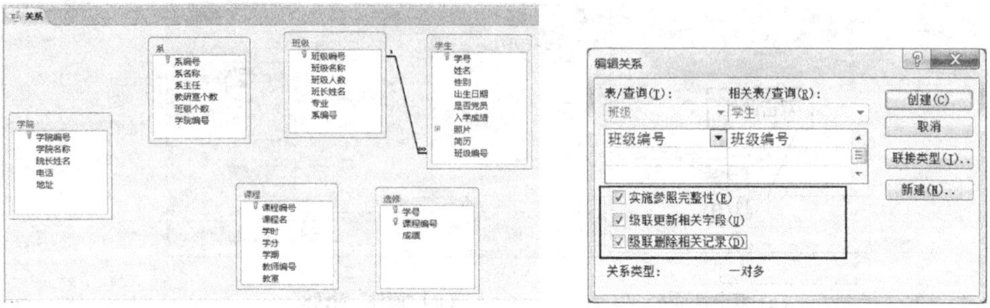

（a）拖动字段　　（b）“编辑关系”对话框

图 1-3-17　创建关联并设置参照完整性

习　题

一、单项选择题

1. Access 数据库的类型是（　　）。
   A. 层次数据库　B. 网状数据库　C. 关系数据库　D. 面向对象数据库
2. Access 是一个（　　）系统。
   A. 文字处理　B. 电子表格　C. 网页制作　D. 数据库管理
3. 利用 Access 创建的数据库文件，其扩展名为（　　）。
   A. .db　B. .adb　C. .frm　D. .accdb
4. 在 Access 的数据库对象中不包括（　　）对象。
   A. 表　B. 窗体　C. 工作簿　D. 报表
5. 以下不属于 Access 数据库子对象的是（　　）。
   A. 窗体　B. 组合框　C. 报表　D. 宏
6. Access 2010 数据库的 6 个对象中，（　　）是实际存放数据的地方。
   A. 表　B. 查询　C. 报表　D. 窗体
7. Access 2010 数据库中的表是一个（　　）。
   A. 交叉表　B. 线型表　C. 报表　D. 二维表
8. 下面有关表的叙述中错误的是（　　）。
   A. 表是 Access 数据库中的要素之一　B. 表设计的主要工作是设计表的结构

C. Access 数据库的各表之间相互独立　　D. 可将其他数据库的表导入到当前数据库中

9. Access 2010 中的窗体是（　　）之间的主要接口。

A. 数据库和用户　　B. 操作系统和数据库

C. 用户和操作系统　　D. 人和计算机

10. 在 Access 2010 中，（　　）不能对数据进行录入和编辑。

A. 查询　　B. 窗体　　C. 报表　　D. 表

11. 创建数据库有两种方法：第一种方法是先建立一个空数据库，然后向其中添加数据库对象；第二种方法是（　　）。

A. 使用“数据库视图”　　B. 使用“数据库模板”

C. 使用“数据库设计”　　D. 使用“数据库导入”

12. 若使打开的数据库文件可与网上的其他用户共享，并可维护其中的数据库对象，要选择打开数据库文件的方式是（　　）。

A. 以只读方式打开　　B. 以独占方式打开

C. 以独占只读方式打开　　D. 打开

13. 若使打开的数据库文件可与网上的其他用户共享，但只能浏览数据，要选择打开数据库文件的方式是（　　）。

A. 以只读方式打开　　B. 以独占方式打开

C. 以独占只读方式打开　　D. 打开

14. 数据库文件打开的方式是（　　）。

A. 使用“文件”选项卡中的“打开”命令

B. 右击数据库文件，选择快捷菜单中的“打开”命令

C. 在文件夹中双击数据库文件

D. 以上都可以

15. 关闭 Access 系统的方法有（　　）。

A. 单击 Access 右上角的“关闭”按钮　　B. 选择“文件”选项卡中的“退出”命令

C. 双击“控制”按钮　　D. 以上都可以

16. 在 Access 中，空数据库是指（　　）。

A. 没有基本表的数据库　　B. 没有窗体、报表的数据库

C. 没有任何数据库对象的数据库　　D. 数据库中数据是空的

17. 在 Access 中，建立表结构的方法有（　　）。

A. 使用“数据表视图”　　B. 使用“设计视图”

C. 使用模板　　D. 选项 A、B

18. 要定义表结构需要定义（　　）。

A. 数据库、字段名称、数据类型　　B. 数据库、数据类型、字段长度

C. 字段名称、数据类型、字段属性　　D. 数据库名、数据类型、字段长度

19. 建立表的结构时，一个字段由（　　）组成。

A. 字段名称　　B. 数据类型　　C. 字段属性　　D. 以上都是

20. 使用表设计器定义表中字段时，不是必须设置的内容是（　　）。

A. 字段名称　　B. 数据类型　　C. 说明　　D. 字段属性

21. Access 2010 中，表的字段数据类型中不包括（　　）。

A. 文本型　B. 数字型　C. 窗口型　D. 货币型

22. 当文本型字段取值超过 255 个字符时，应改用（　）数据类型。

A. 文本　B. 备注　C. OLE 对象　D. 超链接

23. 如果要在数据表的某个字段中存放图像数据，则该字段应设为（　）数据类型。

A. 文本型　B. 数字型　C. OLE 对象　D. 货币型

24. 下列关于 OLE 对象的叙述中，正确的是（　）。

A. 用于输入文本数据　B. 用于处理超链接数据

C. 用于生成自动编号数据　D. 用于链接或内嵌 Windows 支持的对象

25. 下面关于自动编号数据类型叙述错误的是（　）。

A. 每次向表中添加新记录时，Access 会自动插入唯一顺序号

B. 自动编号数据类型一旦被指定，就会永久地与记录连接在一起

C. 如果删除了表中含有自动编号字段的一个记录后，Access 并不会对自动编号型字段进行重新编号

D. 被删除的自动编号型字段的值会被重新使用

26. 不是表中字段类型的是（　）。

A. 文本　B. 日期　C. 备注　D. 索引

27. 存储学号的字段适合于采用（　）数据类型。

A. 数字型　B. 文本型　C. 货币型　D. 备注型

28. 如果在创建表中建立字段“简历”，其数据类型应当是（　）。

A. 文本　B. 数字　C. 日期　D. 备注

29. 如果在创建表中建立字段“姓名”，其数据类型应当是（　）。

A. 文本　B. 数字　C. 日期　D. 备注

30. 如果在创建表中建立字段“时间”，其数据类型应当是（　）。

A. 文本　B. 数字　C. 日期/时间　D. 备注

31. 在 Access 2010 某个表字段中存储电子表格文件，该字段应该设置为（　）。

A. 备注　B. 文本　C. 超链接　D. 附件

32. Access 默认的文本型字段大小为（　）。

A. 50 个字符　B. 100 个字符　C. 150 个字符　D. 255 个字符

33. 文本型字段大小的取值最大为（　）。

A. 64 个字符　B. 127 个字符　C. 255 个字符　D. 512 个字符

34. 可以设置“字段大小”属性的数据类型是（　）。

A. 备注　B. 日期/时间　C. 文本　D. 上述皆可

35. 若要求在文本框中输入文本时达到密码“*”的显示效果，则应该设置的属性是（　）。

A. 默认值　B. 有效性文本　C. 输入掩码　D. 密码

36. 输入掩码字符“&”的含义是（　）。

A. 必须输入字母或数字　B. 可以选择输入字母或数字

C. 必须输入一个任意的字符或一个空格　D. 可以选择输入任意的字符或一个空格

37. 在设计表时，若输入掩码属性设置为“LLLL”，则能够接收的输入是（　）。

A. abcd　B. 1234　C. AB+C　D. ABa9

38. 对要求输入相对固定格式的数据，例如电话号码 010-8395001，应定义字段的（　）属性。

A. 格式　　B. 默认值　　C. 输入掩码　　D. 有效性规则

39. 在表的设计视图的“字段属性”框中，默认情况下，“标题”属性是（　　）。

A. 字段名　　B. 空　　C. 字段类型　　D. NULL

40. 关于字段默认值叙述错误的是（　　）。

A. 设置文本型默认值时不用输入引号，系统自动加入

B. 设置默认值时，必须与字段中所设的数据类型相匹配

C. 设置默认值可以减小用户输入强度

D. 默认值是一个确定的值，不能用表达式

41. 如果一个字段在多数情况下取一个固定的值，可以将这个值设置成字段的（　　）。

A. 关键字　　B. 默认值　　C. 有效性文本　　D. 输入掩码

42. 定义某一个字段默认值属性的作用是（　　）。

A. 不允许字段的值超出指定的范围

B. 在未输入数据前系统自动提供值

C. 在输入数据时系统自动完成大小写转换

D. 当输入数据超出指定范围时显示的信息

43. 表中的字段可以定义有效性规则，有效性规则是（　　）。

A. 控制符　　B. 文本　　C. 条件　　D. 都不对

44. 能够检查字段中的输入值是否合法的属性是（　　）。

A. 格式　　B. 默认值　　C. 有效性规则　　D. 有效性文本

45. 若要在“出生日期”字段设置“1998 年以前出生的学生”有效性规则，应在该字段有效性规则处输入（　　）。

A. <#1998-01-01#　　B. <1998 年以前出生的学生

C. >#1998-01-01#　　D. 1998 年以前出生的学生

46. 在对表中某一字段建立索引时，若其值有重复，可选择（　　）索引。

A. 主　　B. 有（无重复.　　C. 无　　D. 有（有重复）

47. 在 Access 数据库中，下列（　　）类型的字段，无法建立索引。

A. 文本　　B. 备注　　C. 数字　　D. 日期

48. 下列数据类型中能进行索引的是（　　）。

A. 文本　　B. OLE　　C. 备注　　D. 超链接

49. 在 Access 中可以按（　　）进行记录排序。

A. 1 个字段　　B. 2 个字段　　C. 主关键字段　　D. 多个字段

50. 以下关于 Access 表的叙述中，正确的是（　　）。

A. 表一般包含一到两个主题的信息

B. 表的数据表视图只用于显示数据，不能编辑数据

C. 表设计视图的主要工作是显示数据

D. 在表的数据表视图中，可以修改字段名称

51. 在表的设计视图，不能完成的操作是（　　）。

A. 修改字段的名称　B. 删除一个字段　　C. 修改字段的属性　　D. 删除一条记录

52. 在表的设计视图中，要插入一个新字段，应将光标移动到位于插入字段之后的字段上，在快捷菜单中选择（　　）命令。

A. 新记录　　B. 新字段　　C. 插入行　　D. 插入列

53. 关于主键，下列说法错误的是（　　）。

A. Access 2010 并不要求在每一个表中都必须包含一个主键

B. 在一个表中只能指定一个字段为主键

C. 在输入数据或对数据进行修改时，不能向主键的字段输入相同的值

D. 利用主键可以加快数据的查找速度

54. 以下关于主关键字的说法，错误的是（　　）。

A. 使用自动编号是创建主关键字最简单的方法

B. 作为主关键字的字段中允许出现 Null 值

C. 作为主关键字的字段中不允许出现重复值

D. 不能确定任何单字段值的唯一性时，可以将两个或更多的字段组合成为主关键字

55. Access 2010 中，下列叙述正确的是（　　）。

A. 允许在主键字段中输入 Null 值

B. 主键字段中的数据可以包含重复值

C. 只有字段数据都不重复的字段才能组合定义为主键

D. 定义多字段为主键的目的是为了保证主键数据的唯一性

56. Access 2010 的表中，（　　）不可以定义为主键。

A. 自动编号　　B. 单字段　　C. 多字段　　D. OLE 对象

57. Access 2010 中，在数据表中删除一条记录，被删除的记录（　　）。

A. 可以恢复到原来位置　　B. 能恢复，但将被恢复为最后一条记录

C. 能恢复，但将被恢复为第一条记录　　D. 不能恢复

58. 以下关于空值的叙述中，错误的是（　　）。

A. 空值表示字段还没有确定值　　B. Access 使用 NULL 来表示空值

C. 空值等同于空字符串　　D. 空值不等于数值 0

59. 在一个数据库中存储着若干个表，这些表之间可以通过（　　）建立关系。

A. 内容不相同的字段　　B. 相同内容的字段

C. 第一个字段　　D. 最后一个字段

60. 在关系视图中，在已建好的关系两端，可以看到两个符号“1”和“∞”，表示（　　）关系。

A. 一对一　　B. 一对多　　C. 多对多　　D. 1 对 8

61. 以下关于修改表之间关系操作的叙述，错误的是（　　）。

A. 修改表之间的关系的操作主要是更改关联字段、删除表之间的关系和创建新关系

B. 删除关系的操作是在“关系”窗口中进行的

C. 删除表之间的关系，只要双击关系连线即可

D. 删除表之间的关系，只要单击关系连线，使之变粗，然后按【Delete】键即可

62. 创建子数据表通常需要两个表之间具有（　　）的关系。

A. 没有关系　　B. 随意

C. 一对多或者一对一　　D. 多对多

63. 在关系窗口中，双击两个表之间的连接线，会出现（　　）。

A. 数据表分析向导　　B. 数据关系图窗口

C. 连接线粗细变化　　D. 编辑关系对话框

64. 在 Access 中，参照完整性规则不包括（　　）。

A. 查询规则　　B. 更新规则　　C. 删除规则　　D. 插入规则

65. 在 Access 中可以设置的关系类型不包括（　　）。

A. 一对一　　B. 一对多　　C. 多对多　　D. 多对一

二、填空题

1. Access 数据库包括表、________、窗体、报表、宏和模块等基本对象。

2. 若要在数据工作表中选取多列，除使用鼠标拖动外，也可按住________键，再以鼠标选取所需字段。

3. 字段类型决定了这一字段名下的________类型。

4. 一般情况下，一个表可以建立多个索引，每个索引可以确定表中记录的一种________。

5. 如果某一字段没有设置标题属性，系统将________当成字段标题。

6. 字段属性________用于设置字段中所有输入数据的模式，确保输入数据的正确性。

7. 字段属性________用于设置限制该字段输入值的表达式，以防止非法数据的输入。

8. 字段属性________就是在用户输入的数据不符合________时，给出的提示信息。

9. 字段属性________可以将值自动输入到该字段中、作为新记录的值。

10. 在 Access 中，对同一个数据库中的多个表，若想建立表间的关联关系，就必须给相关联的表，依照关联字段________，这样才能够建立表间的关联关系。

第 4 章

查　询 <<<

表是数据库中负责存储数据的对象，而查询可以方便、快捷地浏览数据表中的数据，同时利用查询可以实现数据的计算、统计、排序，分组、更新和删除等操作，还可以从已创建的查询中检索数据。查询还可以作为窗体和报表的数据源。本章主要介绍结构化查询语言以及 Access 的主要查询操作。

4.1 结构化查询语言（SQL）

结构化查询语言（Structured Query Language，SQL）是一种操作关系数据库的语言，具有如下特点：

① 使用方式灵活。SQL 具有两种使用方式，即可以直接以命令方式交互使用，也可以嵌入使用，如嵌入到 C、C++、Visual Basic、Java 等语言中使用。

② 非过程化的语言。只提操作要求，不必描述操作步骤，即使用时只需要告诉计算机“做什么”，而不需要告诉它“怎么做”。

③ 语言简洁，语法简单，功能强大，好学好用。SQL 集数据定义语言（DDL）、数据操纵语言（DML）、数据查询语言（DQL）和数据控制语言（DCL）于一体，可以完成数据库中的全部工作。

SQL 是 1974 年由 Boyce 和 Chamberlin 提出的，并首先在 IBM 公司研制的关系数据库原型系统 System R 上实现。由于它具有功能丰富、使用灵活、语言简捷易学等特点，被众多计算机工业界和计算机软件公司所采用。1986 年，SQL 被美国国家标准局批准成为关系型数据库语言的标准。

本节主要介绍 SQL 的数据定义、数据操纵、数据查询三大功能。

4.1.1 数据定义语言

SQL 的数据定义功能包括定义表、定义视图、定义索引。这里的定义指的是创建、修改、删除操作。本节主要介绍表的创建、修改和删除。

1. 创建表

在 SQL 中，使用 CREATE TABLE 语句创建表。

格式：

```
CREATE TABLE 表名(
   字段1 数据类型 [列级完整性约束],
   字段2 数据类型 [列级完整性约束],
    [...],
   字段n 数据类型 [列级完整性约束]
    [,表级完整性约束]);
```

功能：创建指定表的表结构。

说明：

① 语句关键字如 CREATE TABLE 等不区分大小写。

② 方括号[]表示可选项，视具体情况而定，若选择，则取消方括号。

③ 适用于 Access 的基本数据类型，如表 1-4-1 所示。

表 1-4-1 基本数据类型

数据类型	关键字	数据类型	关键字
文本	CHAR(n)	日期	DATE
数字	整型（INTEGER）	是/否	LOGICAL
	长整型（LONG）	OLE 对象	IMAGE
	单精度型（SINGLE）	备注	MEMO
	双精度型（DOUBLE）	货币	MONEY

④ 完整性约束：PRIMARY KEY（主键）、FOREIGN KEY（外键）、UNIQUE（唯一）、NOT NULL（必填）。其中，FOREIGN KEY（外键）的格式如下：

```
[FOREIGN KEY (外键名)] REFERENCES 外表名(外表字段名)
```

【例 4-1】使用 SQL 语句创建“学生”表，表结构如表 1-4-2 所示。

表 1-4-2 “学生”表的表结构

字段名称	数据类型	字段大小	完整性
学号	文本	10	主键
姓名	文本	8	NOT NULL
性别	文本	1	
出生日期	日期/时间		
是否党员	是/否		
入学成绩	数字	整型	
班级编号	文本	5	

创建学生表，其中，“学号”字段是主键，在列级完整性约束上定义；“姓名”字段在列级完整性约束上定义 NOT NULL，其值不能为空，必填。

```
CREATE TABLE 学生(
学号 CHAR(10) PRIMARY KEY,
姓名 CHAR(8) NOT NULL,
性别 CHAR(1),
出生日期 DATE,
是否党员 LOGICAL,
入学成绩 INTEGER,
班级编号 CHAR(5))
```

“学号”字段的主键完整性约束亦可以在表级完整性约束上定义：

```
CREATE TABLE 学生(
学号 CHAR(10),
姓名 CHAR(8) NOT NULL,
```

```
性别 CHAR(1),
出生日期 DATE,
是否党员 LOGICAL,
入学成绩 INTEGER,
班级编号 CHAR(5),
PRIMARY KEY (学号))
```

这两条语句完全等价。

在 Access 中创建查询的步骤如图 1-4-1 所示。

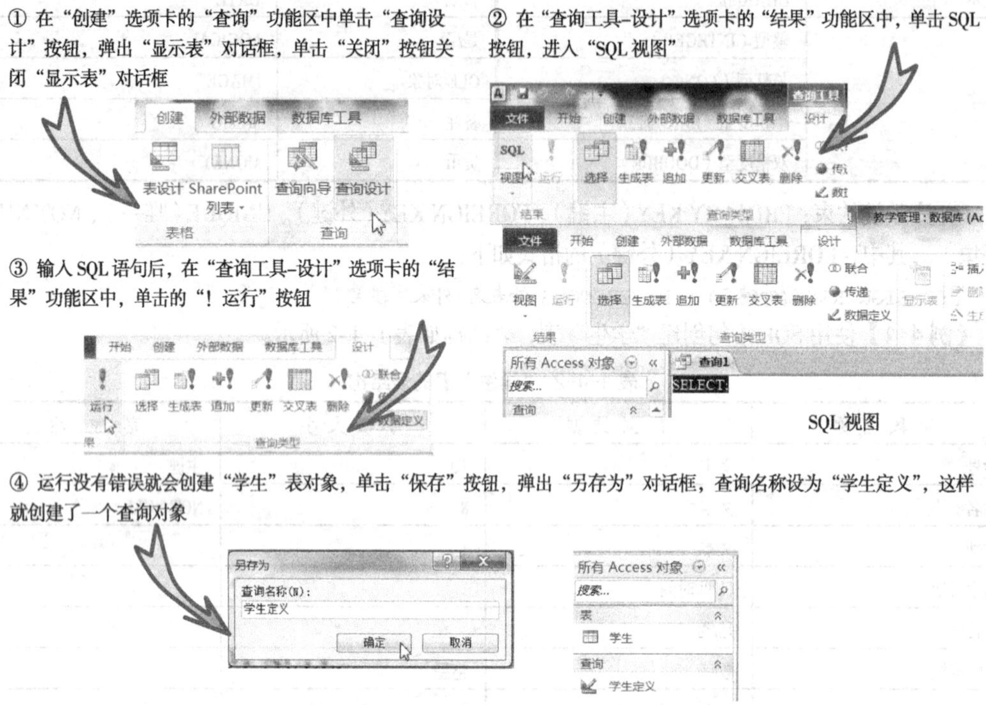
① 在“创建”选项卡的“查询”功能区中单击“查询设计”按钮，弹出“显示表”对话框，单击“关闭”按钮关闭“显示表”对话框
② 在“查询工具-设计”选项卡的“结果”功能区中，单击 SQL 按钮，进入“SQL 视图”
③ 输入 SQL 语句后，在“查询工具-设计”选项卡的“结果”功能区中，单击的“！运行”按钮
SQL 视图
④ 运行没有错误就会创建“学生”表对象，单击“保存”按钮，弹出“另存为”对话框，查询名称设为“学生定义”，这样就创建了一个查询对象
另存为
查询名称(N):
学生定义
确定
取消
所有 Access 对象
学生
学生定义

图 1-4-1　在 Access 中创建查询的步骤

【例 4-2】使用 SQL 语句创建“课程”表，表结构如表 1-4-3 所示。

表 1-4-3 “课程”表的表结构

字段名称	数据类型	字段大小	完整性
课程编号	文本	6	主键
课程名称	文本	12	
学时	数字	整型	
学分	数字	单精度型	
学期	文本	10	

```
CREATE TABLE 课程(
课程编号 CHAR(6) PRIMARY KEY,
课程名称 CHAR(12),
学时 INTEGER,
```

```
学分 SINGLE,
学期 CHAR(10))
```

【例 4-3】使用 SQL 语句创建“选修”表，表结构如表 1-4-4 所示。

表 1-4-4 “选修”表的表结构

字段名称	数据类型	字段大小	完整性	
学号	文本	10	共同做主键	外键
课程编号	文本	6		外键
成绩	数字	单精度		

分析：选修表的主键是由“学号”和“课程编号”组合而成，所以主键的完整性约束只能在表级约束上定义，而不能在列级约束上定义。“学号”字段是外键，参照引用“学生”表的“学号”字段；同样，“课程编号”字段也是外键，参照引用“课程”表的“课程编号”字段。

```
CREATE TABLE 选修(
学号 CHAR(10),
课程编号 CHAR(6),
成绩 SINGLE,
PRIMARY KEY (学号,课程编号),
FOREIGN KEY (学号) REFERENCES 学生(学号),
FOREIGN KEY (课程编号) REFERENCES 课程(课程编号) )
```

如果将主键完整性约束定义在列级上，系统将给出“主控键已存在”的错误提示信息，但外键的完整性约束可以出现在列级约束上。

```
CREATE TABLE 选修(
学号 CHAR(10) REFERENCES 学生 ( 学号 ),
课程编号 CHAR(6) REFERENCES 课程 ( 课程编号),
成绩 SINGLE,
PRIMARY KEY (学号,课程编号))
```

2. 更新表结构

当表结构需要修改时，使用 ALTER TABLE 语句实现添加字段、修改字段、删除字段。

添加字段格式：

```
ALTER TABLE 表名 ADD 字段名 数据类型 [列级完整性约束]
```

修改字段格式：

```
ALTER TABLE 表名 ALTER 字段名 数据类型
```

删除字段格式：

```
ALTER TABLE 表名 DROP 字段名
```

【例 4-4】在“学生”表中添加“简历”字段，数据类型为备注型。

```
ALTER TABLE 学生 ADD 简历 MEMO
```

【例 4-5】将“选修”表中的“成绩”字段的数据类型修改为整型。

```
ALTER TABLE 选修 ALTER 成绩 INTEGER
```

【例 4-6】删除“学生”表中的“简历”字段。

```
ALTER TABLE 学生 DROP 简历
```

3. 删除表

格式：

```
DROP TABLE 表名
```

【例 4-7】删除“选修”表。

```
DROP TABLE 选修
```

4.1.2 数据操纵语言

1. 插入数据

格式：

```
INSERT INTO 表名[(字段名1[,字段名2[,…]])]
VALUES ([常量1[,常量2[,…]])
```

功能：向指定表中添加一条记录。

说明：

① [(字段名 1[,字段名 2[,…]])]称为列名表。列名表可以省略。

② ([常量 1[,常量 2[,…]])称为值列表。文本型常量要求用英文单引号或双引号括起来。日期型常量用#括起来。是/否常量可以用 True 表示真，False 表示假，也可以用 Yes 表示是，No 表示否。

③ 值列表中的值与列名表中的字段按位置、顺序、类型一一对应。

④ 如果省略列名表，则新插入记录的值的顺序必须与表中字段的定义顺序一致，且每个字段均有值（可以为 NULL）。

【例 4-8】向“学生”表中追加一条记录：2015010101，张三，男，1998 年 10 月 1 日，否，630，H0101。

```
INSERT INTO 学生 VALUES('2015010101','张三','男',#1998-10-1#,no,630,'H0101')
```

单击“! 运行”按钮，系统弹出“您正准备追加 1 行。”消息框，单击“是”按钮，在“学生”表中追加了一条记录。

【例 4-9】向“学生”表中追加一条记录：2015010102，李四，男，H0101。

```
INSERT INTO 学生 (学号,姓名,性别,班级编号) VALUES('2015010102','李四','男','H0101')
```

由于值列表中的常量有缺，所以必须指定列名表中与常量对应的字段名。当然，缺失的常量也可以用 NULL 表示。

```
INSERT INTO 学生 VALUES('2015010102','李四','男',NULL,NULL,NULL,'H0101')
```

2. 更新数据

格式：

```
UPDATE 表名 SET 字段名=表达式[,字段名=表达式[,…]] [WHERE 条件]
```

功能：更新指定表中满足条件的指定字段的数据。

【例 4-10】更新课程表中数据，将“学分”字段加 1。

```
UPDATE 课程 SET 学分=学分+1
```

单击“! 运行”按钮，系统弹出“您正准备更新××行。”消息框（××为具体行数），单击“是”按钮更新表中的“学分”字段。

【例 4-11】更新课程表中数据，将“学分”字段加 1，学时增加 10%。

```
UPDATE 课程 SET 学分=学分+1,学时=学时*1.1
```

【例 4-12】更新学生表中的数据，将学生“李四”的班级编号更改为“H0102”。

```
UPDATE 学生 SET 班级编号='H0102'
WHERE 姓名='李四'
```

3. 删除数据

格式：

```
DELETE FROM 表名 [WHERE 条件]
```

功能：删除指定表中满足条件的记录。

【例 4-13】删除选修表中的全部记录。

```
DELETE FROM 选修
```

单击“! 运行”按钮，系统弹出“您正准备从指定表删除××行。”消息框（××为具体行数），单击“是”按钮删除了“选修”表中的全部记录，只保留了表结构。删除的数据不能恢复。

【例 4-14】删除选修表中不及格的记录。

```
DELETE FROM 选修
WHERE 成绩<60
```

4.1.3 数据查询语言

查询是数据库应用系统最主要的功能。SQL 的查询功能强大、灵活简便，用一个 SELECT 语句就可以实现关系代数的投影、选择、连接运算。

格式：

```
SELECT [结果显示范围] 字段列表 [INTO 新表名]
FROM 表名列表
[WHERE 条件]
[GROUP BY 分组字段名列表 [HAVING 分组条件表达式] ]
[ORDER BY 排序字段名列表 [ASC|DESC ]
```

功能：从指定表中检索满足条件、按某字段分组、按某字段排序的指定字段组成的新记录集。

说明：

① SELECT 子句：查询结果集需要的字段。

- 结果显示范围：

ALL：返回满足条件的所有记录，含重复值。默认值为 ALL。

DISTINCT：有重复值的只显示 1 个。

TOP n [PERCENT]：显示查询结果前 n 条或前 *n*%条记录。

- 字段列表的格式：

```
[表名.]字段名|表达式 [AS 别名]|函数[AS 别名][,… ]
```

当结果集显示表中所有列时，字段列表用“*”号表示。

② FROM 子句：指定 SELECT 子句中字段列表的来源。

③ INTO 子句：查询结果以表对象形式存储。

④ WHERE 子句：指定查询满足的条件。条件可以是：

- 关系表达式，运算符有：>、>=、<、<=、=、<>（不等于）。
- 确定范围：查询字段或表达式的值在或不在[下限值,上限值]区间范围内的记录。格式：

```
字段名|表达式 [NOT] BETWEEN 下限值 AND 上限值
```

- 确定集合：查询字段值属于或不属于指定集合的记录。格式：

```
字段名 [NOT] IN(常量1, 常量2,…,常量n)
```

- 字符匹配：查询字段值是否匹配一指定模式。格式：

```
字段名 [NOT] LIKE 匹配串
```

匹配串中可包含如下通配符：

?：匹配任意一个字符。

*：匹配 0 个或多个字符。

[字符列表]：匹配字符列表中的任意一个字符。

[!字符列表]：不匹配字符列表中的任意一个字符。

#：匹配一个数字字符

- 空值：空值（NULL）在数据表中表示不确定的值。查询字段值是否为空的记录，格式：

```
字段名 IS [NOT] NULL
```

- 逻辑表达式：查询满足多重条件的记录，运算符：NOT（非）、AND（与）、OR（或）。

⑤ GROUP BY 子句：按指定字段进行分组。

⑥ HAVING 子句：用于对分组自身进行筛选。

⑦ ORDER BY 子句：对查询结果集按指定字段进行排序。

格式：

```
ORDER BY 字段名|别名 [ASC|DESC] [,...]
```

其中，ASC——升序，默认值；DESC——降序。

下面以“学生”表（表结构见表 1-4-2）、“课程”表（表结构见表 1-4-3）、“选修”表（表结构见表 1-4-4）为例介绍 SELECT 语句的使用。

1. 字段的查询

【例 4-15】 查询学生表的全部基本信息（所有列）。

```
SELECT *
FROM 学生
```

【例 4-16】 查询学生表中的学号、姓名、出生日期。

```
SELECT 学号,姓名,出生日期
FROM 学生
```

对应的关系代数表达式：$\pi_{学号,姓名,出生日期}$(学生)。

【例 4-17】 查询学生的姓名，重名的只显示一个。

```
SELECT DISTINCT 姓名
FROM 学生
```

【例 4-18】 查询学生的姓名、年龄。

分析：学生表中只有“出生日期”字段，但“年龄”可以通过计算获得。Date()函数返回系统当前日期；Year(d)返回参数 d 的年份。

```
SELECT 姓名, YEAR(DATE())-YEAR(出生日期) AS 年龄
FROM 学生
```

语句中的 AS 年龄是给表达式 YEAR(DATE())-YEAR(出生日期)取的标题名，否则系统默认标题名为 Expr1001。

2. 记录的选择查询

【例 4-19】查询学生表中男生的学号、姓名、入学成绩。

```
SELECT 学号,姓名,入学成绩
FROM 学生
WHERE 性别='男'
```

对应的关系代数表达式：$\pi_{学号,姓名,入学成绩}(\sigma_{性别='男'}(学生))$

【例 4-20】查询学生表中 1999 年以后（不含 1999 年）出生的学生的学号、姓名、性别。

```
SELECT 学号,姓名,性别
FROM 学生
WHERE YEAR(出生日期)>1999
```

WHERE 子句中表示日期型数据的比较条件还可以写成：出生日期>#1999-12-31#。

【例 4-21】查询考试成绩有不及格的学生的学号。

```
SELECT DISTINCT 学号
FROM 选修
WHERE 成绩<60
```

【例 4-22】查询入学成绩在[600，750]范围内的学生的学号、姓名。

```
SELECT 学号,姓名
FROM 学生
WHERE 入学成绩 BETWEEN 600 AND 750
```

对应的关系代数表达式：$\pi_{学号,姓名}(\sigma_{600 \leqslant 入学成绩 \leqslant 750}(学生))$

【例 4-23】查询选修表中成绩不在[60,90]区间范围内的学生的学号。

```
SELECT DISTINCT 学号
FROM 选修
WHERE 成绩 NOT BETWEEN 60 AND 90
```

【例 4-24】查询入学成绩为 550、600、650 的学生的学号、姓名。

```
SELECT  学号,姓名
FROM 学生
WHERE 入学成绩 IN(550,600,650)
```

对应的关系代数表达式：$\pi_{学号,姓名}(\sigma_{入学成绩=550 \vee 入学成绩=600 \vee 入学成绩=650}(学生))$

【例 4-25】查询除去班级编号为 H0101、N0602 两个班的学生的信息。

```
SELECT  *
FROM 学生
WHERE 班级编号 NOT IN('H0101','N0602')
```

WHERE 子句还可以写成：WHERE 班级编号<>'H0101' And 班级编号<>'N0602'。

【例 4-26】查询姓“张”的学生的学号、姓名、出生日期。

```
SELECT  学号,姓名,出生日期
FROM 学生
WHERE 姓名 LIKE "张*"
```

【例 4-27】查询姓“赵”“钱”“孙”“李”的学生的学号、姓名、性别。

```
SELECT  学号,姓名,性别
FROM 学生
WHERE 姓名 LIKE "[赵钱孙李]*"
```

【例 4-28】查询不姓“赵”“钱”“孙”“李”的学生的学号、姓名、性别。

```
SELECT  学号,姓名,性别
FROM 学生
WHERE 姓名 LIKE "[!赵钱孙李]*"
```

WHERE 子句还可以写成：WHERE 姓名 NOT LIKE "[赵钱孙李]*"。

【例 4-29】查询姓名中的第 2 个字为“天”或“佳”的学生的学号、姓名、性别。

```
SELECT  学号,姓名,性别
FROM 学生
WHERE 姓名 LIKE "?[天佳]*"
```

【例 4-30】查询入学成绩在 600 分以上的学生的学号、姓名。

```
SELECT  学号,姓名
FROM 学生
WHERE 入学成绩 LIKE "6##"
```

WHERE 子句还可以写成：WHERE 入学成绩>=600。

【例 4-31】查询选修表中没有成绩的学生的学号、课程编号。

```
SELECT  学号,课程编号
FROM 选修
WHERE 成绩 IS NULL
```

【例 4-32】查询入学成绩大于 650 分的女生的信息。

```
SELECT  *
FROM 学生
WHERE 入学成绩>650 AND 性别="女"
```

对应的关系代数表达式：$\sigma_{入学成绩>650 \wedge 性别='女'}$(学生))。

3. 聚合查询

聚合函数是通过 SQL 对数据进行计算时使用的函数。常用的函数有：

① COUNT：计算表中记录数（行数），参数可以是“*”号，也可以是某个字段。

② SUM：计算表中数字字段的合计值，参数是某个数字字段。

③ AVG：计算表中数字字段的平均值，参数是某个数字字段。

④ MAX：计算表中某字段的最大值，参数是某个字段。

⑤ MIN：计算表中某字段的最小值，参数是某个字段。

当聚合函数的参数是具体的某个字段时，统计结果忽略该字段中的 NULL 值。

【例 4-33】查询学生表中的学生人数。

```
SELECT COUNT(*) AS 学生人数
FROM 学生
```

当 COUNT()函数的参数是“*”时，表示是全部列，所以统计计算的是表中所有记录数（行数）。该例也可以写成如下形式：

```
SELECT COUNT(学号) AS 学生人数
FROM 学生
```

当COUNT()函数的参数是某个具体字段时（如学号），统计该字段列非空值的个数，由于“学号”字段是学生表的主键，不可能有空值，所以两条语句查询结果一致。

【例4-34】查询学生表中“出生日期”字段的非空行数。

```
SELECT COUNT(出生日期) AS 已填出生日期人数
FROM 学生
```

当COUNT()函数的参数是具体的某个字段时，忽略该字段中的NULL值，所以只统计计算表中非空的记录数（行数）。

【例4-35】查询统计210101课程学生选修的总成绩。

```
SELECT SUM(成绩) AS 总成绩
FROM 选修
WHERE 课程编号='210101'
```

【例4-36】查询统计“2015010101”号学生选修的所有课程的平均分。

```
SELECT AVG(成绩) AS 平均分
FROM 选修
WHERE 学号='2015010101'
```

【例4-37】查询统计210101课程学生选修成绩中的最高分、最低分。

```
SELECT MAX(成绩) AS 最高分,MIN(成绩) AS 最低分
FROM 选修
WHERE 课程编号='210101'
```

注意：在WHERE子句中不能使用聚合函数。

4. 分组

分组是将整个表按指定字段分成若干小组之后再进行聚合统计。

【例4-38】查询统计每个学生的总分、选修课程门数及平均分。

分析：统计每个学生的选修信息，先将选修表中同一学号的记录分成一组，分组之后再进行统计。

```
SELECT 学号,SUM(成绩) AS 总分,COUNT(学号) AS 课程门数,AVG(成绩) AS 平均分
FROM 选修
GROUP BY 学号
```

【例4-39】查询统计每门课程的选修人数。

```
SELECT 课程编号,COUNT(*) AS 选修人数
FROM 选修
GROUP BY 课程编号
```

【例4-40】查询统计每门课程的最高分、最低分。

```
SELECT 课程编号,MAX(成绩) AS 最高分,MIN(成绩) AS 最低分
FROM 选修
GROUP BY 课程编号
```

【例4-41】查询统计学生中男、女生人数。

```
SELECT 性别,COUNT(*) AS 人数
FROM 学生
GROUP BY 性别
```

注意：

- 使用 GROUP BY 子句时，SELECT 子句中不能出现分组字段名之外的字段名。
- 在 GROUP BY 子句中，不能使用 SELECT 子句中定义的别名。

【例 4-42】查询至少选修了 5 门课程的学生学号。

分析：此题应先按照学号进行分组，在分组的基础上统计每个学生选修的课程门数，查询结果只显示选修 5 门及以上的学号。在分组的基础上进行组级别上的筛选，使用 HAVING 子句。

```
SELECT 学号
FROM 选修
GROUP BY 学号 HAVING COUNT(*)>=5
```

【例 4-43】查询学生选修课程成绩总分小于 450 分的学生的学号和总分。

```
SELECT 学号,SUM(成绩) AS 总分
FROM 选修
GROUP BY 学号 HAVING SUM(成绩)<450
```

5. 排序

【例 4-44】查询学生表信息，查询结果按入学成绩降序排序。

```
SELECT  *
FROM 学生
ORDER BY 入学成绩 DESC
```

【例 4-45】查询学生表中的入学成绩排在前 5 名的学号、姓名。

```
SELECT TOP 5 学号, 姓名
FROM 学生
ORDER BY 入学成绩 DESC
```

【例 4-46】查询学生表中入学成绩排在前 20%的记录。

```
SELECT TOP 20 PERCENT *
FROM 学生
ORDER BY 入学成绩 DESC
```

【例 4-47】查询学生表信息，查询结果按入学成绩降序排列，入学成绩相同的按性别升序排列。

```
SELECT  *
FROM 学生
ORDER BY 入学成绩 DESC,性别
```

当 ORDER BY 子句中有多个排序字段时，系统先按第 1 字段排序，第 1 字段值相同的按第 2 字段排序，依此类推。

【例 4-48】查询学生选修课程成绩的平均分大于或等于 90 分的学生的学号和平均分，查询结果按平均分降序排序。

```
SELECT 学号,AVG(成绩) AS 平均分
FROM 选修
GROUP BY 学号 HAVING AVG(成绩)>=90
ORDER BY AVG(成绩) DESC
```

注意：

各子句的书写顺序：SELECT 子句→FROM 子句→WHERE 子句→GROUP BY 子句→HAVING 子

句→ORDER BY 子句

各子句的执行顺序：FROM 子句→WHERE 子句→GROUP BY 子句→HAVING 子句→SELECT 子句→ORDER BY 子句。

6. 连接

当从多个相互关联的表中获取数据时，需要进行多表连接。

【例 4-49】 查询学生的学号、姓名、选修课程的课程编号、成绩。

分析：查询的“学号”字段、“姓名”字段在“学生”表中，“课程编号”字段和“成绩”字段在“选修”表中，所以需要从“学生”“选修”两个表中获取数据。

```
SELECT 学生.学号,姓名,课程编号,成绩
FROM 学生,选修
WHERE 学生.学号 = 选修.学号;
```

注意：“学号”字段也可以从“选修”表中获取，所以此例在 SELECT 子句中限定“学号”从“学生”表中获取。

上面的语句形式可以在所有的 DBMS 中执行，但是这是过时的写法。此例还可以写成如下形式：

```
SELECT 学生.学号,姓名,课程编号,成绩
FROM 学生 INNER JOIN 选修 ON 学生.学号 = 选修.学号;
```

对应的关系代数表达式：$\pi_{学号,姓名,课程编号,成绩}(学生 \bowtie 选修)$。

【例 4-50】 查询至少选修了课程编号为 210101 和 210102 课程的学生的学号。

分析：在选修表中，一条记录中的课程编号字段值为 210101，就不可能再是 210102，所以需要“选修”表自身进行连接。

```
SELECT X.学号
FROM 选修 AS X INNER JOIN 选修 AS Y ON X.学号=Y.学号
WHERE (((X.课程编号)="210101") AND ((Y.课程编号)="210102"));
```

对应的关系代数表达式：

$\pi_{学号}(\sigma_{课程编号='210101'}(选修)) \cap \pi_{学号}(\sigma_{课程编号='210102'}(选修))$

或

$\pi_{学号}(\sigma_{课程编号='210101' \wedge 课程编号='210102'}(选修 \bowtie 选修))$

不能写成：$\pi_{学号}(\sigma_{课程编号='210101' \wedge 课程编号='210102'}(选修))$

7. 嵌套

在 SQL 中，一个 SELECT …FROM … WHERE 语句产生一个新的数据集，如果一个查询语句完全嵌套到另一个查询语句中的 WHERE 或 HAVING 的“条件”短语中，那么这种查询称为嵌套查询。

一般格式：

```
SELECT …                 ┐
FROM …                   ┘ 外层查询或父查询
WHERE…(SELECT …          ┐
         FROM …          │ 内层查询或子查询
         WHERE…)         ┘
```

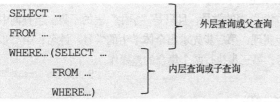

嵌套查询的求解方法是“由里到外”进行的，从最内层的子查询开始，依次由里到外完成求解。即每个子查询在其上一级查询未处理之前已完成求解，其结果作为父查询的查询条件。

【例 4-51】查询学号为 2015010101 的学生所学课程的课程名称和学分。

分析：需要先知道在“选修”表中 2015010101 学生选修的课程的课程编号，然后在“课程”表中查询这些课程编号对应的课程名称和学分。

```
SELECT 课程名称,学分
FROM 课程
WHERE 课程编号 IN (SELECT 课程编号
                  FROM 选修
                  WHERE 学号='2015010101')
```

子查询的结果是一个集合，所以使用谓词 IN。

【例 4-52】查询与'2015010101'学生在同一个班的其他学生的信息。

分析：需要先知道在“学生”表中 2015010101 学生所在的班级编号，然后在“学生”表中再查询同一班级编号的其他的学生信息。

```
SELECT *
FROM 学生
WHERE 班级编号 = (SELECT 班级编号
                 FROM 学生
                 WHERE 学号='2015010101')
    AND 学号<>'2015010101'
```

一个学生所在的班级编号是唯一的，所以可以用比较运算符“=”。当然，本题仍然可以用谓词 IN。

【例 4-53】查询选修了“数据库技术与应用”课程的学生的学号、姓名。

分析：课程名称信息在“课程”表中，学生选修信息在“选修”表中，而学生的学号、姓名是在“学生”表中。本题需要先在“课程”表中查询“数据库技术与应用”课程对应的课程编号，然后在“选修”表中查询选修该课程编号的学生的学号，最后在“学生”表中查询该学号对应的学号、姓名。

```
SELECT 学号, 姓名
FROM 学生
WHERE 学号 IN
      ( SELECT 学号
          FROM 选修
          WHERE 课程编号 IN
                   (SELECT 课程编号
                    FROM 课程
                    WHERE 课程名称='数据库技术与应用') )
```

【例 4-54】查询没有选修 210101 课程的学生的学号、姓名。

分析：“选修”表中的学号是取值于“学生”表的学号，且只是“学生”表的子集。当查询中出现 “没有”“不”等否定词时其操作分三步实现：第一步先求出全体学生的学号、姓名；第二步求出选修了 210101 号课程的学生的学号、姓名；第三步执行两个集合的差操作。

关系代数表达式为：

$\pi_{学号,姓名}(学生)-\pi_{学号,姓名}(\sigma_{课程编号='210101'}(学生\bowtie选修))$

```
SELECT 学号,姓名
FROM 学生
WHERE 学号 NOT IN(SELECT 学号
                  FROM 选修
                  WHERE 课程编号='210101')
```

错误写法：

```
SELECT 学号,姓名
FROM 学生
WHERE 学号  IN(SELECT 学号
              FROM 选修
              WHERE 课程编号<>'210101')
```

【例 4-55】查询选修了 210101 课程且成绩高于此课程的平均成绩的学生的学号和成绩。

分析：需要先知道 210101 这门课程的平均分，然后再查询大于此平均分的学生的学号、成绩。

```
SELECT 学号,成绩
FROM 选修
WHERE 课程编号 = '210101'  AND 成绩 > (SELECT AVG(成绩)
                                      FROM 选修
                                      WHERE 课程编号 = '210101')
```

错误写法：

```
SELECT 学号,成绩
FROM 选修
WHERE 课程编号 = '210101' AND 成绩 > AVG(成绩)
```

运行该语句，系统会产生如图 1-4-2 所示的错误信息。在 WHERE 子句中不能有聚合函数。

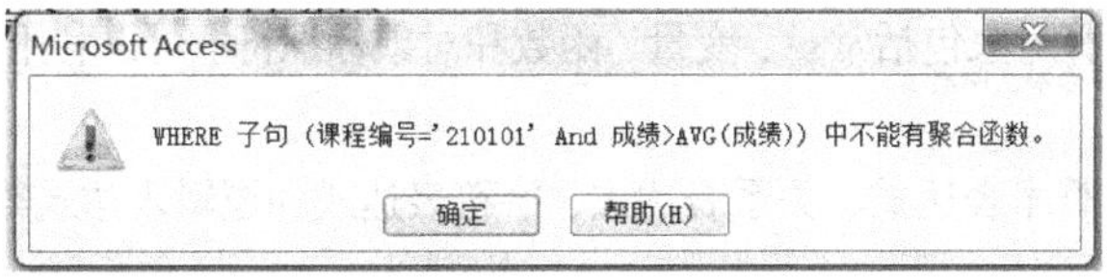

图 1-4-2　聚合函数出现在 WHERE 子句中产生的错误信息

8. 联合

并（Union）操作就是将多个数据集进行合并，形成一个新的数据集。要求运算的数据集具有相同的字段个数，并且对应的字段的值要出自同一个值域，即具有相同的数据类型和取值范围。

【例 4-56】查询统计学生表中男女生人数。

```
SELECT "男" AS 性别,COUNT(*) AS 人数
FROM 学生
WHERE 性别="男"
UNION
SELECT "女" AS 性别,COUNT(*) AS 人数
FROM 学生
WHERE 性别="女"
```

9. 其他

【例 4-57】查询学生党员的学号、姓名、性别，并将查询结果存到名为“学生党员”的表中。

分析：使用 INTO 子句将查询结果存储到指定表中。

```
SELECT 学号,姓名,性别 INTO 学生党员
FROM 学生
WHERE 是否党员
```

【例 4-58】将学生表中的学号、课程表中的课程编号追加到选修表中。

分析：进行多条记录的追加操作，即将 SELECT 语句的查询结果集追加到选修表尾。

```
INSERT INTO 选修 (学号,课程编号)
SELECT 学号,课程编号
FROM 学生, 课程
```

4.2 Access 查询设计

一个 Access 查询对象实质上是一条 SQL 语句，而 Access 提供的查询设计视图就是提供了一个编写相应 SQL 语句的可视化工具。在 Access 提供的查询设计视图上，可以通过直观的操作，迅速地建立所需要的 Access 查询对象，即编写一条 SQL 语句，从而增加了设计的便利性、减少了编写 SQL 语句过程中可能出现的错误。

根据对数据源的操作方式以及查询结果的不同，Access 提供的查询可以分为 5 种类型：选择查询、交叉表查询、参数查询、操作查询和 SQL 查询。

4.2.1 表达式

在 Access 中，表达式广泛地应用于表、查询、窗体、报表、宏和模块等。表达式由运算对象、运算符和括号组成，运算对象包括常量、变量、函数和对象标识符。可以利用表达式在查询中设置条件或定义计算字段。

Access 系统提供了算术表达式、关系表达式、字符表达式和逻辑表达式等 4 种基本表达式。

1. 常量

（1）数值型

数值型常量包括整数和实数。整数是指具有一定取值范围的数学上的整数，如 123、6700。实数是用来表示包含小数的数或超过整数取值范围的数，实数既可以以定点数形式表示，也可以用科学计数法形式表示，如 56.78 或 1.23E5（表示数学上的 1.23×10^5）。

数值型常量在查询设计视图直接输入。

（2）文本型

文本型常量是由字母、汉字和数字等符号构成的字符串。文本型常量的定界符有两种形式：单引号（''）、双引号（""），如"男"、'北京'。

文本型常量在查询设计视图直接输入或使用定界符括起来。

（3）日期型

日期型常量用来表示日期型数据。日期型常量用“#”作为定界符，如 2016 年 10 月 1 日，表示成常量即为#2016-10-1#或#2016/10/1#。

日期型常量在查询设计视图直接输入或使用定界符括起来。

(4) 逻辑型

逻辑型常量有两个值：真和假，用 True（或-1）表示真值，用 False（或 0）表示假值。系统不区分 True 和 False 的字母大小写。

逻辑型常量在查询设计视图直接输入 True（或 Yes）表示真，直接输入 False（或 No）表示假。

2. 标识符

表中定义的字段及用户定义的参数都可以视为标识符。标识符在表达式中出现时需要用方括号[]括起来。

3. 函数

Access 提供了许多系统函数供用户使用。表 1-4-5 所示为常用数学函数，表 1-4-6 所示为常用字符函数，表 1-4-7 所示为常用日期时间函数，表 1-4-8 所示为常用转换函数。

表 1-4-5　常用的数学函数

函　数	功　能	示　例	返 回 值
Abs(x)	返回 x 的绝对值	Abs(−5.3)	5.3
Sqr(x)	返回 x 的平方根，x≥0	Sqr(9)	3
Log(x)	返回 x 的自然对数值，即数学中的 lnx	Log(10)	2.30258509299405
Exp(x)	返回 e（自然对数的底）的 x 次方，即数学中的 e^x	Exp(1)	2.71828182845905
Fix(x)	返回 x 的整数部分	Fix(3.6)	3
		Fix(−3.6)	−3
Int(x)	返回不大于 x 的最大整数	Int(3.6)	3
		Int(−3.6)	−4
Sgn(x)	当 x 为正数时返回 1； 当 x 为 0 时返回 0； 当 x 为负数时返回−1	Sgn(5)	1
		Sgn(0)	0
		Sgn(−5)	−1
Round(x[,n])	四舍五入函数，n 为非负整数，用于指定保留的小数位数	Round(3.152,1)	3.2
		Round(3.152)	3
		Round(123.56,0)	124

表 1-4-6　常用字符函数

函　数	功　能	示　例	返 回 值
LTrim(s)	去掉字符串 s 左边的空格字符（即前导空格）	LTrim("∪∪∪ABC")	"ABC"
RTrim(s)	去掉字符串 s 右边的空格字符（即后置空格）	RTrim("ABC∪∪∪")	"ABC"
Trim(s)	去掉字符串 s 左右的空格字符	Trim("∪∪ABC∪∪")	"ABC"
Left(s,n)	取字符串 s 左边的 n 个字符	Left("ABCDE",2)	"AB"
Right(s,n)	取字符串 s 右边的 n 个字符	Right("ABCDE",2)	"DE"
Mid(s,p[,n])	从字符串 s 的第 p 个字符开始取 n 个字符，如果省略 n 或 n 超过文本的字符数（包括 p 处的字符），将返回字符串中从 p 到末尾的所有字符	Mid("ABCDE",2,3)	"BCD"
		Mid("ABCDE",2,6)	"BCDE"
		Mid("ABCDE",4)	"DE"
Len(s)	返回字符串 s 的长度，即所含字符个数	Len("ABCDE")	5

续表

函数	功能	示例	返回值
String(n,s)	返回对 s 的第一个字符重复 n 次的字符串。s 可以是一个字符串，也可以是字符的 ASCII 码值	String(3, "ABC")	"AAA"
		String(3, 65)	"AAA "
Space(n)	返回 n 个空格	Space(3)	"∪∪∪"
InStr([n],s1,s2)	从字符串 s1 中第 n 个位置开始查找字符串 s2 出现的起始位置。省略 n 时默认 n 为 1	InStr("ABCABC","BC")	2
		InStr(3,"ABCABC","BC")	5
UCase(s)	把小写字母转换为大写字母	UCase("Abc")	"ABC"
LCase(s)	把大写字母转换为小写字母	LCase("Abc")	"abc"

注：表中符号“∪”代表空格。

表 1-4-7　常用日期时间函数

函数	功能	示例
Now()	返回系统日期和时间	Now()
Date()	返回系统日期	Date()
Time()	返回系统时间	Time()
Weekday(d,[f])	返回参数 d 中指定的日期是星期几，f 的值为 1 表示将星期日作为一星期的第一天，f 的值为 2 表示将星期一作为一星期的第一天。f 的默认值为 1	Weekday(Date(), 2)
Day(d)	返回参数 d 中指定的日期是月份中的第几天	Day(Date())
Month(d)	返回参数 d 中指定日期的月份	Month(Date())
Year(d)	返回参数 d 中指定日期的年份	Year(Date())
Hour(t)	返回参数 t 中的小时（0～23）	Hour(Time())
Minute(t)	返回参数 t 中的分钟（0～59）	Minute(Time())
Second(t)	返回参数 t 中的秒（0～59）	Second(Time())
DateDiff(v,d1,d2)	时间间隔函数。参数 v 可以是： yyyy：求 d2-d1 的年份。 q：求 d2-d1 的季度。 m：求 d2-d1 的月份。 d：求 d2-d1 的天数。 w：求 d2-d1 的周数，7 天算一周，不足 7 天返回 0	DateDiff("yyyy",#2000-1-1#,Date()) DateDiff("q",#2016-1-1#,Date()) DateDiff("m",#2016-1-1#,Date()) DateDiff("d",#2016-1-1#,Date()) DateDiff("w",#2016-1-1#,Date())
DateSerial(y,m,d)	返回指定的年、月、日； y：整型，为 100 ～ 9999 间的整数，或一数值表达式。 m：整型，任何数值表达式（值在[1,12]内）。 d：整型，任何数值表达式（值在有效天数内）	本年度上一年的 5 月 1 日 DateSerial(Year(Date())-1,5,1)
DatePart(p,d)	返回指定日期所在的年或季或月或星期或日等。参数 p 可以是： yyyy：返回指定日期所在的年份。 q：返回指定日期所在的季度。 m：返回指定日期所在的月份。 ww：返回 1 月 1 日到指定日期所经过的周数。 d：返回指定日期所在当月的天数	DatePart("yyyy",Date()) DatePart("q",Date()) DatePart("m",Date()) DatePart("ww",Date()) DatePart("d",Date())

续表

函数	功能	示例
DateAdd(v,n,d)	返回加上 n 个以 v 为单位的时间间隔后的新日期。参数 v 可以是： yyyy：以年为间隔。 q：以季度为间隔。 m：以月为间隔。 ww：以周（7 天）为间隔。 d：以天为间隔	DateAdd("yyyy",-1,Date()) DateAdd("q",-1,Date()) DateAdd("m",-1,Date()) DateAdd("ww",-1,Date()) DateAdd("d",-1,Date())

表 1-4-8　常用转换函数

函数	功能	示例	返回值
Asc(s)	返回字符串 s 中第一个字符的 ASCII 码值	Asc("ABC")	65
Chr(x)	把 x 的值作为 ASCII 码转换为对应的字符	Chr(65)	"A"
Str(x)	把数值 x 转换为一个字符串，如果 x 为正数，则返回的字符串前有一个前导空格	Str(123)	"␣123"
		Str(-123)	"-123"
Val(s)	把数字字符串 s 转换为数值。当遇到非数字字符时停止转换	Val("123")	123
		Val("123AB")	123
		Val("a123AB")	0
		Val("12e3abc")	12000

4. 运算符和表达式

Access 提供了算术运算符、字符运算符、关系运算符和逻辑运算符。表 1-4-9 所示为 Access 常用运算符。

表 1-4-9　常用运算符

类型	运算符	优先级	含义	示例	结果
—	()	1	括号		
算术运算符	^	2	乘幂	5^2	25
	-	3	取负（单目运算）	-5	-5
	*、/	4	乘、浮点除	5*8/2	20
	\	5	整除	5\2	2
	Mod	6	取模（求余数）	17 Mod 3	2
	+、-	7	加、减	2+3-7	-2
字符运算符	&	8	字符串连接	"第" & [Page] & "页"	
	+		两边操作数必须是文本型的	[学号] + [姓名]	
关系运算符	=	9	等于	5=6	False
	>		大于	8>5	True
	>=		大于等于	3>=1	True
	<		小于	1<2	True
	<=		小于等于	6<=3	False
	<>		不等于	5<>6	True

续表

类　型	运算符	优先级	含　义	示　例	结　果
关系运算符	Is [Not] Null	9	Is Null 表示为空 Is Not Null 表示不为空	Is Null	
	Like		判断字符串是否符合某一模式符，若符合，返回真值，否则返回假值	Like "张*"	
	Between A and B		判断表达式的值是否在[A,B]区间。A、B 可以是数字型、文本型、日期型	Between Date( )And Date( )–20	近 20 天之内
	In		判断表达式的值是否在值列表中	In(75,85,95) In("学士","硕士","博士")	
逻辑运算符	Not	10	非	Not [是否党员]	
	And	11	与	>=0 And <=100	
	Or	12	或	"学士" Or "硕士" Or "博士"	
	Xor	13	异或	1<2 Xor 2>1	True

4.2.2 选择查询

在 Access 中，创建查询的方法主要有两种：使用查询设计视图创建查询和使用查询向导创建查询。本节主要介绍使用查询设计视图创建查询。

使用查询设计视图创建查询首先要打开查询设计视图窗口，然后根据需要进行查询定义。在“创建”选项卡的“查询”功能区中，单击“查询设计”按钮，通过“显示表”对话框选择数据源后，关闭对话框，即可打开“查询设计视图”窗口。图 1–4–3 所示为在“查询设计视图”下单击“汇总”按钮后显示的窗口。

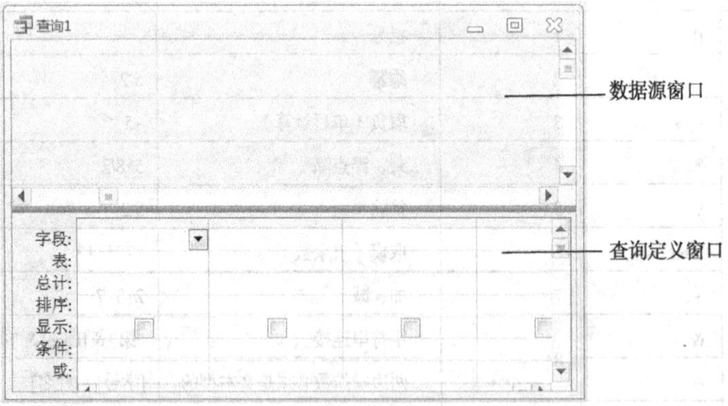

图 1–4–3　查询设计视图

查询设计视图窗口由两部分组成：上半部分是数据源窗口，用于显示该查询所使用的数据源，数据源可以是数据表，也可以是已创建好的查询；下半部分是查询定义窗口，也称为 QBE（Query By Example）网格，主要包括以下内容：

① 字段：设置查询结果中所涉及的字段。

② 表：字段的数据来源。

③ 总计：设置字段的运算方式（Group By、合计、平均值、最大值、最小值、计数）。

④ 排序：设置查询结果是否按该字段排序[升序、降序、（不排序）]。

⑤ 显示：设置查询结果中是否显示该字段。若复选框被选中，则显示，否则不显示。

⑥ 条件：设置查询条件，同一行中的多个条件之间是逻辑“与”的关系。

⑦ 或：设置查询条件，表示多个条件之间的逻辑“或”关系。

选择查询是最基本的查询类型，它能够从一个或多个数据源中获取数据，指定查询条件，还可以利用查询条件对记录进行分组，并实现总计、计数、平均值等运算。

【例 4-59】查询 1998 年以后（含 1998 年）出生的学生党员的学号、姓名、出生日期、入学成绩信息，查询结果要求按入学成绩从高到低排序。操作步骤如图 1-4-4 所示。

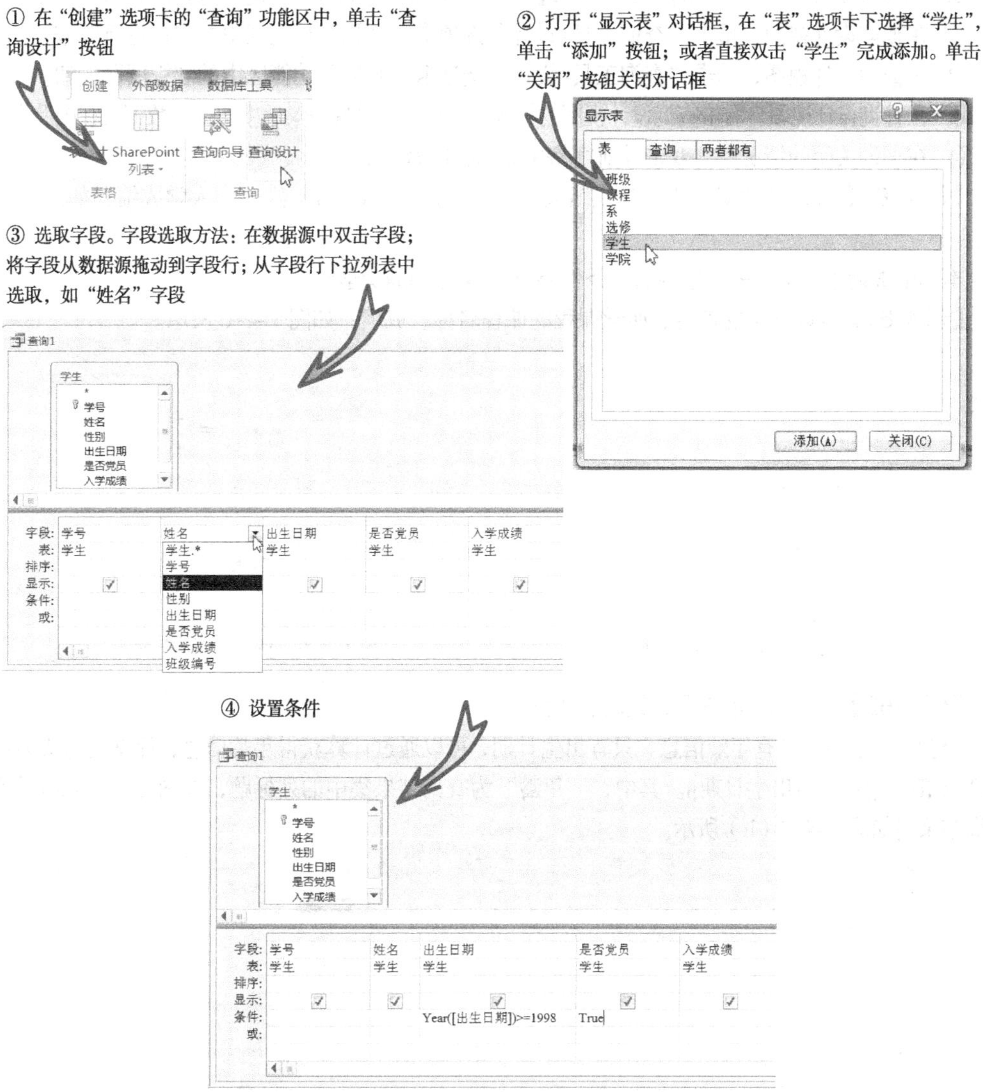

图 1-4-4 例 4-59 的操作步骤

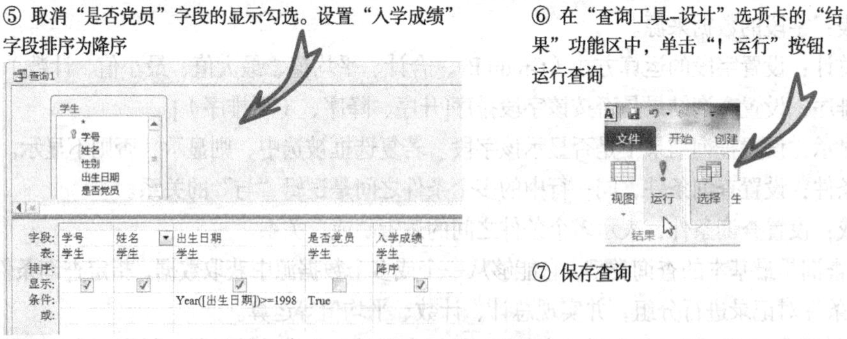

图 1-4-4 例 4-59 的操作步骤（续）

查询创建完成、保存在数据库中后，运行查询才可以看到查询结果。运行查询的方法有以下几种：

① 在查询设计视图，单击“查询工具-设计”选项卡“结果”功能区中的“！运行”按钮。

② 在查询设计视图，单击“查询工具-设计”选项卡“结果”功能区中的“视图”按钮。

③ 在查询设计视图，右击查询设计视图的标题栏，在弹出的快捷菜单中选择“数据表视图”命令。

④ 在查询关闭的情况下，双击导航窗格中要运行的查询。

【例 4-60】查询姓“李”或入学成绩大于 650 的学生的学号、姓名、入学成绩，如图 1-4-5 所示。

本例中查询姓“李”的学生姓名，条件还可以写成：Like '李*'。

【例 4-61】查询学生的姓名、所学课程的课程名称、成绩，如图 1-4-6 所示。

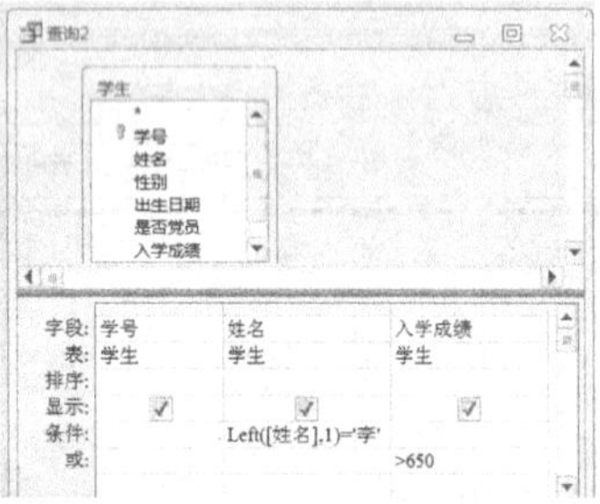

图 1-4-5 例 4-60 操作示例

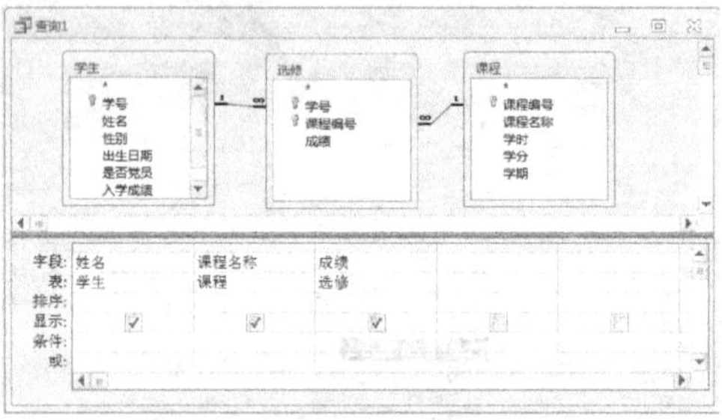

图 1-4-6 例 4-61 操作示例

【例 4-62】查询学生的学号、姓名、年龄。

分析：学生表中没有年龄信息，只有出生日期，可以通过计算获得年龄信息，计算表达式为：年龄: Year(Date())-Year([出生日期])。其中，“年龄”为查询结果集中的列标题，如图 1-4-7（a）所示。查询结果集如图 1-4-7（b）所示。

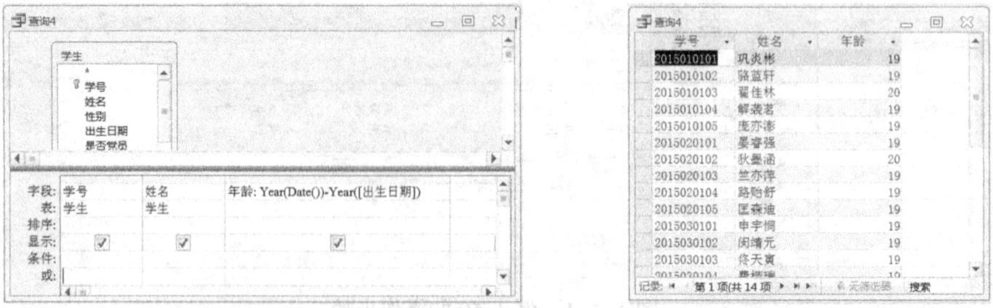

（a）设置查询条件　　（b）查询结果

图 1-4-7 例 4-62 操作示例

【例 4-63】查询学生的学号以及每位学生所学课程的平均分。

分析：需要针对选修表中的学号进行分组。操作如图 1-4-8 所示。

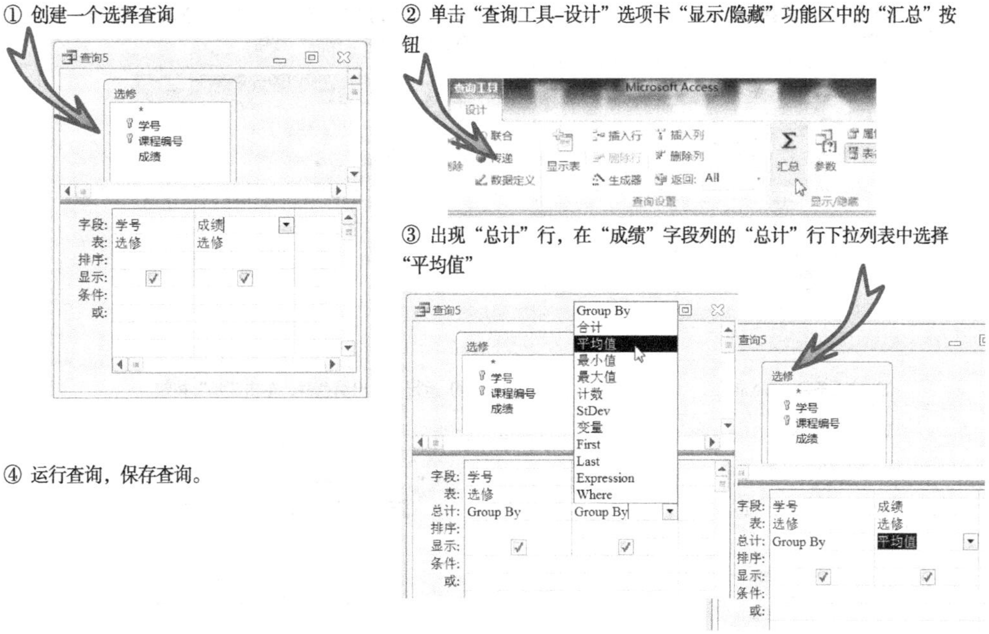

图 1-4-8　例 4-63 操作示例

【例 4-64】查询学生的学号以及每位学生所学课程的平均分。要求平均分的结果保留两位小数。

分析：使用 Round()函数进行四舍五入。从“总计”行的“平均分”列的下拉列表中选取 Expression，如图 1-4-9 所示。

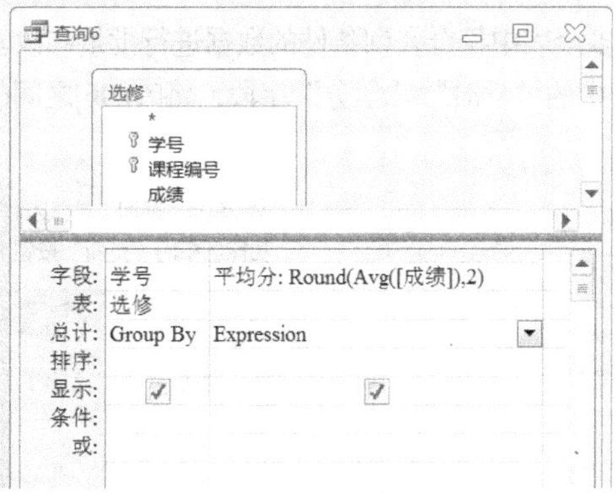

图 1-4-9　例 4-64 操作示例

4.2.3　操作查询

操作查询是在选择查询的基础上进行创建，可以对表中的记录进行追加、修改、删除和更新操作。操作查询包括删除查询、更新查询、追加查询和生成表查询。

1. 删除查询

【例 4-65】删除选修成绩为空的记录。操作如图 1-4-10 所示。

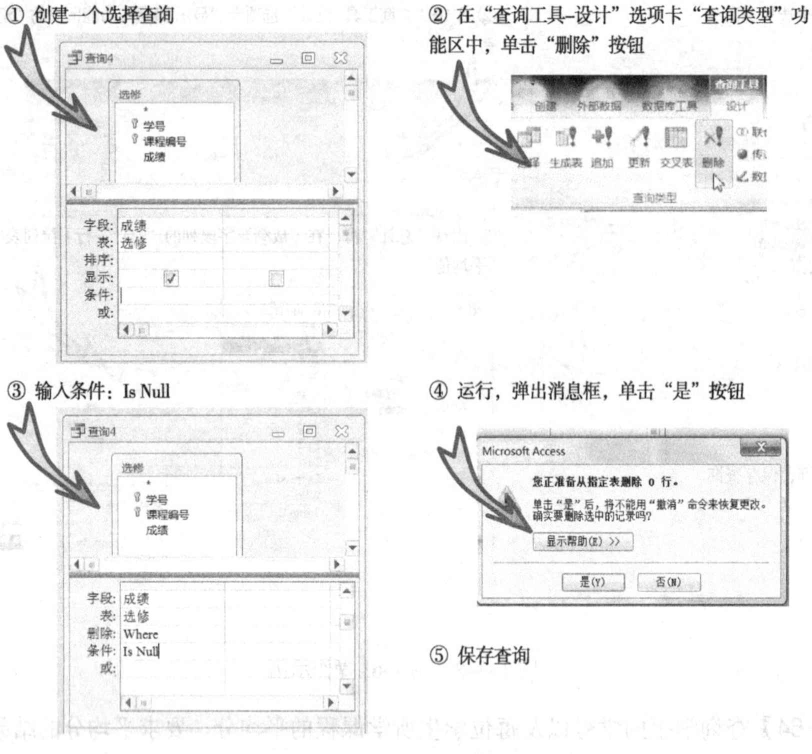

图 1-4-10　例 4-65 操作示例

使用删除查询将删除整条记录，而非只删除记录中的字段值。记录删除后将不能恢复。

2. 更新查询

更新查询可以对一个或多个表中符合查询条件的数据进行批量修改。

【例 4-66】更新课程表中的“学时”“学分”字段，将[64,96]之间的学时缩减 25%，学分减 1。操作如图 1-4-11 所示。

① 创建一个选择查询
② 单击“查询工具-设计”选项卡“查询类型”功能区中的“更新”按钮

图 1-4-11　例 4-66 操作示例

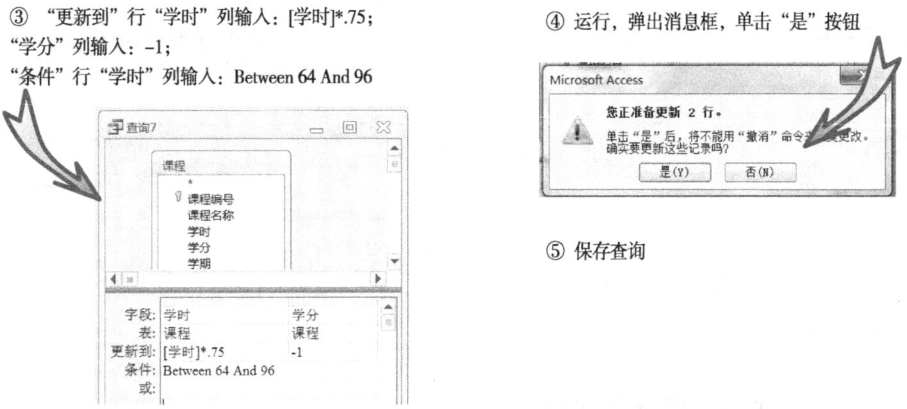

图 1-4-11　例 4-66 操作示例（续）

3. 追加查询

追加查询可以从一个或多个表中将一组记录追加到一个表的尾部，大大提高数据输入的效率。

【例 4-67】将学生表中的学号、课程表中的课程编号追加到选修表中。操作如图 1-4-12 所示。

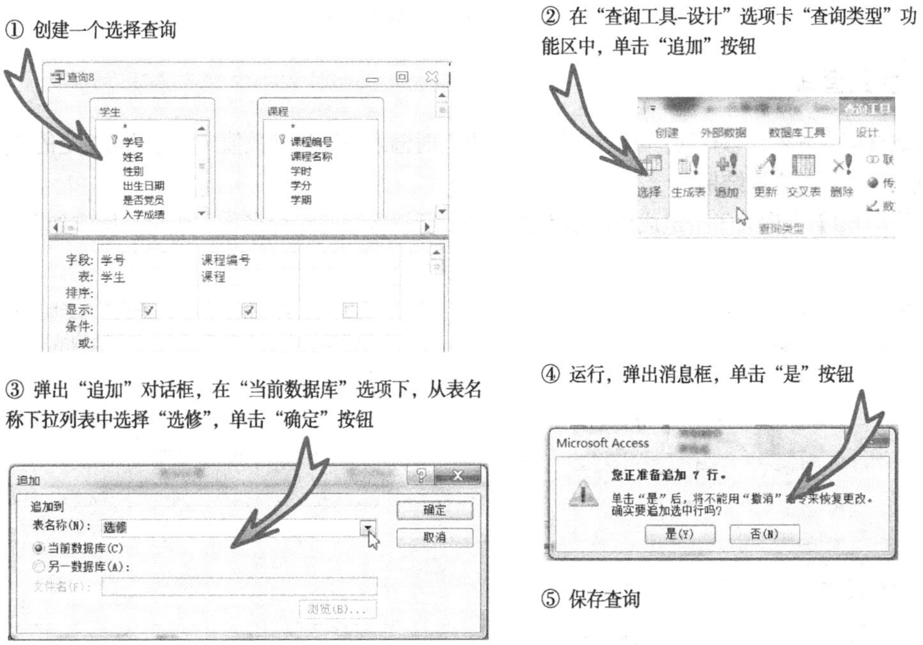

图 1-4-12　例 4-67 操作示例

4. 生成表查询

生成表查询可以实现将查询的运行结果以表的形式存储在磁盘上，生成一个新表，重组数据集合。

【例 4-68】查询学生的学号、姓名、所学课程的课程名称、成绩，查询结果保存到名为"课程成绩"的表中。操作如图 1-4-13 所示。

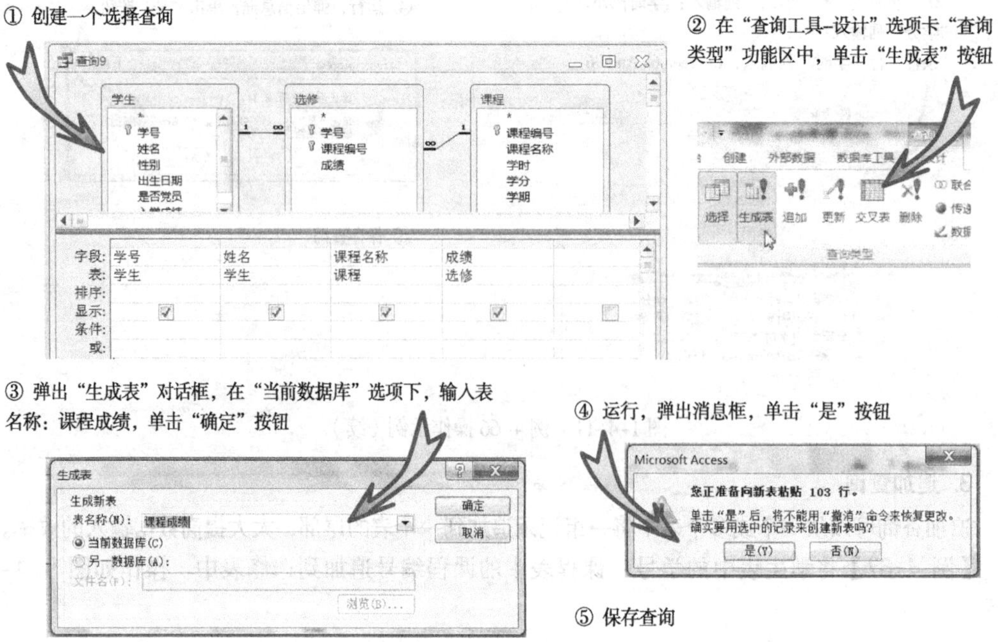

③ 弹出“生成表”对话框，在“当前数据库”选项下，输入表名称：课程成绩，单击“确定”按钮
④ 运行，弹出消息框，单击“是”按钮
⑤ 保存查询

图 1–4–13　例 4–68 操作示例

4.2.4　参数查询

参数查询是一种动态查询，可以在每次运行查询时输入不同的参数值，系统根据给定的参数值确定查询条件，运行查询结果。

【例 4–69】查询大于指定成绩的学生的学号、所学课程的课程名称、成绩。操作如图 1–4–14 所示。

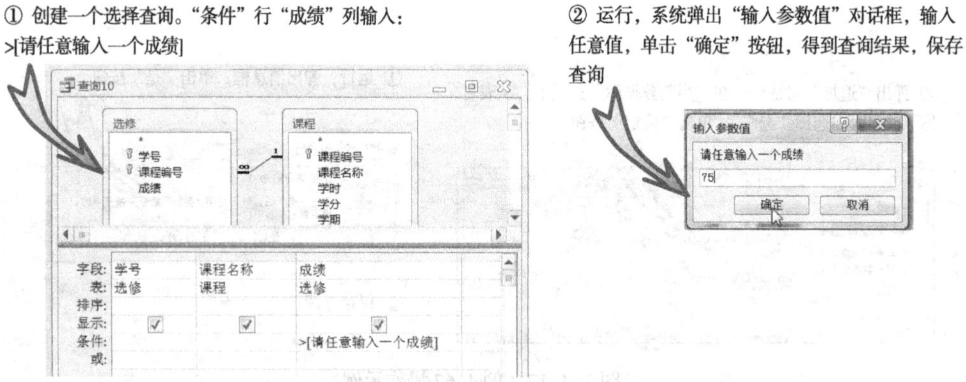

① 创建一个选择查询。“条件”行“成绩”列输入：>[请任意输入一个成绩]
② 运行，系统弹出“输入参数值”对话框，输入任意值，单击“确定”按钮，得到查询结果，保存查询
输入参数值
请任意输入一个成绩
75
确定
取消

图 1–4–14　例 4–69 操作示例

【例 4–70】查询在某个时间段出生的学生的学号、姓名、性别、出生日期，时间段在运行时指定。具体操作如图 1–4–15 所示。

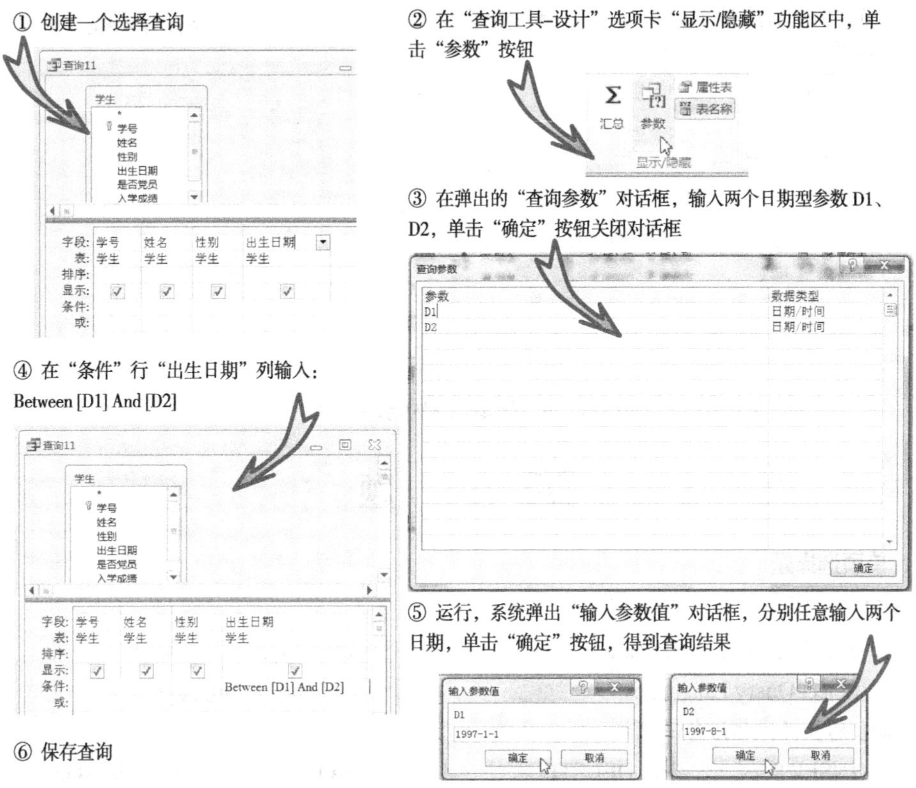

图 1-4-15 例 4-70 操作示例

4.2.5 交叉表查询

交叉表查询是将来源于某个表中的字段进行分组，一组列在交叉表左侧作为行标题，一组列在交叉表上部作为列标题，并在交叉表行与列交叉处显示表中某个字段的各种汇总统计值，以达到数据统计的目的。

在创建交叉表查询时，需要指定 3 种字段：行标题、列标题和总计字段。

交叉表查询既可以通过交叉表查询向导来创建，也可以在设计视图中创建。本节只介绍通过查询设计视图创建交叉表查询。

【例 4-71】 查询每位学生选修的每门课程的成绩。

分析：创建交叉表查询，将学号、姓名作为行标题，课程名称作为列标题，行列交叉处为成绩值。操作步骤如图 1-4-16 所示。

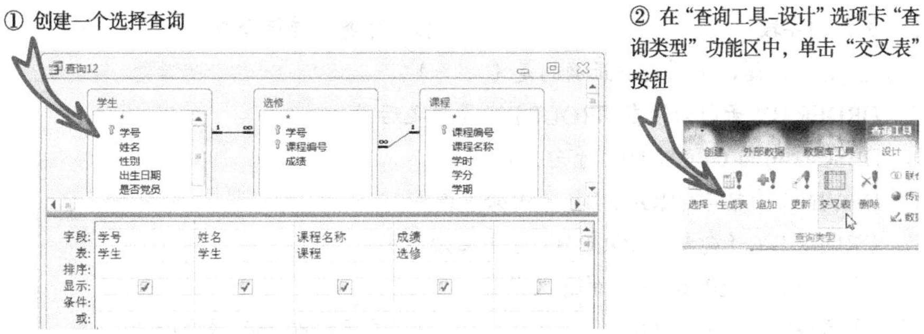

图 1-4-16 例 4-71 操作示例

③ 在“总计”行设置各字段的功能，在“交叉表”行设置行标题、列标题、值

④ 运行，保存查询

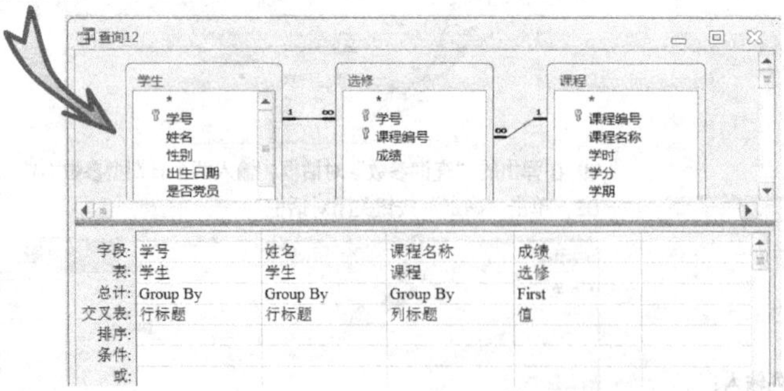

图 1-4-16　例 4-71 操作示例（续）

习　题

一、单项选择题

1. SQL 是英文（　　）的缩写。

   A. Standard Query Language　　B. Structured Query Language
   C. Select Query Language　　D. Special Query Language

2. SQL 的数据操作语句不包括（　　）。

   A. INSERT　　B. DELETE　　C. UPDATE　　D. CHANGE

3. 在 SQL 中，实现数据检索的语句是（　　）。

   A. SELECT　　B. INSERT　　C. UPDATE　　D. DELETE

4. 下列 SQL 语句中，修改表结构的是（　　）。

   A. ALTER　　B. CREATE　　C. UPDATE　　D. INSERT

5. 在 SQL 的 SELECT 语句中，WHERE 引导的是（　　）。

   A. 表名　　B. 字段列表　　C. 条件表达式　　D. 列名

6. 在 SQL 的 SELECT 语句中，用于实现选择运算的子句是（　　）。

   A. FOR　　B. IF　　C. WHILE　　D. WHERE

7. 在 SQL 的 SELECT 语句中，用于指明检索结果排序的子句是（　　）。

   A. FROM　　B. WHILE　　C. GROUP BY　　D. ORDER BY

8. 在 SQL 查询中，Group By 的含义是（　　）。

   A. 选择行条件　　B. 对查询进行排序
   C. 选择列字段　　D. 对查询进行分组

9. 关于 SQL 的短语，下列说法正确的是（　　）。

   A. ORDER BY 子句必须在 GROUP BY 子句之后用
   B. DESC 子句与 GROUP BY 子句必须连用
   C. HAVING 子句与 GROUP BY 子句必须连用
   D. ORDER BY 子句与 GROUP BY 子句必须连用

10. “成绩 Between 80 and 90”的含义是（　　）。

   A. 成绩>80 and 成绩<90　　B. 成绩>=80 and 成绩<=90

C. 成绩>80 or 成绩<90　　　　D. 成绩>=80 or 成绩<=90

11. 在 SELECT 语法中，“?”可以匹配（　　）。

A. 零个字符　　B. 多个字符　　C. 零个或多个字符　　D. 任意单个字符

12. 使用 Like 运算符，查询包含“数据库”字样的匹配串，下面正确的是（　　）。

A. "*数据库"　　B. "*数据库*"　　C. "?数据库"　　D. "数据库?"

13. 下列关于 SQL 语句的说法中，错误的是（　　）。

A. INSERT 语句可以向数据表中追加新的数据记录

B. UPDATE 语句用来修改数据表中已经存在的数据记录

C. DELETE 语句用来删除数据表中的记录

D. CREATE 语句用来建立表结构并追加新的记录

14. 删除学生表中出生日期字段的命令是（　　）。

A. DELETE FROM 学生 WHERE 出生日期

B. DROP TABLE 学生

C. DELETE FROM 学生 WHERE 字段 = 出生日期

D. ALTER TABLE 学生 DROP 出生日期

15. 如果在数据库中已存在同名的表，要通过查询覆盖原来的表，应该使用的查询类型是（　　）。

A. 删除　　B. 追加　　C. 生成表　　D. 更新

16. 将表 A 的记录添加到表 B 中，要求保持表 B 中原有的记录，可以使用的查询是（　　）。

A. 选择查询　　B. 追加查询　　C. 更新查询　　D. 生成表查询

17. 利用对话框提示用户输入查询条件，这样的查询属于（　　）。

A. 选择查询　　B. 参数查询　　C. 操作查询　　D. SQL 查询

18. 创建参数查询时，在查询设计视图条件行中应将参数提示文本放置在（　　）。

A. {}中　　B. ()中　　C. []中　　D. <>中

19. 如果在查询条件中使用通配符“[]”，其含义是（　　）。

A. 错误的使用方法　　B. 通配任意长度的字符

C. 通配不在括号内的任意字符　　D. 通配方括号内任一单个字符

20. 若在查询条件中使用了通配符“！”，它的含义是（　　）。

A. 通配任意长度的字符　　B. 通配不在括号内的任意字符

C. 通配方括号内列出的任一单个字符　　D. 错误的使用方法

21. “学生”表中有“学号”“姓名”“性别”和“入学成绩”等字段。执行如下 SQL 命令后的结果是（　　）。

```
Select 性别,Avg(入学成绩) From 学生 Group by 性别
```

A. 计算并显示所有学生的平均入学成绩

B. 计算并显示所有学生的性别和平均入学成绩

C. 按性别顺序计算并显示所有学生的平均入学成绩

D. 按性别分组计算并显示不同性别学生的平均入学成绩

22. 在 Access 数据库中使用向导创建查询，其数据可以来自（　　）。

A. 多个表　　B. 一个表　　C. 一个表的一部分　　D. 表或查询

23. 在 Access 中已经建立了“学生”表，若查找“学号”是 S00001 或 S00002 的记录，应在查询设计视图的“条件”行中输入（　　）。

A. "S00001" and"S00002"　　B. not ("S0001" and "002")

C. in ("S00001","S00002")　　D. not in("S00001","S00002")

24. 下列关于操作查询的叙述中，错误的是（　　）。

A. 在更新查询中可以使用计算功能　　B. 删除查询可删除符合条件的记录

C. 生成表查询生成的新表是原表的子集　　D. 追加查询要求两个表的结构必须一致

25. 下列关于查询设计视图“QBE 网格”各行作用的叙述中，错误的是（　　）。

A. “总计”行是用于对查询的字段进行求和

B. “表”行设置字段所在的表或查询的名称

C. “字段”行表示可以在此输入或添加字段的名称

D. “条件”行用于输入一个条件来限定记录的选择

26. 嵌套查询的子查询结果记录个数一定是（　　）。

A. 一个记录　　B. 多个记录

C. 由子查询中的 WHERE 子句而定　　D. 与 FROM 子句指定的表的记录个数相同

27. 假设设计了如图 1-4-17 所示的查询，该查询的功能是（　　）。

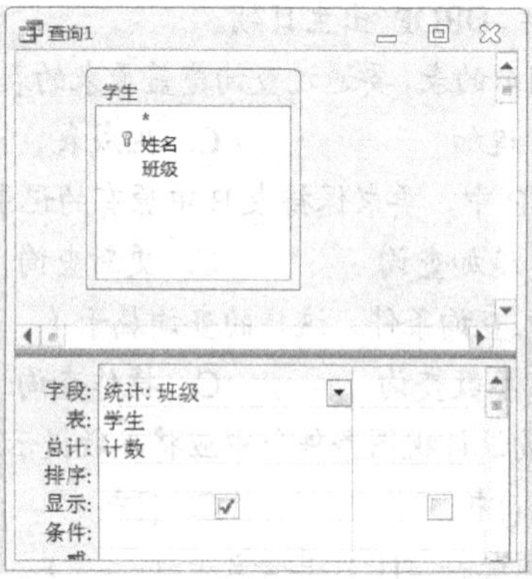

图 1-4-17　第 27 题示例

A. 设计尚未完成，无法进行统计

B. 统计班级信息仅含 Null（空）值的记录个数

C. 统计班级信息不含 Null（空）值的记录个数

D. 统计班级信息包含 Null（空）值的全部记录个数

二、简答题

设某数据库有如下 3 个基本表，写出 SQL 语句。

商品(商品编号，名称，类型，品质，规格，生产日期)

销售(商品编号，交易号，单价，数量，优惠价)

交易(交易号，交易时间，终端，收银员，总金额)

其中，“商品”表的“商品编号”字段，文本类型（char），字段大小 7；“名称”字段，文本类型，字段大小 20；“类型”字段，文本类型，字段大小 10；“品质”字段，文本类型，字段大小 4；“规格”字段，文本类型，字段大小 15；“生产日期”字段，日期型（date）。

“销售”表的“商品编号”字段，文本类型，字段大小 7；“交易号”字段，文本类型，字段大小 4；“单价”字段，货币型（money）；“数量”字段，整型（integer）；“优惠价”字段，货币型。

“交易”表的“交易号”字段，文本类型，字段大小4，主键；“交易时间”，日期型，“终端”字段，文本类型，字段大小2；“收银员”字段，文本类型，字段大小6；“总金额”字段，货币型。

（1）使用CREATE TABLE语句创建“交易”表。

（2）使用ALTER TABLE语句将“销售”表中的“单价”字段的数据类型改为单精度型。

（3）使用ALTER TABLE语句为“商品”表添加“备注”字段，数据类型为备注（memo）型。

（4）使用ALTER TABLE语句删除“商品”表的备注字段。

（5）使用INSERT INTO语句向“商品”表插入一条记录："BH11307","蓝月亮","百货", "高", "600ml",#2016-12-12#

（6）更新销售表中的“优惠价”数据，设置商品的优惠价为其单价的八五折（0.85）。

（7）更新销售表中的“优惠价”数据，对于数量不足50的商品，设置商品的优惠价为其单价的五折。

（8）删除“商品”表中低品质的商品。（品质分高、中、低）

（9）查询全部商品的基本信息。

（10）查询每件商品的商品编号、名称、规格。

（11）查询商品的类型，重复的只显示1次。

（12）查询商品的名称以“圣牧”打头的商品的基本信息。

（13）查询商品的名称不以“圣牧”打头的商品的基本信息。

（14）查询商品的名称中含有“纯牛奶”字样的商品的基本信息。

（15）查询商品的名称中含有“杏”“桃”字样的商品的基本信息。

（16）查询商品的名称中不含有“杏”“桃”字样的商品的基本信息。

（17）查询商品的名称中后3个字是“洗衣液”字样的商品的基本信息。

（18）查询商品单价是几十元几角的商品信息。

（19）查询生产日期超过1年的商品信息。（提示：DateDiff("yyyy",[生产日期],Date())>1）

（20）查询上一年10月1日的交易信息。（提示：DateSerial(Year(Date())-1,10,1)）

（21）查询上一季度当日的交易信息。（提示：DateAdd("q",-1,Date())）

（22）查询历年5月份同期的交易信息。（提示：DatePart("m",[交易时间])=5）

（23）查询历年第二季度的交易信息。（提示：DatePart("q",[交易时间])=2）

（24）查询2016年10月1日前的交易信息。

（25）查询2016年5月18日—2016年6月20日之间的交易信息。

（26）查询发生在前7天的交易信息。（提示：Between Date() And Date()-6）

（27）查询当前月的交易记录。（提示：Year([交易时间])=Year(Date()) And Month([交易时间])=Month(Date())）

（28）查询近一个月的交易信息。（提示：Between Date() And DateAdd("m",-1,Date())）

（29）查询当前季度的交易信息。（提示：Year([交易时间])=Year(Date()) And DatePart("q",[交易时间])=DatePart("q",Date())）

（30）查询当前月份第1天的交易信息。（提示：DateSerial(Year(Date()),Month(Date()),1)）

（31）查询当前月份的最后一天的交易信息。（提示：DateSerial(Year(Date()),Month(Date())+1,0)）

（32）查询销售的商品中单价在[50，99]范围内的商品的商品编号、单价、数量。

（33）查询销售的商品中单价分别为9.9、19.9、29.9的商品编号、单价、数量。

（34）查询优惠价为空（Null）值的商品编号、单价。

（35）查询优惠价不为空（Null）值的商品编号、单价。

（36）查询百货类商品中生产日期不是当年的商品信息。

（37）查询规格为几百克（g）或几百毫升（ml）的商品信息。

（38）查询交易表中交易的总金额的最高值、最低值。

（39）查询交易表中交易的总金额的平均值。

（40）查询交易表中 2016 年 1 月 1 日进行了多少笔交易。

（41）查询近一个月交易的总金额的总计。

（42）查询 2016 年单笔交易总金额的最高值。

（43）查询统计每种类型商品的数量。

（44）查询统计销售的同种商品的数量总和。

（45）查询同类商品中商品种数至少在 50 种以上的商品类型。

（46）在“销售”表中，查询交易了至少 5 次（含）以上的同一种商品的商品编号。

（47）查询统计每个收银员交易的总金额的平均值。

（48）查询统计每个收银员交易的总金额的平均值大于 150000 的收银员及其交易的总金额的平均值。

（49）查询交易的交易号、收银员、总金额，并按总金额降序排序。

（50）查询商品的商品编号、名称、类型、品质、生产日期，并按生产日期升序排序，生产日期相同的按品质降序排序。

（51）查询商品的商品编号、名称、规格、单价。

（52）查询“销售”表中单价大于所有销售单价的平均值的商品编号。

（53）查询商品编号、名称、规格，并将查询结果存放到“备份表”中。

第 5 章

窗　体 ‹‹‹

窗体是Access数据库的一个重要的数据库对象，是用户与数据库应用系统之间的主要操作接口。借助窗体对象可以为数据库应用系统创建一个友好、直观的数据库操作界面，便于用户方便、快捷地使用和维护数据。

本章主要介绍使用Access系统提供的各种工具快速创建窗体的方法、面向对象的基本概念，以及使用窗体设计视图创建自定义窗体的方法。

5.1 窗体概述

窗体本身并不存储数据，而是将数据源（表或查询）中的数据以一种友好的界面呈现给用户，用户通过窗体对象显示和编辑数据、接收用户输入，并且可以将整个应用程序组织起来，控制应用程序的业务流程等，是人机交互的重要工具。窗体主要具有如下功能：

1. 显示和编辑数据

窗体的基本功能就是用来对表或查询中的数据进行显示、添加、修改和删除等操作。

2. 控制程序

窗体可以与宏、函数、过程等相结合，通过命令按钮执行用户的相应操作，控制程序流程。

3. 显示信息

可以显示一些解释、错误、警告等信息，帮助用户进行操作。

5.1.1 窗体的类型

窗体有多种分类方法，根据数据记录显示方式的不同，可将窗体分为以下几种类型：

1. 纵栏式窗体

在窗体的界面上只显示表或查询的一条记录，记录中的字段纵向排列于窗体之中，每列的左侧显示字段名称，右侧显示相应的字段值。

2. 多个项目窗体

在窗体的界面上显示表或查询的多条记录，横向排列数据。

3. 数据表窗体

数据表窗体从外观上看与表对象的数据表视图界面相同。

4. 主/子窗体

主/子窗体用于显示具有一对多关系的表中的数据。主窗体显示“一”方数据表的数据，一般采用纵栏式窗体；子窗体显示“多”方数据表的数据。主窗体和子窗体的数据表之间通过公共字段相关联，当主窗体中的记录指针发生变化时，子窗体中的记录会随之发生变化。

5. 图表窗体

图表窗体是将数据以图表的形式直观地显示出来，它可以清晰地显示出数据的变化状态以及发展趋势。

6. 分割窗体

分割窗体是将同一个数据源以两种视图呈现出来的窗体，并且在编辑修改时总是保持相互同步。

7. 导航窗体

导航窗体是一种管理窗体，可以将创建的窗体、报表对象组织起来，便于查看和访问。

8. 数据透视表/数据透视图窗体

数据透视表是一种交互式的表，可以进行计算和数据分析。通过数据透视表，可以动态地改变它们的版面布置，从而方便地按照不同方式进行数据分析。数据透视图是以一种可视化图形的方式更直观地显示数据布局。

9. 模式对话框窗体

模式对话框窗体用于显示信息或提示用户输入数据，在没有关闭前，不可以切换到拥有该对话框的应用程序的其他窗口。

5.1.2 窗体的结构

窗体通常由窗体页眉、页面页眉、主体、页面页脚、窗体页脚五部分组成，每一部分称为“节”。除了主体节是每个窗体必需的外，其他各节可以通过窗体的快捷菜单中的“窗体页眉/页脚”“页面页眉/页脚”命令进行设置。窗体的结构如图 1-5-1 所示。

① 窗体页眉：位于窗体顶部，用于显示整个窗体的标题、LOGO 徽标、说明等信息。

② 页面页眉：只在应用于打印的窗体上有效。用于显示在打印时窗体中每页的顶部显示的标题、列标题、日期等信息。

③ 主体：窗体的主要工作界面，用于显示窗体数据源中的数据。

④ 页面页脚：只在应用于打印的窗体上有效。用于在窗体每页的底部显示的汇总、日期或页码等信息。

⑤ 窗体页脚：位于窗体底部，用于显示窗体的使用说明、记录总条数、当前记录号等信息，设置实现各种操作的命令按钮。

在水平标尺与垂直标尺交叉处是窗体选定器，在节栏左侧垂直标尺处是节选定器，如图 1-5-1 所示。单击窗体选定器，或窗体背景区外部（灰色区域）可以选择窗体对象。单击节选定器或节背景区中未放置控件的部分或节栏可以选择指定节。

拖动节栏可以调整节高，拖动节的右边缘调整节宽，拖动节的右下角调整节高与节宽。

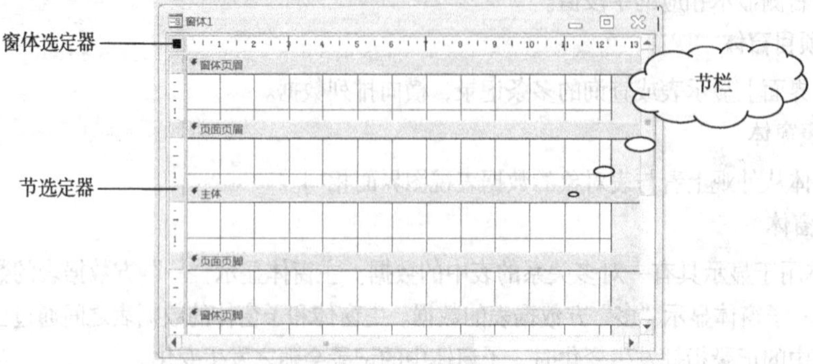

图 1-5-1 窗体的结构

5.1.3 窗体的视图

不同视图的窗体以不同的布局形式显示数据源中的数据。窗体有 6 种视图，分别是设计视图、窗体视图、布局视图、数据表视图、数据透视表视图和数据透视图视图。

1. 设计视图

窗体的设计视图提供了窗体结构的更详细视图，主要用于窗体的创建和修改，设计者可以根据需要向窗体中添加对象、设置对象的属性、处理事件代码，完成窗体功能设计，是设计者的“工作台”。

2. 窗体视图

窗体视图是窗体的运行状态。根据窗体的功能可以浏览数据源的数据，也可以对数据源中的数据进行添加、修改、删除和统计等操作。

3. 布局视图

布局视图是处在运行状态的窗体，在布局视图中，可以设置控件大小或执行几乎所有其他影响窗体的外观和可用性的任务。

4. 数据表视图

数据表视图以表格的形式显示数据，可以对表中的数据进行编辑和修改。

5. 数据透视表视图

数据透视表视图主要用于数据的分析和统计。通过指定行字段、列字段和总计字段来形成新的显示数据记录，从而查看明细数据和汇总数据。

6. 数据透视图视图

数据透视图视图是以图形化的方式显示数据的分析和汇总结果，用于数据的分析和统计。

5.2 创建窗体

在 Access 2010 中，提供了多种创建窗体的方法。

5.2.1 使用“窗体”工具创建窗体

利用“窗体”工具，只需单击一次鼠标即可自动完成窗体的创建，并以布局视图显示该窗体，数据以纵栏式方式呈现。如果该数据源具有关联数据，则同时在窗体底部会以数据表形式显示与该窗体相关联的数据。如果有多个表与该窗体的数据源具有一对多关系，Access 将不会向该窗体中添加任何关联数据。创建好的窗体可以立即开始进行数据的浏览、编辑，也可以在布局视图或设计视图中再做进一步的调整、修改。

【例 5-1】使用“窗体”工具创建学生基本信息窗体。

分析：基本数据源为“学生”表。操作步骤如图 1-5-2 所示。

5.2.2 使用“分割窗体”工具创建窗体

分割窗体可以在一个窗体上同时提供数据的两种类型的显示：纵栏式和数据表式。分割窗体不同于主/子窗体的组合，它的两种类型的数据取自同一数据源，并且总是相互保持同步。如果在窗体的一部分中选择了一个字段，则会在窗体的另一部分中选择相同的字段，并且可以从任一部分添加、编辑或删除数据。

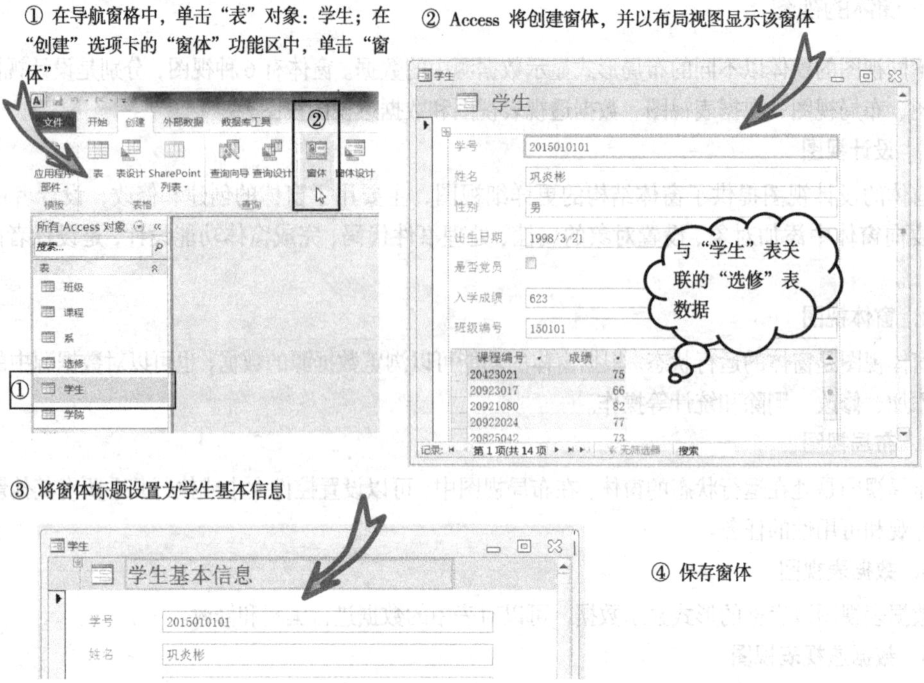
① 在导航窗格中，单击“表”对象：学生；在“创建”选项卡的“窗体”功能区中，单击“窗体”
② Access 将创建窗体，并以布局视图显示该窗体
与“学生”表关联的“选修”表数据
③ 将窗体标题设置为学生基本信息
学生基本信息
④ 保存窗体

图 1-5-2　使用“窗体”工具创建窗体的步骤

【例 5-2】使用“分割窗体”工具创建学生基本信息窗体。操作步骤如图 1-5-3 所示。

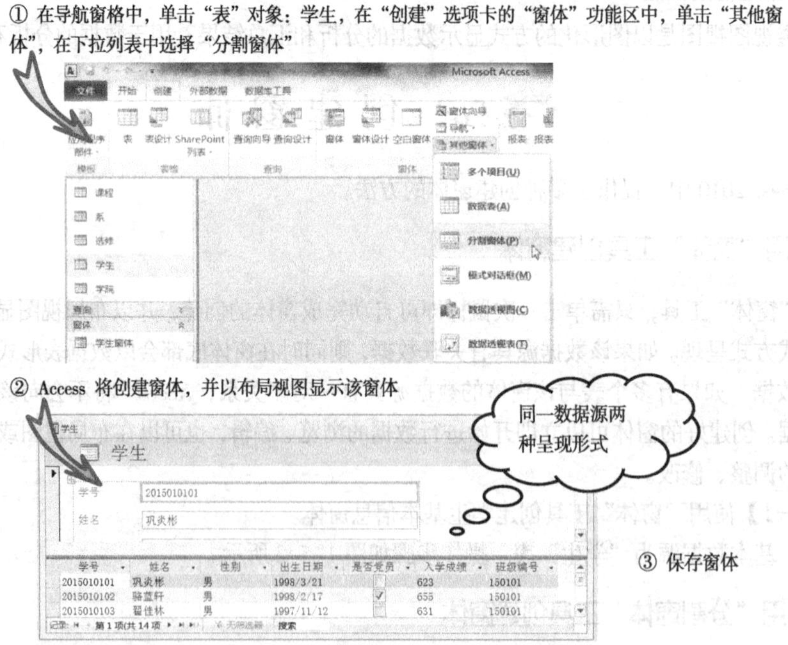
① 在导航窗格中，单击“表”对象：学生，在“创建”选项卡的“窗体”功能区中，单击“其他窗体”，在下拉列表中选择“分割窗体”
② Access 将创建窗体，并以布局视图显示该窗体
同一数据源两种呈现形式
③ 保存窗体

图 1-5-3　使用“分割窗体”工具创建窗体的步骤

5.2.3　使用“多个项目”工具创建窗体

使用“多个项目”工具可以创建显示多个记录的窗体。

【例 5-3】使用“多个项目”工具创建学生基本信息窗体。操作步骤如图 1-5-4 所示。

① 在导航窗格中，单击“表”对象：学生，在“创建”选项卡的“窗体”功能区中，单击“其他窗体”，在下拉列表中选择“多个项目”

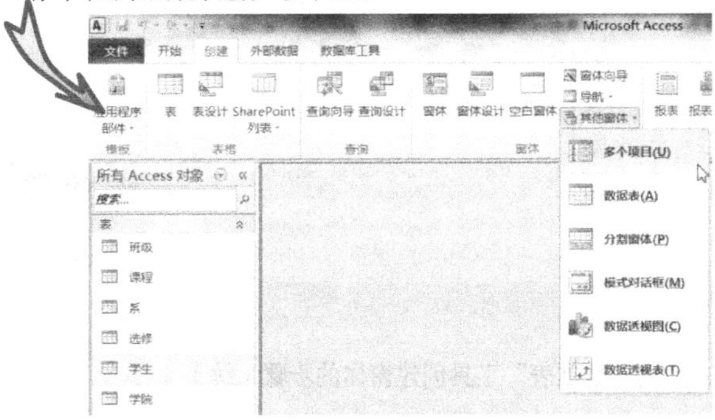

② Access 将创建窗体，并以布局视图显示该窗体

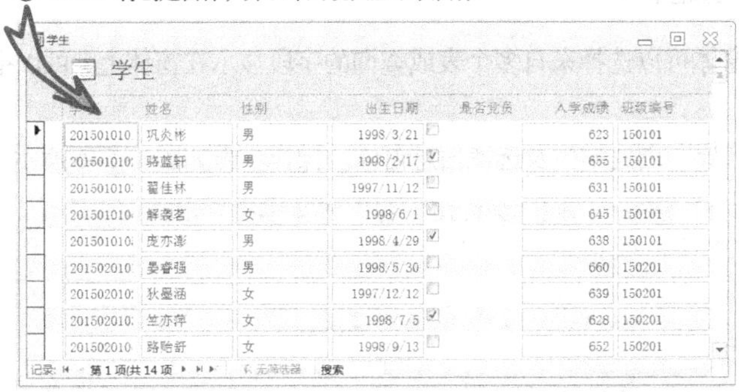

③ 保存窗体

图 1-5-4 使用“多个项目”工具创建窗体的步骤

使用“多个项目”工具时，Access 创建的窗体类似于数据表。数据排列成行和列的形式，一次可以查看多个记录。但是，多项目窗体提供了比数据表更多的自定义选项，例如提供了添加图形元素、按钮和其他控件的功能。

5.2.4 使用“数据表”工具创建窗体

使用“数据表”工具可以创建数据表窗体。

【例 5-4】使用“数据表”工具创建学生基本信息窗体。操作步骤如图 1-5-5 所示。

① 在导航窗格中，单击“表”对象：学生，在“创建”选项卡的“窗体”功能区中，单击“其他窗体”，在下拉列表中选择“数据表”

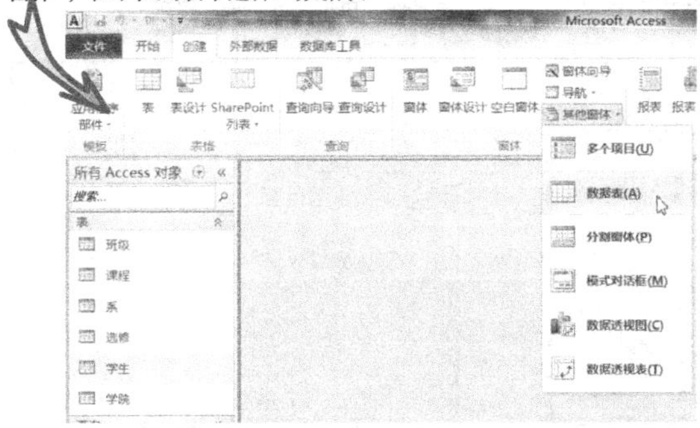

图 1-5-5 使用“数据表”工具创建窗体的步骤

图 1-5-5　使用“数据表”工具创建窗体的步骤（续）

5.2.5　使用“窗体向导”创建窗体

使用“窗体向导”创建窗体可以选择来自多个表或查询的字段显示在窗体上，可以指定数据的组合和排序方式。

【例 5-5】使用“窗体向导”创建学生及选课信息窗体。操作步骤如图 1-5-6 所示。

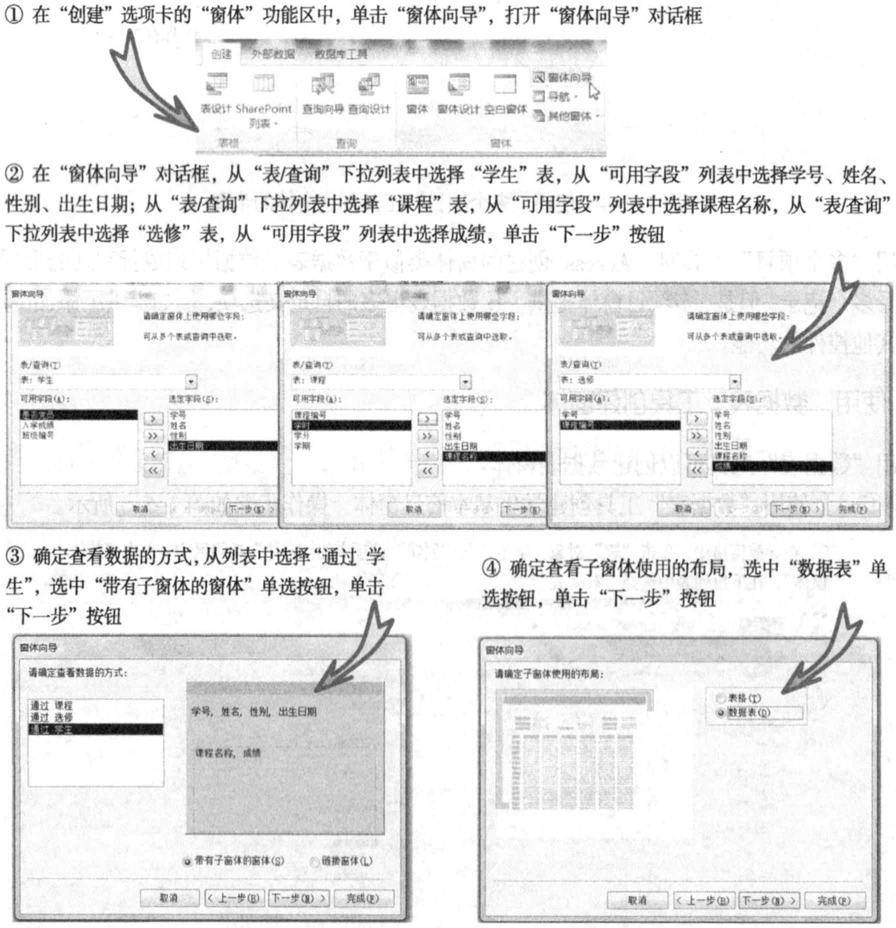

图 1-5-6　使用“窗体向导”创建窗体的步骤

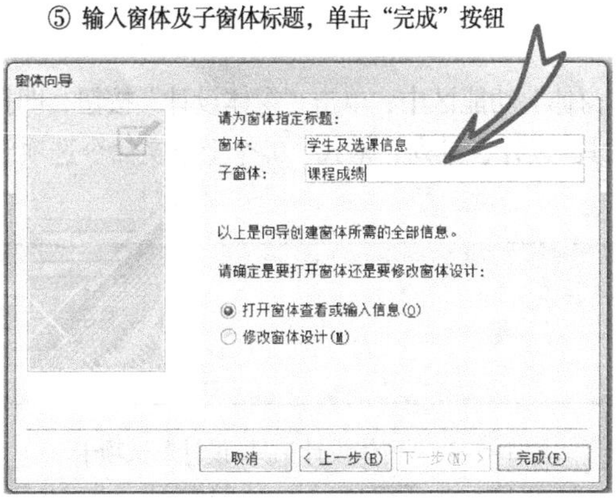

图 1-5-6 使用“窗体向导”创建窗体的步骤（续）

5.2.6 使用“空白窗体”工具创建窗体

当只在窗体上放置很少几个字段时可以使用“空白窗体”工具创建窗体。

【例 5-6】使用“空白窗体”工具创建学生基本信息窗体。操作步骤如图 1-5-7 所示。

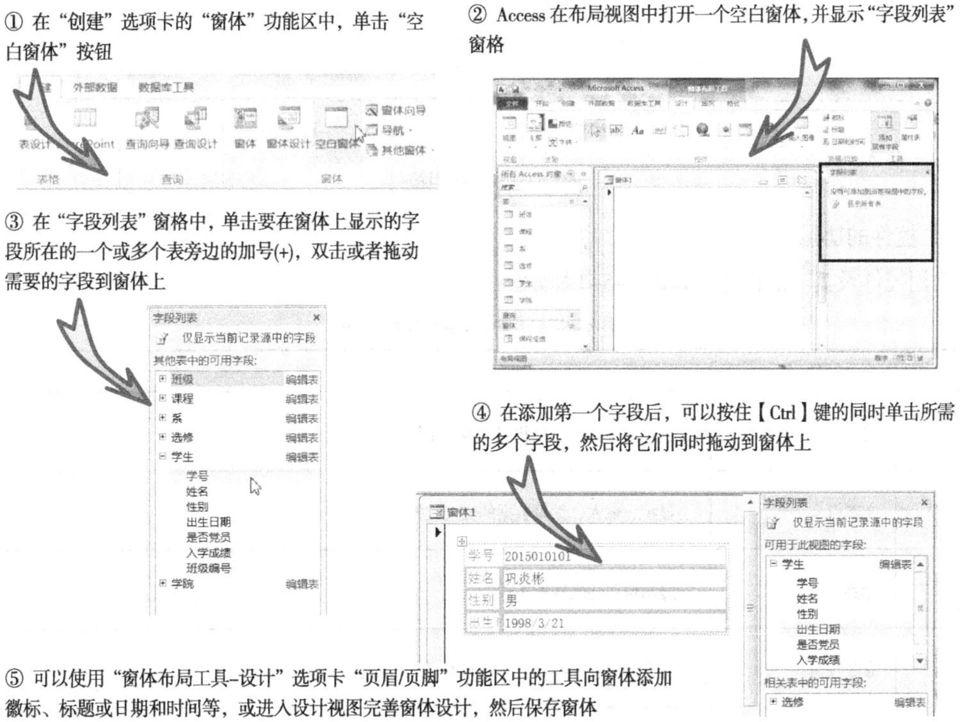

① 在“创建”选项卡的“窗体”功能区中，单击“空白窗体”按钮
② Access 在布局视图中打开一个空白窗体，并显示“字段列表”窗格
③ 在“字段列表”窗格中，单击要在窗体上显示的字段所在的一个或多个表旁边的加号(+)，双击或者拖动需要的字段到窗体上
④ 在添加第一个字段后，可以按住【Ctrl】键的同时单击所需的多个字段，然后将它们同时拖动到窗体上
⑤ 可以使用“窗体布局工具-设计”选项卡“页眉/页脚”功能区中的工具向窗体添加徽标、标题或日期和时间等，或进入设计视图完善窗体设计，然后保存窗体
字段列表
仅显示当前记录源中的字段
其他表中的可用字段：
班级
课程
系
选修
学生
学号
姓名
性别
出生日期
是否党员
入学成绩
班级编号
学院
编辑表
窗体1
2015010101
巩炎彬
男
1998/3/21
可用于此视图的字段：
相关表中的可用字段：

图 1-5-7 使用“空白窗体”工具创建窗体的步骤

5.3 自定义窗体

上一节介绍了使用 Access 系统提供的工具快速创建窗体的方法，本节介绍使用窗体设计视图创建自定义窗体的方法。

5.3.1 常用窗体控件

在“创建”选项卡的“窗体”功能区中，单击“窗体设计”按钮，即打开窗体的设计视图，此时选项卡中出现“窗体设计工具-设计、排列、格式”3 个上下文命令选项卡，并且自动打开“设计”选项卡，如图 1-5-8 所示。

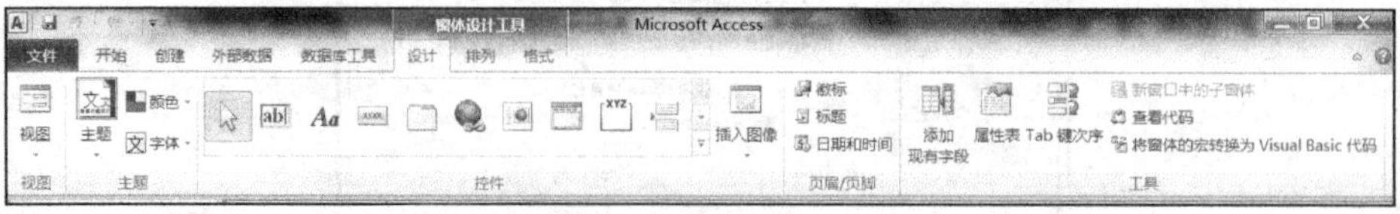

图 1-5-8 “窗体设计工具-设计”选项卡

在“窗体设计工具-设计”选项卡的“控件”功能区中提供了窗体常用控件。单击下拉按钮[图 1-5-9（a）]可以展开整个控件列表，如图 1-5-9（b）所示。

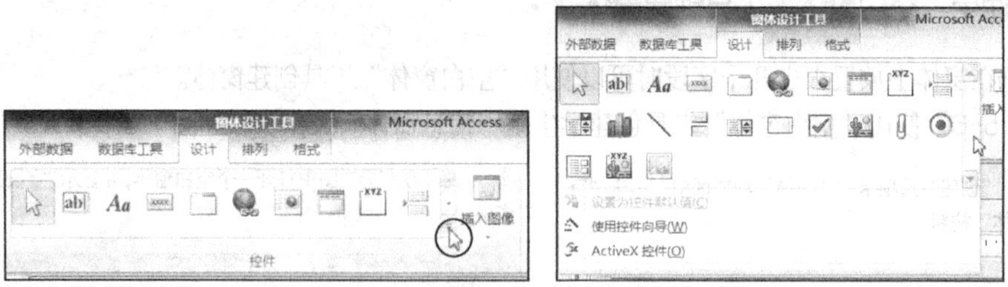

（a）单击“控件”下拉按钮　　（b）整个控件列表

图 1-5-9 常用控件

1. 控件的功能

常用控件及其功能描述，如表 1-5-1 所示。

表 1-5-1 常用控件及其功能

控　件	控 件 名 称	功　能
	选择	选择墨迹笔画、形状和文本的矩形区域
	文本框	显示、输入、编辑数据的交互式控件
	标签	显示说明性文本的控件
	命令按钮	用于完成各种操作，一般与宏或代码连接
	选项卡控件	将窗体上显示的内容进行分类
	超链接	创建指向网页、图片、电子邮件地址或程序的链接
	选项组	一个容器控件，一般与选项按钮、复选框一起使用

续表

控　件	控件名称	功　能
	插入分页符	打印窗体时，在当前位置插入下一个页面
	组合框	结合了文本框和列表框的特性，既可以输入数据，也可以从列表中选取数据
	图表	显示各种图表
	直线	绘制直线
	切换按钮	一般与“是/否”型字段绑定，表示两种状态
	列表框	包含一列或多列数据
	矩形	用于将一组相关控件组织到一起突出显示
	复选框	一般与“是/否”型字段绑定，选中表示“是”，不选中表示“否”。一组复选框可多选
	未绑定对象框	用于显示 OLE 对象，与数据源无关
	选项按钮	一般与“是/否”型字段绑定，选中表示“是”，不选中表示“否”。一组选项按钮只能有一个处于选中状态
	子窗体/子报表	用于显示与主窗体/主报表数据源相关联的数据
	绑定对象框	用于显示 OLE 对象，与数据源有关
	图像	在窗体上显示静态图片

Access 的控件可以分为绑定控件、未绑定控件或计算控件。

① 绑定控件：指其数据源是表或查询中的字段的控件。使用绑定控件可以显示数据源中字段的值。值可以是文本、日期、数字、是/否、图片或图形。例如，显示学生表中学生姓名的文本框就是绑定控件。

② 未绑定控件：指不具有数据源（如字段或表达式）的控件。可以使用未绑定控件显示信息、图片、线条或矩形。例如，显示窗体标题的标签就是未绑定控件。

③ 计算控件：指其数据源是表达式（而非字段）的控件。通过定义表达式来指定要用作控件的数据源的值。表达式可以是运算符、控件名称、字段名称、返回单个值的函数以及常数值的组合。例如，在文本框中输入表达式：=sum([成绩])，运行时将在该文本框中显示成绩的总和。

2. 控件的操作

在设计窗体时，经常需要向窗体进行添加控件、选择控件、调整位置和大小、统一尺寸、复制、删除等操作。

（1）控件的添加

① 添加非绑定控件：在“窗体设计工具-设计”选项卡的“控件”功能区中，单击所需的控件，然后在窗体适当位置单击，添加一个默认大小的控件，或者拖动鼠标画出控件。

② 添加绑定控件：先在属性表中设置窗体的记录源属性，然后在“窗体设计（布局）工具-设计”选项卡的“工具”功能区中，单击“添加现有字段”按钮，在“字段列表”窗格中选中字段，双击或拖动至窗体位置。

（2）控件的选择

在对某个控件或某些控件进行操作之前，需要先选择相应的控件。当画完一个控件或单击某个控件之后，表明选择了该控件。如果要同时选择多个控件，可以使用以下两种方法：

① 按住【Shift】键或【Ctrl】键不放，再用鼠标依次单击各个控件。

② 在窗体的空白区域按住鼠标左键拖动鼠标，只要拖动出的虚线框接触到的控件都会被选择。

选择了一个或多个控件之后，在控件的边框上一般会有 8 个小控制柄，其中左上角较大的控制柄为移动控制柄，如图 1-5-10 所示。

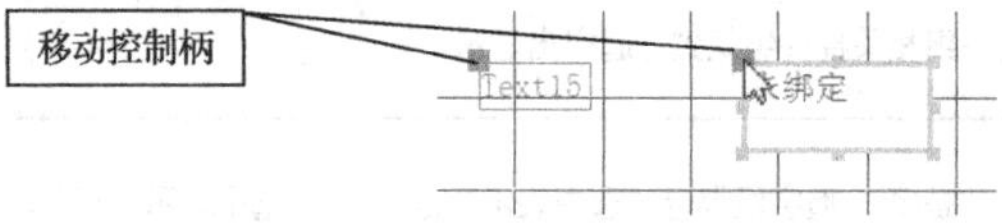

图 1-5-10　选中控件的控制柄

单击窗体中不包含任何控件的区域，即可取消选中的控件。

（3）控件的缩放和移动

在窗体上画出控件后，其大小和位置不一定符合设计要求，此时可以对控件进行放大、缩小和移动等操作。

要改变控件的大小，首先选择该控件，然后通过拖拉边框上的控制柄进行放大或缩小。

要调整控件位置，可以将鼠标指针移到控件左上角的移动控制柄，按下鼠标左键拖动鼠标将控件移到合适的位置。

另外，还可以使用【Shift】+“方向箭头”组合键来改变当前控件的大小，用【Ctrl】+“方向箭头”组合键来移动当前控件的位置。

除了上述方法外，还可以通过控件的属性来设置控件的位置和大小。在属性表中，设置“宽度”“高度”属性调整控件的大小；“上边距”“左”属性调整控件的位置。

（4）控件的复制与删除

假设窗体页脚节上有一个名称为 Command0 的控件，要对其进行复制操作，可右击该控件，选择快捷菜单中的“复制”命令，再选择窗体页脚节快捷菜单中的“粘贴”命令，则在窗体页脚节的左上角复制了一个命令按钮[见图 1-5-11（a）]，用鼠标拖动此命令按钮将其移到适当的位置。如果执行 Command0 按钮快捷菜单中的“粘贴”命令或使用【Ctrl+V】组合键粘贴，则在 Command0 按钮的正下方复制一个命令按钮，如图 1-5-11（b）所示。

要删除一个控件，需要首先选中该控件使其成为当前控件，然后按【Delete】键，或右击控件，从弹出的快捷菜单中选择“删除”命令。

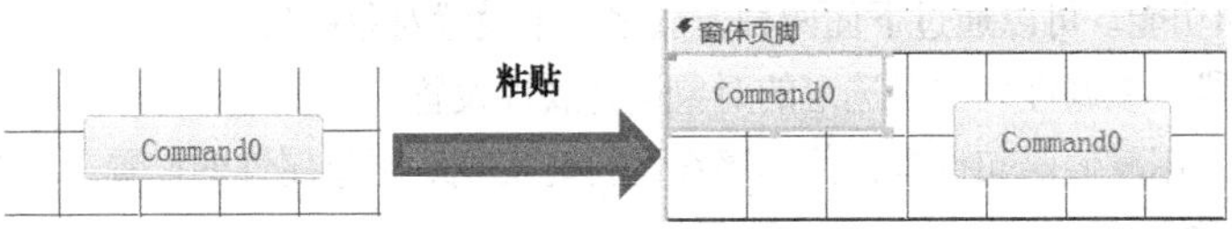

（a）复制命令按钮 1

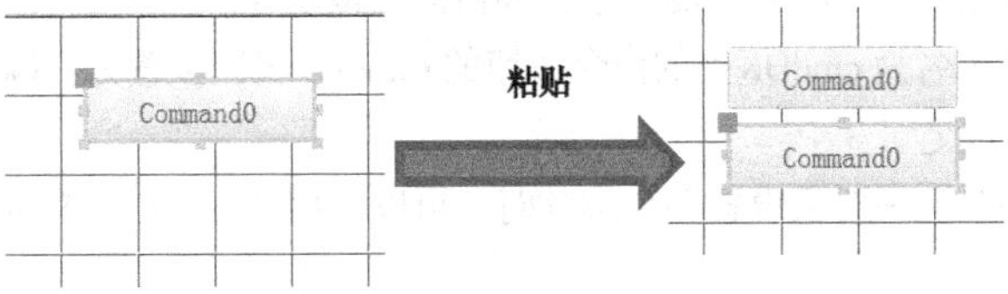

（b）复制命令按钮 2

图 1-5-11 控件的复制

（5）控件的布局

当窗体上存在多个控件时，需要对这些控件进行排列、对齐、统一尺寸、调整间距等操作。这些操作可以通过“窗体设计工具-排列”选项卡“调整大小和排序”功能区中的按钮来完成，如图 1-5-12（a）所示。展开“大小/空格”下拉按钮，如图 1-5-12（b）所示。展开“对齐”下拉按钮，如图 1-5-12（c）所示。

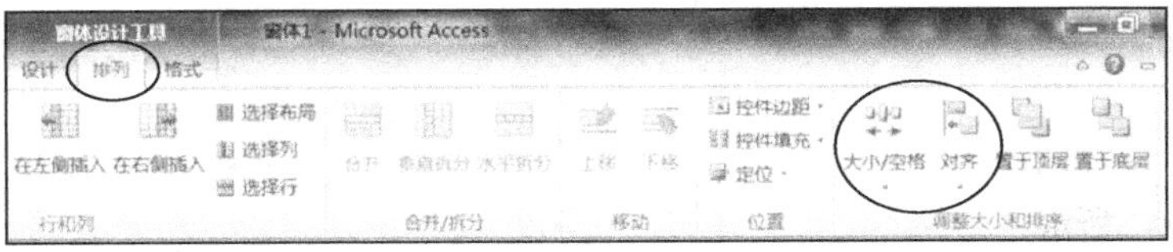

（a）“窗体设计工具-排列”选项卡

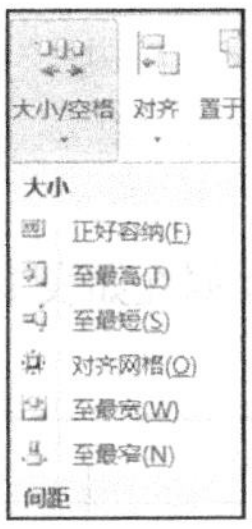

（b）展开“大小/空格”下拉按钮

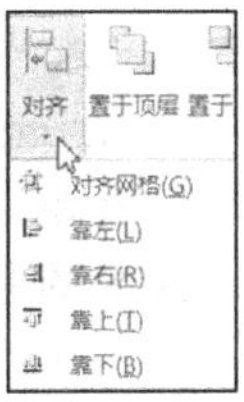

（c）展开“对齐”下拉按钮

图 1-5-12 调整大小和排序操作按钮

（6）控件的格式

“窗体设计工具-格式”选项卡“控件格式”功能区中的按钮可以对当前选中的控件进行更改形状、快速样式、条件格式等设置。

5.3.2 面向对象的基本概念

Access 引入了面向对象的编程技术。本节结合窗体设计介绍对象、属性、事件和方法的基本概念。

1. 对象

在现实生活中，一个实体就是一个对象，如一个人、一个气球、一台计算机、一个窗体、一个命令按钮等都是对象。在面向对象程序设计中，对象是系统中的基本运行实体，是代码和数据的集合。

2. 属性

属性是一个对象的特性，不同的对象具有不同的属性。例如，对于某个人，有名字、职务和住址等属性；对于某辆汽车，有型号、颜色、各种性能指标等属性。在 Access 中，对象常见的属性有标题（Caption）、名称（Name）、字体（Font）、是否可见（Visible）等。通过修改对象的属性，可以改变对象的外观和功能。可以通过下面两种方法之一来设置对象的属性：

① 在设计阶段，在属性表中对选定的对象进行属性设置。

② 在代码中，用赋值语句设置，使程序在运行时实现对对象属性的设置，其格式为：

```
[集合名].对象名.属性名=属性值
```

其中，“集合名”为可选项，指容器类的对象，如窗体、报表等。

例如，将一个对象（名为 cmdOK）的命令按钮的 Caption 属性设置为“确定”，相应的语句为：

```
cmdOK.Caption="确定"
```

在代码中，当需要对同一对象设置多个属性时，可以使用 With...End With 语句，其格式为：

```
With 对象名
   [语句]
End With
```

例如，设置命令按钮 cmdOK 的标题属性 Caption 为“确定”，背景颜色属性 BackColor 为红色（vbRed），前景颜色属性 ForeColor 为黄色（vbYellow），字体大小属性 FontSize 为 12 磅，可以使用下面的 With 语句：

```
With cmdOK
   .Caption="确定"
   .BackColor=vbRed
   .ForeColor=vbYellow
   .FontSize=12
End With
```

对象的常用属性如表 1-5-2 所示。

表 1-5-2　对象的常用属性

属性名称	编码关键字	功　能
标题	Caption	设置对象的显示标题。用于窗体、标签、命令按钮等
名称	Name	设置对象的名称。对于未绑定控件，默认名称是控件的类型加上一个唯一的整数；对于绑定控件，默认名称是基础数据源的字段名称。用于所有对象
控件来源	ControlSource	设置控件显示的数据，可以显示和编辑绑定到表、查询或 SQL 语句中的数据，也可以显示表达式的结果。用于文本框、组合框、列表框、复选框等
前景色	ForeColor	设置对象的文本颜色，用于标签、文本框、组合框、命令按钮等
背景色	BackColor	设置对象的背景颜色。用于节、标签、文本框、组合框、命令按钮等
字体名称	FontName	设置对象显示文本所用的字体名称。用于标签、文本框、组合框、命令按钮等
字号	FontSize	设置对象显示文本的字体大小。用于标签、文本框、组合框、命令按钮等
字体粗细	FontWeight	设置对象显示以及打印字符所用的线宽（字体的粗细）。用于标签、文本框、组合框、命令按钮等
倾斜字体	FontItalic	设置对象文本是否变为斜体。用于标签、文本框、组合框、命令按钮等
背景样式	BackStyle	设置对象是否透明。用于标签、图像等
边框样式	BorderStyle	设置对象的边框样式。用于标签、文本框、组合框等

续表

属 性 名 称	编码关键字	功 能
边框宽度	BorderWidth	设置对象的边框宽度。用于标签、文本框、组合框等
图片	Picture	设置对象的背景图片。用于窗体、命令按钮等
左	Left	设置对象在容器中与左边缘的距离。用于所有控件
上边距	Top	设置对象在容器中与上边缘的距离。用于所有控件
宽度	Width	设置对象的宽度，用于窗体、报表。用于所有控件
高度	Height	设置对象的高度。用于所有控件
记录源	RecordSource	设置对象的数据源。用于窗体、报表
行来源	RowSource	设置控件的来源。用于组合框、列表框等
自动居中	AutoCenter	在设计视图设置窗体、报表在 Access 窗口中是否居中
记录选定器	RecordSelectors	设置是否在窗体上显示记录选定器
导航按钮	NavigationButtons	设置是否在窗体上显示导航按钮和记录编号框
控制框	ControlBox	设置是否在窗体、报表上显示控制按钮
最大最小化按钮	MinMaxButtons	在设计视图设置是否在窗体、报表上显示最大化、最小化按钮
关闭按钮	CloseButton	设置窗体或报表的关闭按钮是否有效
可移动的	Moveable	设置窗体或报表是否可移动
可见的	Visible	设置对象运行时是否可见。用于窗体、所有控件

3. 事件

事件是指可以被对象识别的动作，例如单击、双击、按下键盘键等。Access 预先定义好了一系列的事件，例如，单击鼠标事件（Click）、双击鼠标事件（DblClick）、按键事件（KeyPress）、窗体加载事件（Load）等。

事件的发生可以由用户触发（如用户在对象上单击），也可以由系统触发（如窗体加载），或者由代码间接触发。用户可以为每个事件编写一段相关联的代码，这段代码称为事件过程。当在一个对象上发生某种事件时，就会执行与该事件相关联的事件过程，这就是事件驱动的编程机制。在事件驱动的应用程序中，代码执行的顺序由事件发生的先后顺序决定，因此应用程序每次运行时所经过的代码路径可以是不同的。

事件过程的一般格式如下：

```
Private Sub 对象名_事件名([参数表])
  程序代码
End Sub
```

其中，“参数表”随事件过程的不同而不同，有些事件过程没有参数。

例如，运行时，单击（Click）命令按钮 Command1，在窗体的标题栏上显示“您好”，事件过程为：

```
Private Sub Command1_Click()
   Me.Caption = "您好"          '在窗体的标题栏上显示“您好”
End Sub
```

这里的 Click 事件过程就没有参数。

例如，运行时，在命令按钮 Command1 上按下鼠标左键，会触发按钮的 MouseDown 事件。要在发生 MouseDown 事件时在按钮上显示“鼠标按下”，事件过程为：

```
    Private Sub Command1_MouseDown(Button As Integer, Shift As Integer, X As Single,
Y As Single)
        Command1.Caption = "鼠标按下"
    End Sub
```

MouseDown 事件过程中就含有参数。其中，Button、Shift、X、Y 即为 MouseDown 事件过程的参数。

对象的事件是固定的，用户不能建立新的事件。一个对象可以响应一个或多个事件，因此可以使用一个或多个事件过程对用户或系统的事件做出响应。

建议在代码窗口中通过对象下拉列表框及过程下拉列表框来选择对象及事件过程，由系统自动生成对象的事件过程模板，以避免输入错误或遗漏参数。

对象常用事件及功能如表 1-5-3 所示。

表 1-5-3　对象常用事件及功能

事　件	功　能
加载（Load）	窗体加载并显示记录时触发
卸载（UnLoad）	窗体卸载时触发
打开（Open）	窗体打开并未显示记录时触发
关闭（Close）	窗体关闭并从屏幕上删除时触发
成为当前（Current）	窗体中焦点移到一条记录（成为当前记录）时、窗体刷新时、重新查询时触发
激活（Activate）	窗体成为当前窗体时触发
单击（Click）	单击对象时触发
双击（DblClick）	双击对象时触发
计时器触发（Timer）	每隔 TimerInterval 时间间隔触发
鼠标按下（MouseDown）	按下鼠标左键时触发
鼠标移动（MouseMove）	移动鼠标时触发
鼠标释放（MouseUp）	释放鼠标左键时触发
击键（KeyPress）	对象具有焦点时按下一个键盘按键时触发
更新前（BeforeUpdate）	控件或记录更新前触发
更新后（AfterUpdate）	控件或记录更新后触发
获得焦点（GotFocus）	对象获得输入焦点时触发
失去焦点（LostFoucs）	对象失去输入焦点时触发
停用（Deactivate）	窗体成为非活动窗体时触发

4. 方法

方法定义了在对象上可以进行的操作，每一种对象都有其特定的方法。对象方法的使用格式为：

```
[对象名.]方法名 [参数表]
```

若省略了对象名，则表示当前对象，一般指窗体。

例如，将焦点定位在文本框 Text1 上，语句如下：

```
Text1.SetFocus
```

5.3.3 使用“窗体设计”工具创建窗体

在“创建”选项卡的“窗体”功能区中，单击“窗体设计”按钮，打开一个窗体的设计视图，此时只有主体节，设计者可根据实际需要进行窗体设计。

【例 5-7】创建一个学生基本信息窗体，实现学生信息的浏览、输入、修改、删除、保存等功能。操作步骤如图 1-5-13 所示。

① 在“创建”选项卡的“窗体”功能区中，单击“窗体设计”按钮

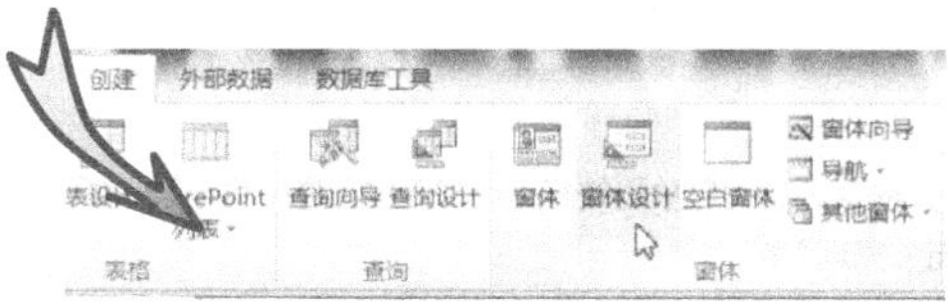

② Access 在设计视图中打开一个空白窗体

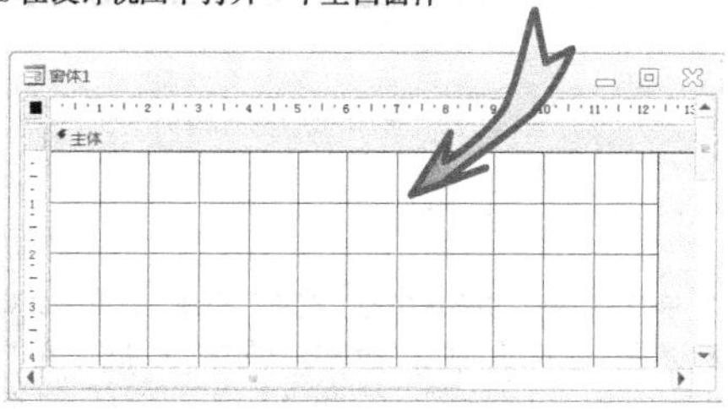

③ 在空白区域右击，选择窗体快捷菜单中的“窗体页眉/页脚”命令，添加窗体页眉节、窗体页脚节

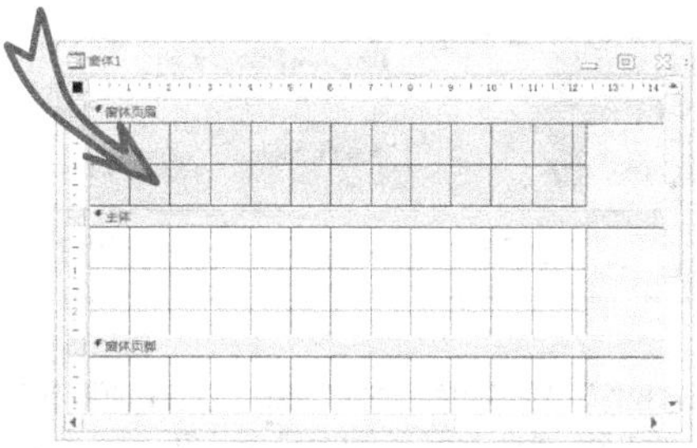

④ 在窗体页眉节添加一个标签控件，输入：学生基本信息

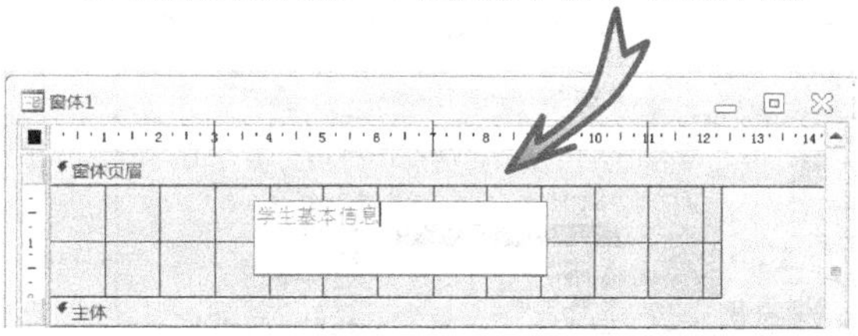

⑤ 选中标签控件，在属性表设置标签的字体为隶书，24；特殊效果：蚀刻

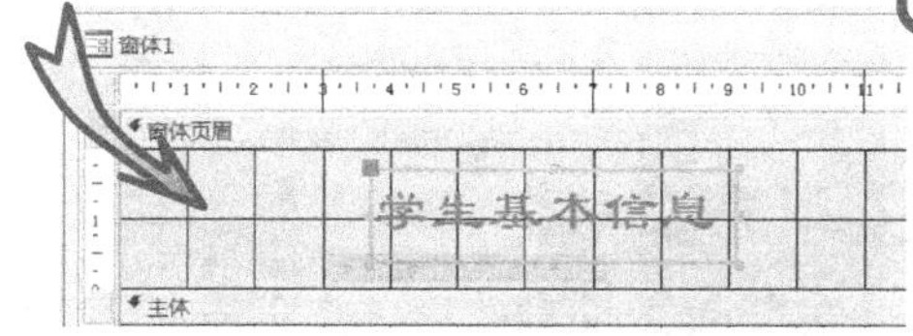

⑥ 在“窗体设计工具–设计”选项卡的“页眉/页脚”功能区中，单击“徽标”按钮。打开“插入图片”对话框，选择图片，单击“确定”按钮

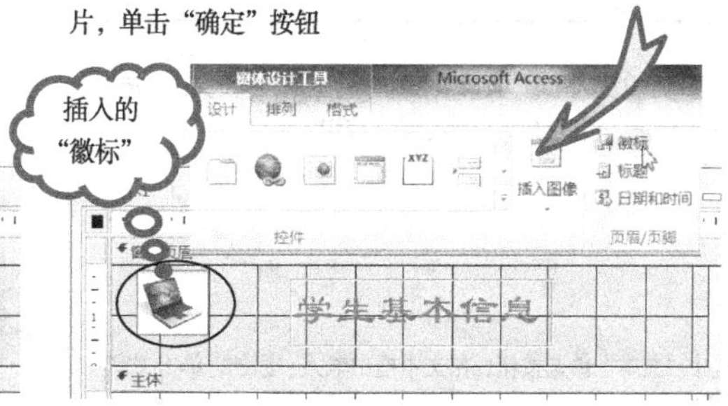

⑦ 在“窗体设计工具–设计”选项卡的“工具”功能区中，单击“属性表”按钮打开属性表，从中选择“窗体”对象，在窗体的“记录源”下拉列表中选择：学生。

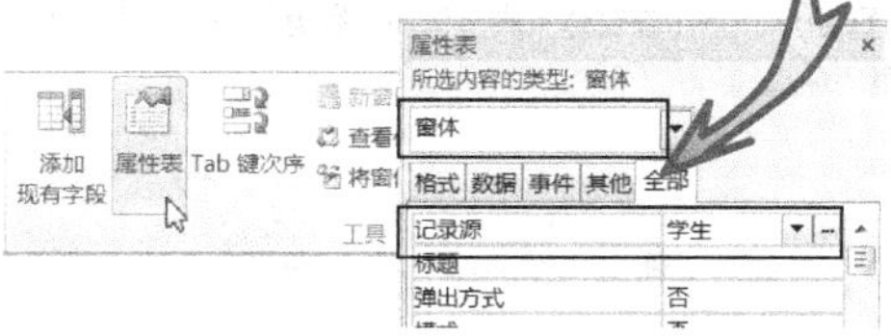

⑧ 在“窗体设计工具–设计”选项卡的“工具”功能区中，单击“添加现有字段”按钮打开字段列表，在字段列表中列出了学生表中所有字段

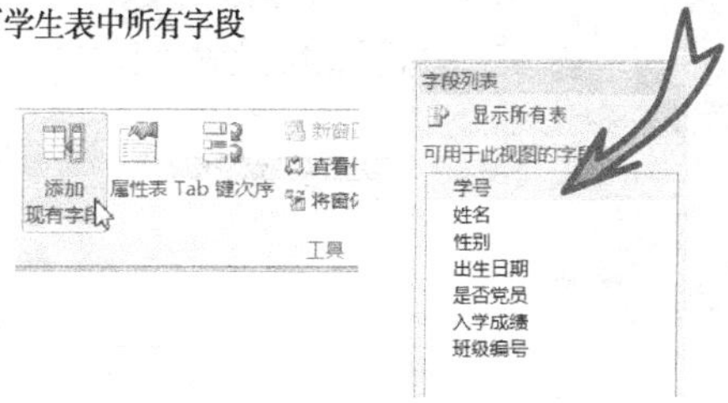

图 1-5-13 使用“窗体设计”工具创建窗体的步骤

⑨拖动字段到窗体主体节适当位置，或者双击字段列表中的字段添加到主体节底部，使用“窗体设计工具-排列”选项卡的“调整大小和排序”功能区中的相关命令调整布局

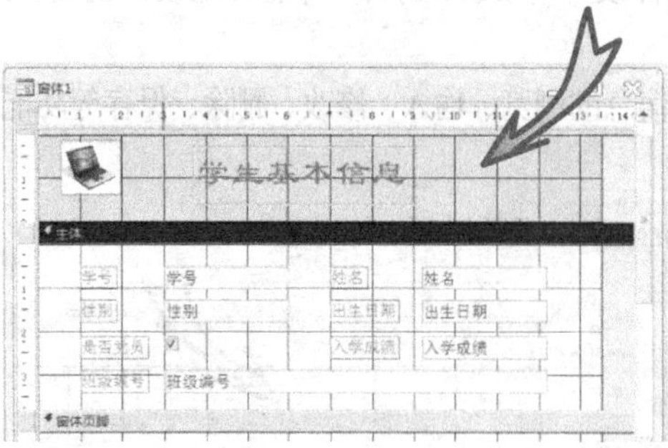

⑩ 在“窗体设计工具-设计”选项卡的“控件”功能区，展开控件列表，选中“使用控件向导”按钮

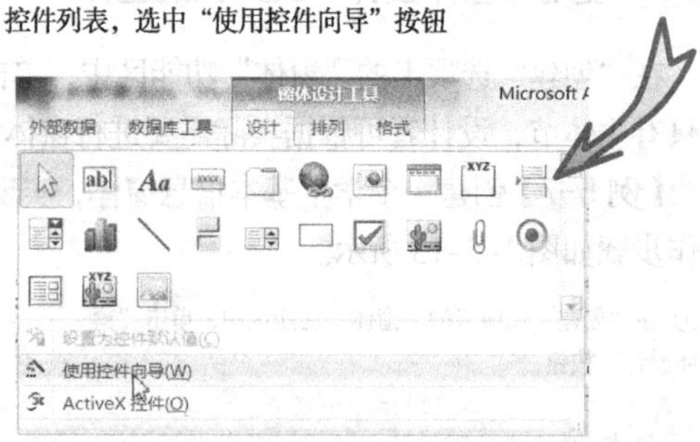

⑪ 单击“控件”功能区中的“按钮”控件，在窗体页脚节拖动鼠标画一个矩形，弹出“命令按钮向导”对话框，在“类别”列表中选择“记录导航”，在“操作”列表中选择“转至第一项记录”，单击“下一步”按钮

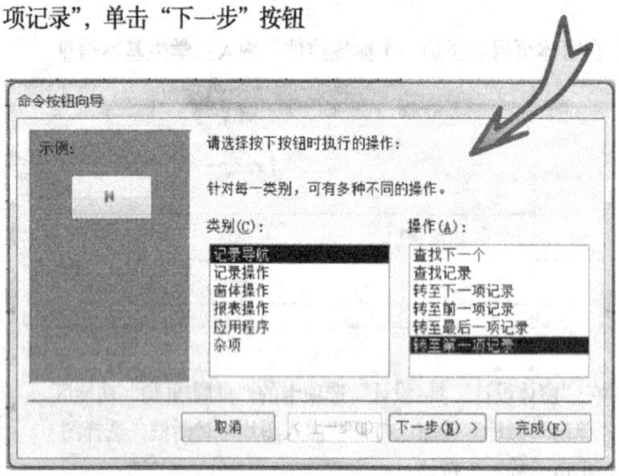

⑫ 选中“图片”单选按钮，在列表中选择“移至第一项”，单击“完成”按钮

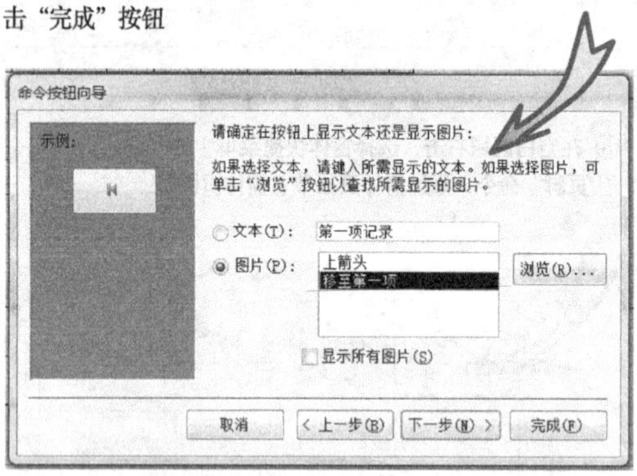

⑬ 重复⑪、⑫步在窗体页脚节添加“转至前一项记录”“转至下一项记录”“转至最后一项记录”按钮

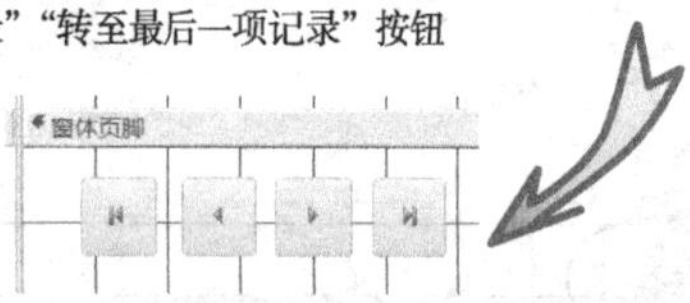

⑭ 单击“控件”功能区中的“按钮”控件，在窗体页脚节拖动鼠标画一个矩形，弹出“命令按钮向导”对话框，在“类别”列表中选择“记录操作”，在“操作”列表中选择“添加新记录”，单击“下一步”按钮

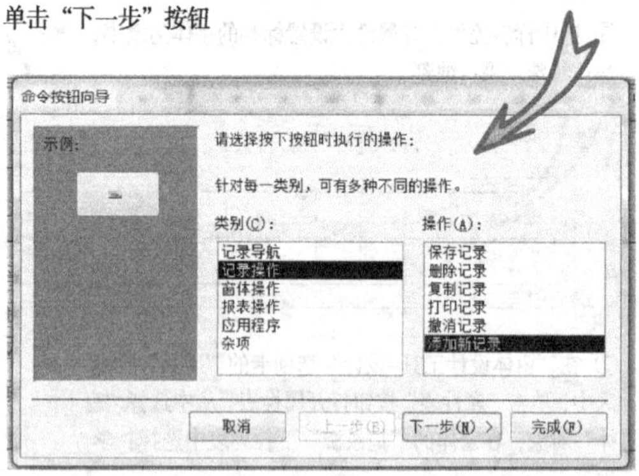

⑮ 选中“文本”单选按钮，在文本框中输入：添加，单击“完成”按钮

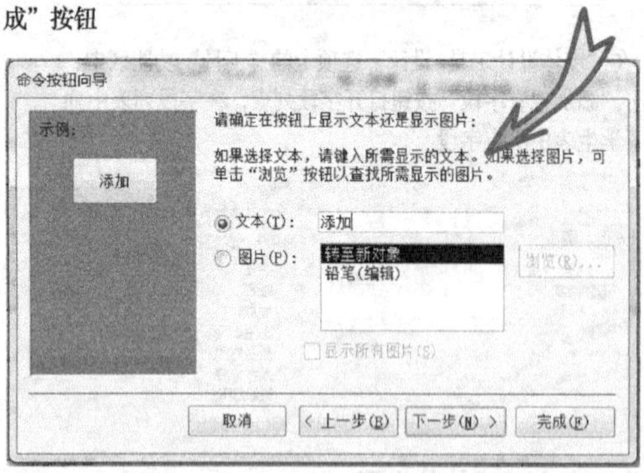

⑯ 重复⑭、⑮步在窗体页脚节添加“撤销”“删除”“保存”按钮

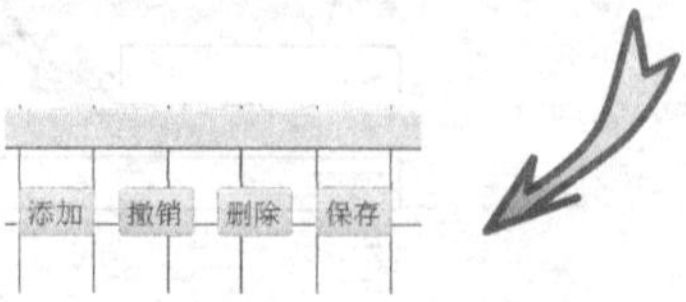

图 1-5-13　使用“窗体设计”工具创建窗体的步骤（续）

⑰ 将窗体对象的“记录选择器”属性和“导航按钮”属性设置为：否。单击“窗体设计工具-设计”选项卡“视图”功能区中的“视图”按钮，运行窗体

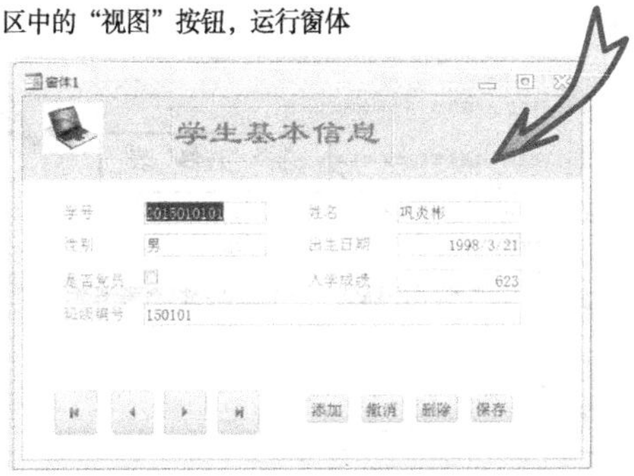

⑱ 保存窗体

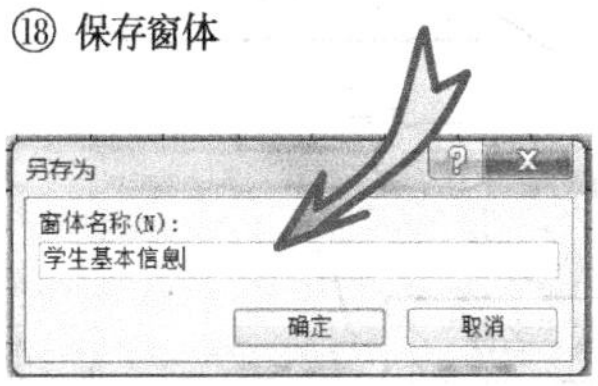

图 1-5-13　使用“窗体设计”工具创建窗体的步骤（续）

如果想在窗体页脚节中显示当前记录号，可以添加一个文本框，设置文本框的控件来源为：=[CurrentRecord]。

【例 5-8】创建一个学生成绩信息窗体，通过子窗体显示学生选修课程的成绩。操作步骤如图 1-5-14 所示。

① 使用“窗体设计”工具创建一个空白窗体，添加窗体标题；设置记录源为：学生；将字段拖动到主体节

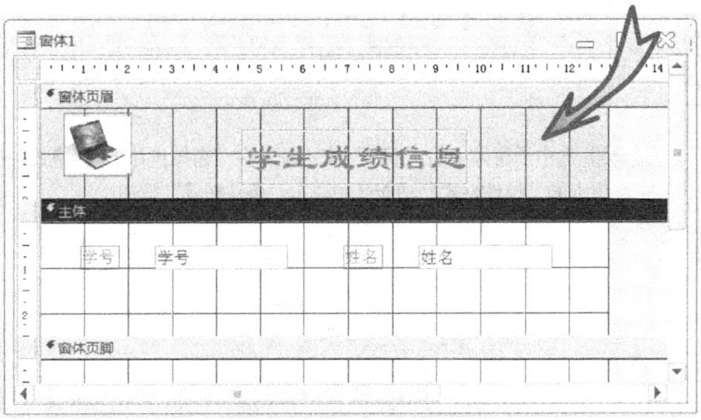

② 在“控件”功能区中，“使用控件向导”处于选中状态时，单击“子窗体/子报表”控件

③ 在窗体主体节空白区域拖动鼠标绘制一个矩形框

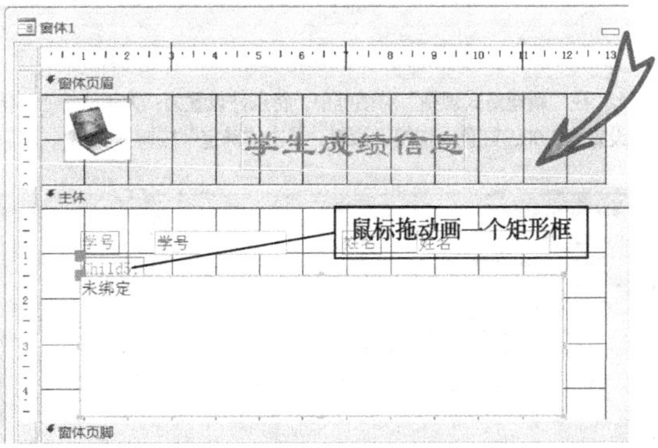

④ 弹出“子窗体向导”对话框，直接单击“下一步”按钮

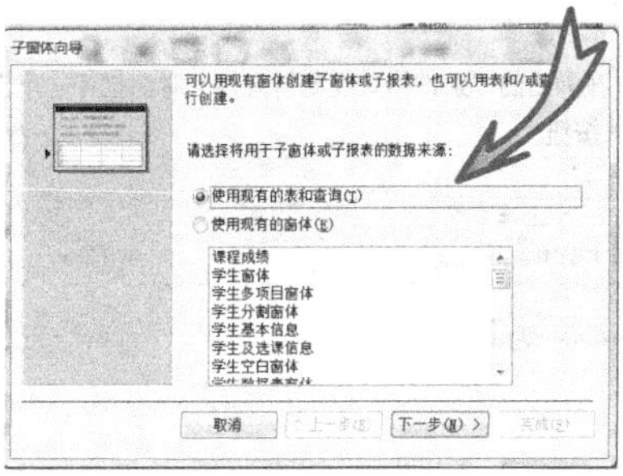

图 1-5-14　含子窗体示例创建步骤

⑤ 从“表/查询”下拉列表中选择“课程”表；从“可用字段”列表中选择“课程名称”，单击“>”按钮

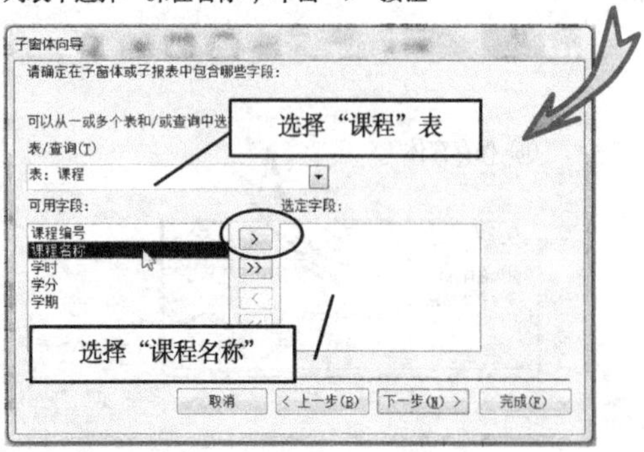

⑥ 从“表/查询”下拉列表中选择“选修”表，从“可用字段”列表中选择“成绩”，单击“>”按钮，单击“下一步”按钮

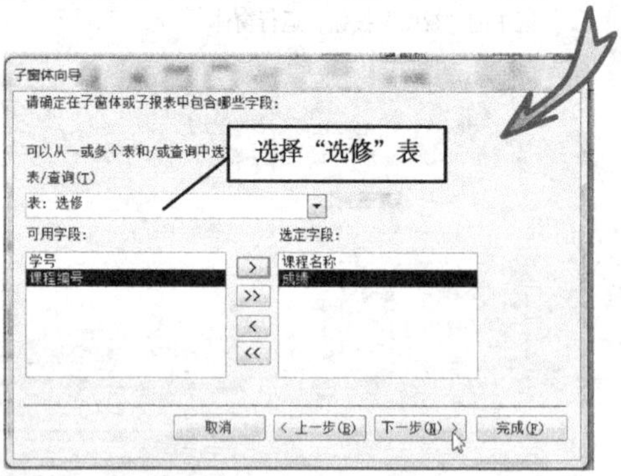

⑦ 直接单击“下一步”按钮

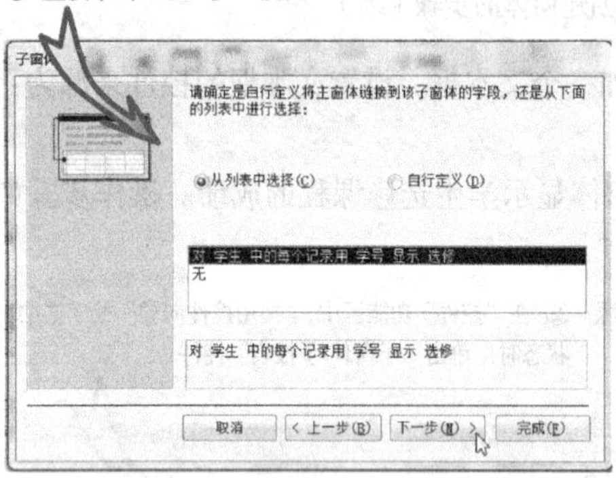

⑧ 输入子窗体名称：成绩单，单击“完成”按钮

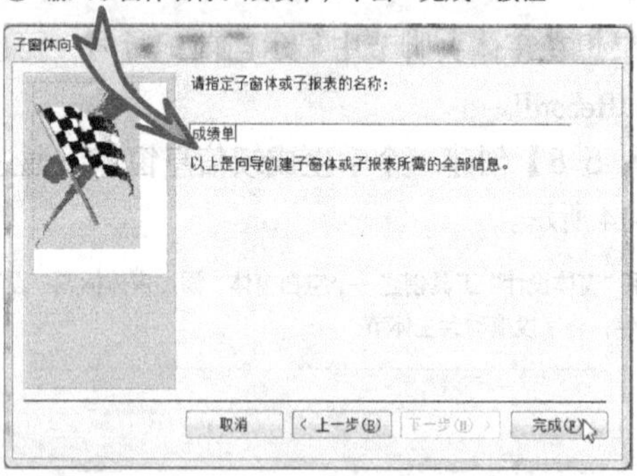

⑨ 调整布局

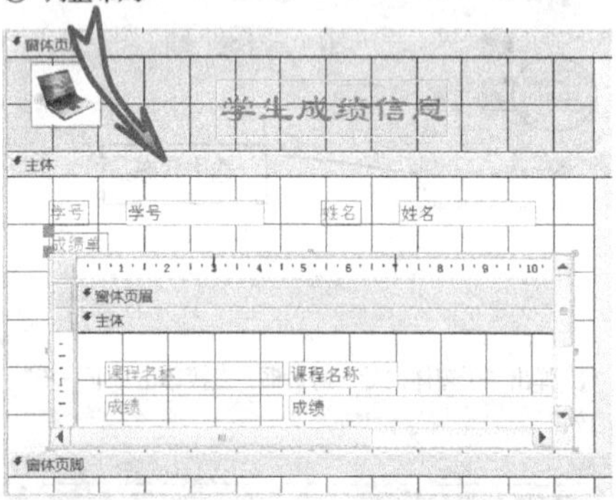

⑩ 选中子窗体中的“成绩”文本框，在“窗体设计工具–格式”选项卡的“控件格式”功能区中单击“条件格式”按钮

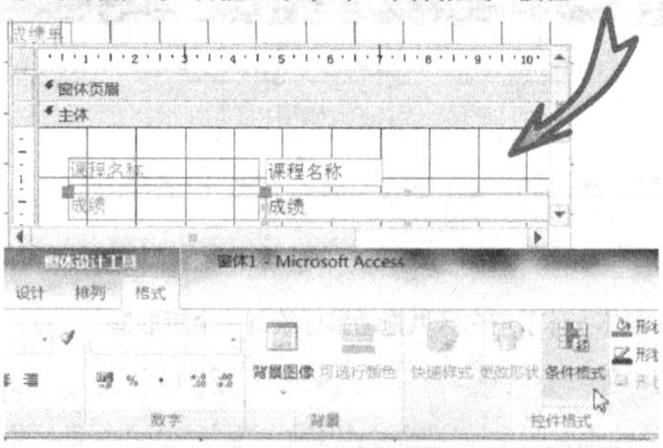

⑪ 在弹出的“条件格式规则管理器”对话框中，单击“新建规则”按钮

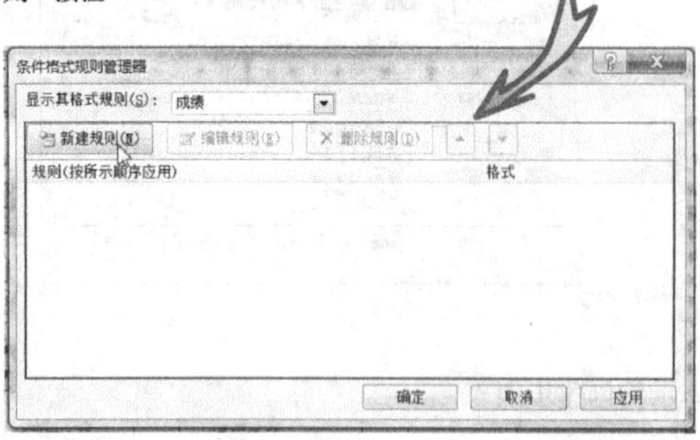

⑫ 在“新建格式规则”对话框中，将条件设置为：大于或等于，值设置为：90，红色、加粗、倾斜，单击“确定”按钮

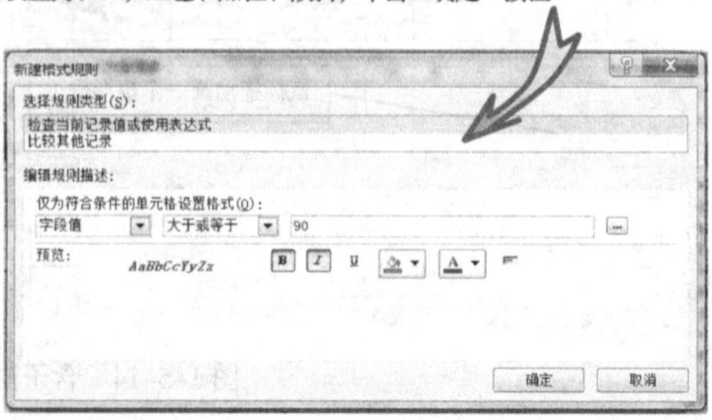

图 1-5-14　含子窗体示例创建步骤（续）

⑬ 返回到“条件格式规则管理器”，新建了一条格式规则，单击“确定”按钮

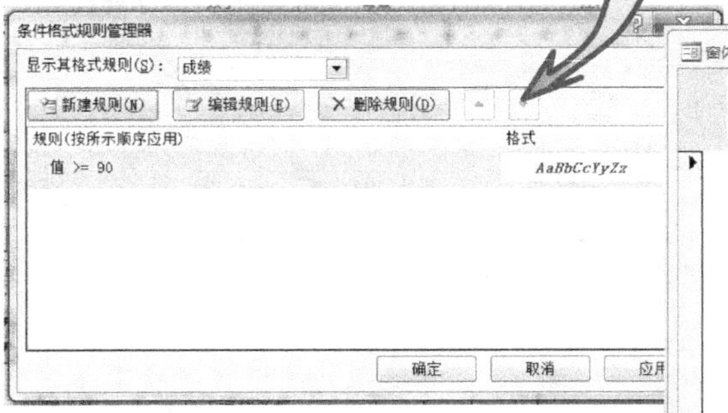

⑭ 单击“窗体设计工具-设计”选项卡“视图”功能区中的“视图”按钮，运行窗体

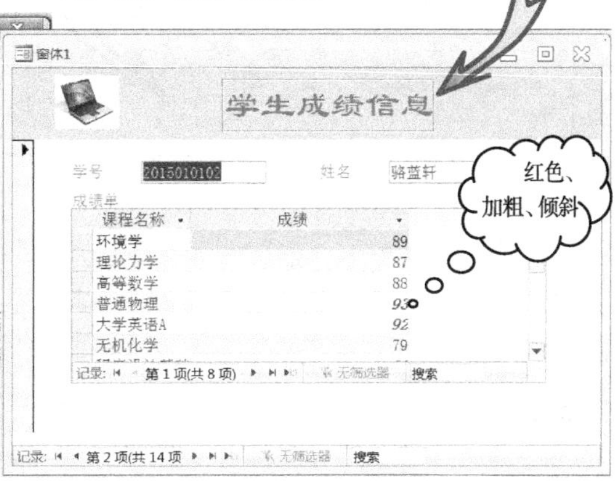

⑮ 保存窗体

图 1-5-14 含子窗体示例创建步骤（续）

【例 5-9】创建一个学生综合信息窗体，通过选项卡控件分类显示信息。操作步骤如图 1-5-15 所示。

① 创建一个名为“学生综合信息”的选择查询

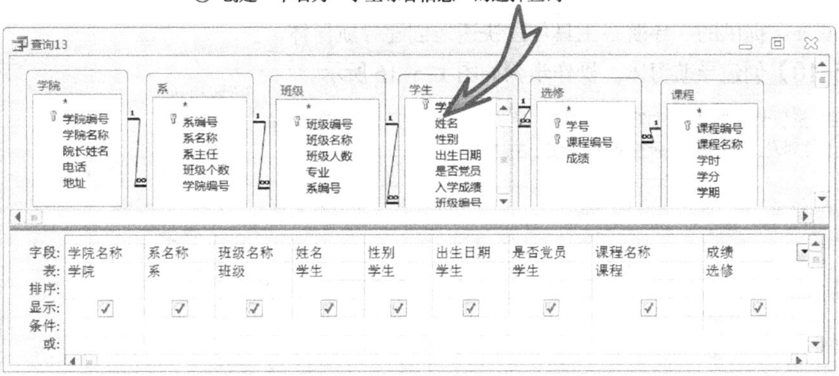

② 使用“窗体设计”工具创建一个空白窗体，添加窗体标题；设置记录源为：学生综合信息；将字段拖动到主体节

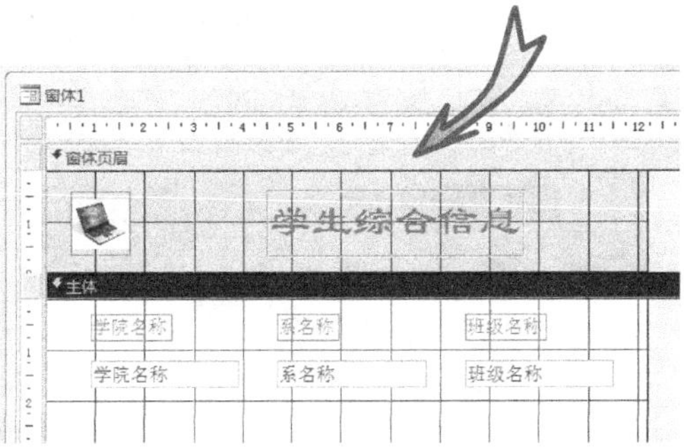

③ 在窗体主体节添加一个选项卡控件，分别设置页标题属性为：基本信息、成绩信息

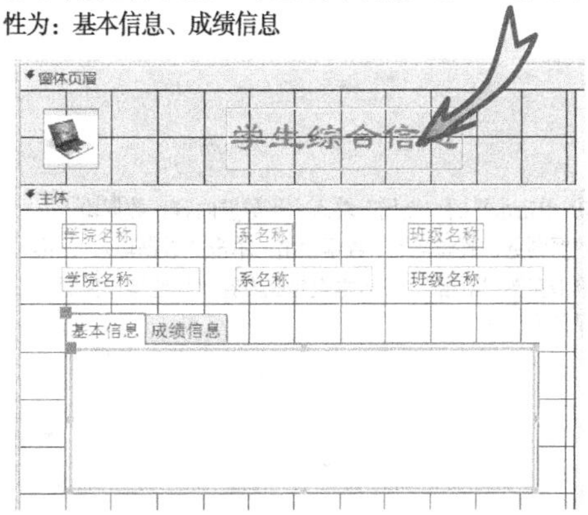

图 1-5-15 选项卡控件分类显示信息示例创建步骤

④ 将字段从字段列表中拖动到选项卡，调整布局

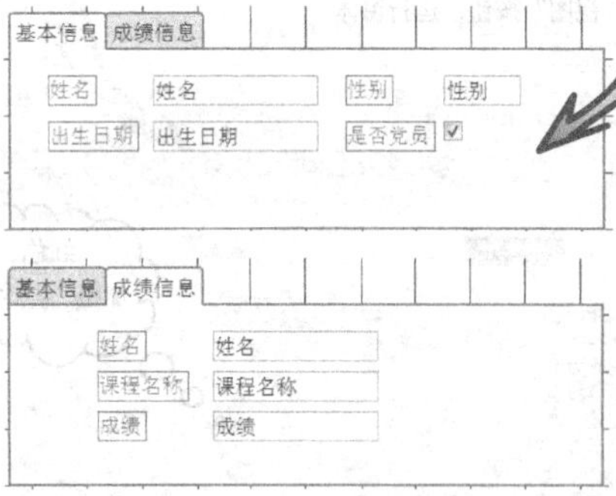

⑥ 保存窗体

⑤ 在窗体页脚节添加导航按钮，设置窗体的记录选择器、导航按钮属性为：否。运行窗体

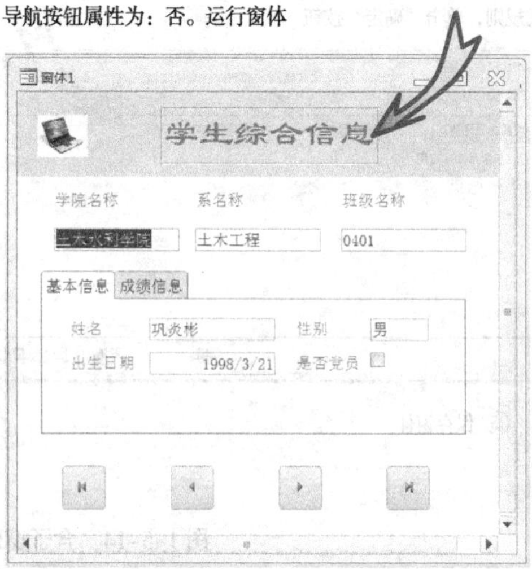

图 1-5-15　选项卡控件分类显示信息示例创建步骤（续）

5.3.4　使用“导航”工具创建导航窗体

借助 Access 提供的“导航”工具可以快速地创建导航窗体。

【例 5-10】创建导航窗体。操作步骤如图 1-5-16 所示。

① 在“创建”选项卡的“窗体”功能区中，单击“导航”按钮，打开下拉列表，选择“水平标签和垂直标签，左侧”

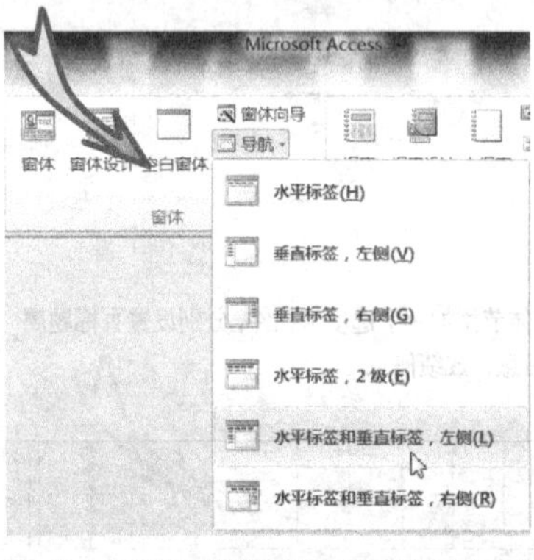

③ 单击水平的“新增”输入水平导航内容：数据输入、数据浏览、数据查询、数据输出。单击“数据输入”，再单击左侧“新增”，输入垂直导航内容。其他操作类似。保存窗体

② 打开“导航窗体”布局视图

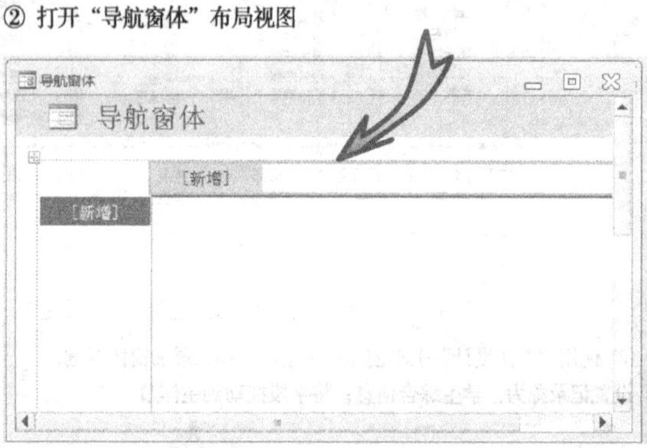

图 1-5-16　创建导航窗体的步骤

习 题

一、单项选择题

1. 窗体的数据源有（ ）。

A. 报表 B. 数据库 C. 数据表 D. 宏

2. 下面关于窗体的叙述错误的是（ ）。

A. 可以接收用户输入的数据或命令

B. 可以编辑、显示数据表中的数据

C. 可以构造方便、美观的输入/输出界面

D. 可以直接存储数据

3. 窗体本身不提供（ ）数据功能。

A. 存储 B. 浏览 C. 编辑 D. 输入

4. 对话框在关闭前，不能继续执行应用程序的其他部分，这种对话框称为（ ）。

A. 输入对话框 B. 输出对话框

C. 模式对话框 D. 非模式对话框

5. 主窗体和子窗体通常用于显示具有（ ）关系的多个表或查询的数据。

A. 一对一 B. 一对多 C. 多对一 D. 多对多

6. 主窗体和子窗体的连接字段不一定在主窗体或子窗体中显示，但是必须包含在（ ）。

A. 表中 B. 查询中 C. 基本数据源中 D. 外部数据库中

7. 在窗体中，用来设置窗体标题的区域一般是（ ）。

A. 窗体页眉 B. 主体节 C. 页面页眉 D. 窗体页脚

8. 以下不属于窗体组成区域的是（ ）。

A. 窗体页眉 B. 文本框 C. 页面页眉 D. 主体

9. 窗体的视图包括（ ）。

A. 设计视图 B. 布局视图 C. 窗体视图 D. 以上都是

10. 分割窗体以两种视图方式显示数据，其上下两个区域显示的数据来自于（ ）。

A. 两个不同的表 B. 同一数据源 C. 两个不同的查询 D. 多个数据源

11. 下列的（ ）只可显示数据，是无法编辑数据的控件。

A. 文本框 B. 标签 C. 组合框 D. 选项组

12. 若字段类型为是/否，通常会在窗体使用下列（ ）控件。

A. 标签 B. 文本框 C. 选项按钮 D. 组合框

13. 在学生表中使用“OLE 对象”字段存放相片，当使用向导为该表创建窗体时，照片字段使用的默认控件是（ ）。

A. 图形 B. 图像 C. 绑定对象框 D. 未绑定对象框

14. 不是窗体控件的是（ ）。

A. 表 B. 标签 C. 文本框 D. 组合框

15. 下列不属于 Access 2010 的控件是（ ）。

A. 列表框 B. 分页符 C. 换行符 D. 矩形

16. 能够接受“数据”的窗体控件是（ ）。

A. 图形　　B. 命令按钮　　C. 文本框　　D. 标签

17. 在窗体中，用来输入或编辑字段数据的交互控件是（　　）。

A. 文本框控件　　B. 标签控件　　C. 复选框控件　　D. 列表框控件

18. （　　）大多用来当作窗体或其他控件的说明文字，几乎与任何的字段都没有关系。

A. 文本框　　B. 命令按钮　　C. 标签　　D. 复选框

19. 在教师信息输入窗体时，为职称字段提供“教授”“副教授”“讲师”等选项供用户直接选择的最合适的控件是（　　）。

A. 文本框　　B. 组合框　　C. 标签　　D. 复选框

20. 确定一个窗体大小的属性是（　　）。

A. Width 和 Height　　B. Width 和 Top

C. Top 和 Left　　D. Top 和 Height

21. 假定窗体的名称为“添加学生”，将窗体的标题设置为 Sample 的语句是（　　）。

A. Me="Sample"　　B. Me.Caption ="Sample"

C. Me.Text ="Sample"　　D. Me.Name="sample"

22. 下列选项中，所有控件共有的属性是（　　）。

A. Caption　　B. Value　　C. Text　　D. Name

23. 要使窗体上的按钮运行时不可见，需要设置的属性是（　　）。

A. Enabled　　B. Visible　　C. Default　　D. Cancel

24. 窗体主体的 BackColor 属性用于设置窗体主体的（　　）。

A. 高度　　B. 亮度　　C. 背景色　　D. 前景色

25. 一个窗体上有两个文本框，其放置顺序分别是：Textl、Text2，要想在 Textl 中按【回车】键后焦点移到 Text2 上，需编写的事件是（　　）。

A. Private Sub Text1_KeyPress(KeyAscii As Integer)

B. Private Sub Textl_LostFocus()

C. Private Sub Tex2_GotFocus()

D. Private Sub Textl_Click()

二、填空题

1. 窗体中的数据来源主要包括________和________。

2. ________是数据库中用户和应用程序之间的主要界面，用户对数据库的任何操作都可以通过它来完成。

3. 窗体由多个部分组成，每个部分称为一个________。

4. 在窗体的“设计视图”中，窗体的工作区主要包括________、________、________、________、________等五部分。

5. 在显示具有________关系的表或查询中的数据时，子窗体特别有效。

6. 在创建主/子窗体之前，要确定主窗体的数据源与子窗体的数据源之间存在着________关系。

7. 使用“窗体”按钮创建窗体时，若发现某个表与用于创建窗体的表或查询具有________的关系，Access 将向基于相关表或查询的窗体添加一个子窗体。

8. 窗体的控件分为________、________和________3 种类型。

9. 绑定型文本框可以从表、查询或________中获得所需内容。

第 6 章

报　表 ‹‹‹

对数据库中存放的数据进行打印输出，是一个数据库应用系统应具备的基本功能。在 Access 中，数据的输出是通过报表对象来实现的。

本章主要介绍使用 Access 系统提供的各种工具快速创建报表的方法，以及使用报表设计视图设计、创建满足用户要求的报表的方法。

6.1 报表概述

报表是将数据库中的数据通过屏幕显示或打印输出的一种特有形式。报表只是用来输出数据的对象，而不具备输入、编辑数据的功能。通过报表可以呈现格式化的数据；可以分组组织数据，进行汇总；可以包含子报表及图表数据；可以按用户需求设计特殊格式的版面。

报表的数据源可以是数据表或查询。

6.1.1 报表的类型

Access 的报表根据数据记录的显示方式不同，主要分为：纵栏式报表、表格式报表、标签报表。

1. 纵栏式报表

纵栏式报表是在报表的主体节区以垂直方式显示一条或多条记录，即每个字段占一行，左边一列以标签控件显示字段名称，右边一列以文本框控件显示字段的值。纵栏式报表适合记录较少、字段较多的情况。

2. 表格式报表

表格式报表是以整齐的行、列形式显示数据，通常在页面页眉节以标签控件显示字段名称，在主体节以文本框控件显示一条记录，一页显示多条记录。表格式报表适合记录较多、字段较少的情况。

3. 标签报表

标签报表以每一条记录为单位，将数据组织成邮件标签的格式。可以在一页中建立多个大小、格式一致的卡片。标签报表通常用于显示名片、书签、邮件地址等信息。

6.1.2 报表的结构

报表通常由报表页眉、页面页眉、组页眉、主体、组页脚、页面页脚、报表页脚七部分组成，每部分称为报表的节，每个节具有其特定的功能。

① 报表页眉：用于显示有关整个报表的信息，如公司名称、徽标、报表标题等内容，在整个报表的第一页。

② 页面页眉：用于显示报表中的字段名称，在报表的每一页的顶部。

③ 主体：显示来自于数据源（表或查询）中的记录数据，是报表显示数据不可缺少的主要区域。

④ 页面页脚：用于在报表中每页的底部显示页汇总、日期或页码等信息。

⑤ 报表页脚：用于显示整份报表的汇总说明、制表人等信息，在报表最后一页页面页脚的上方区域。

⑥ 组页眉：在报表设计 5 个基本节区域的基础上，还可以根据需要，使用“分组和排序”命令来设置“组页眉/组页脚”区域，以实现报表的分组统计输出。在报表每组的头部显示每一组的标题。

⑦ 组页脚：在分组的尾部区域，用于显示分组统计等信息。

除了主体节是每个报表必需的外，报表页眉/页脚节、页面页眉/页脚节可以通过报表的快捷菜单中的报表页眉/页脚、页面页眉/页脚命令进行设置。报表的结构如图 1-6-1 所示。

报表中各个节对象的选择及各节区域大小的调整，与窗体操作相同。

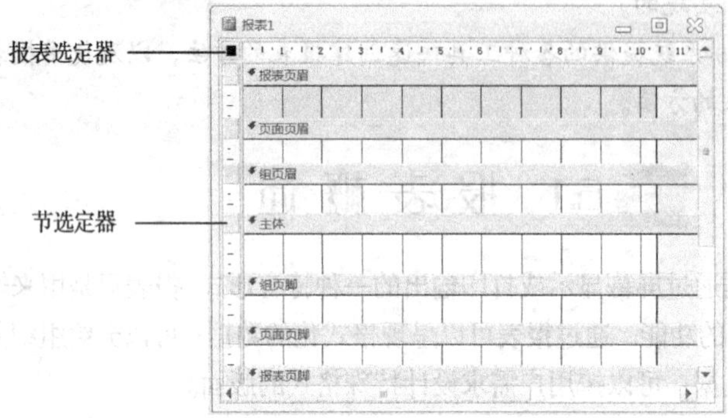

图 1-6-1　报表的结构

6.1.3　报表的视图

Access 的报表操作提供了 4 种视图：“报表视图”“打印预览”“布局视图”和“设计视图”。

① 报表视图：报表的显示视图，用于显示报表的内容。在报表视图下，可以对报表中的记录进行高级筛选、查找等操作。

② 打印预览：报表运行时的显示方式，用于查看报表数据的输出形态，即预览打印效果，在打印预览下，可以对报表进行缩放，还可以进行页面设置。

③ 布局视图：处于运行状态的报表。在布局视图下，显示数据的同时可以调整报表界面布局。

④ 设计视图：报表的设计界面，用于报表的创建和修改。

在“报表设计工具-设计”选项卡下的“视图”功能区中的下拉菜单中可以选择相关命令进入不同的视图，如图 1-6-2 所示。

图 1-6-2　报表的“视图”功能区

6.2 创建报表

Access 提供了“报表”工具、“报表向导”、“空报表”工具创建报表，提供了“标签”工具创建标签报表。

6.2.1 使用“报表”工具创建报表

使用“报表”工具创建报表是将数据源（表或查询）中的数据以表格式报表形式直接创建生成，创建完毕后，系统会自动进入报表的“布局视图”。若要进一步进行修改，可以进入报表的“设计视图”。

【例 6-1】使用“报表”工具创建学生基本信息报表。操作步骤如图 1-6-3 所示。

① 在导航窗格中，单击表对象：学生，在“创建”选项卡的“报表”功能区中，单击“报表”按钮

② 系统自动生成报表，并进入“布局视图”

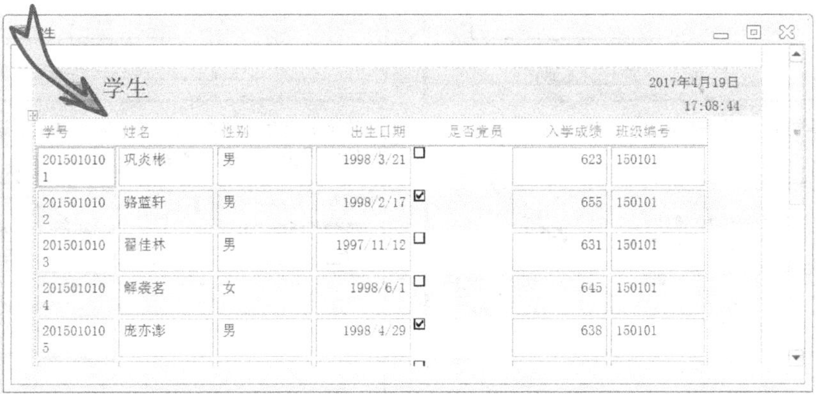

③ 可以在“布局视图”进行布局调整，或进入“设计视图”进一步修改。保存报表

图 1-6-3 使用“报表”工具创建报表步骤

6.2.2 使用“报表向导”创建报表

使用“报表向导”创建报表时，用户可以根据向导提示从多个表和查询中选取输出字段、确定输出版面以及所需的格式，并且可以在报表中对记录进行分组或排序，进行各种汇总数据的计算等。

【例 6-2】使用“报表向导”创建报表。操作步骤如图 1-6-4 所示。

① 在“创建”选项卡的“报表”功能区中，单击“报表向导”按钮

图 1-6-4 使用“报表向导”创建报表的步骤

② 从“表/查询”列表中选取“学生”表中的学号、姓名，“课程”表中的课程名称，“选修”表中的成绩字段，单击“下一步”按钮

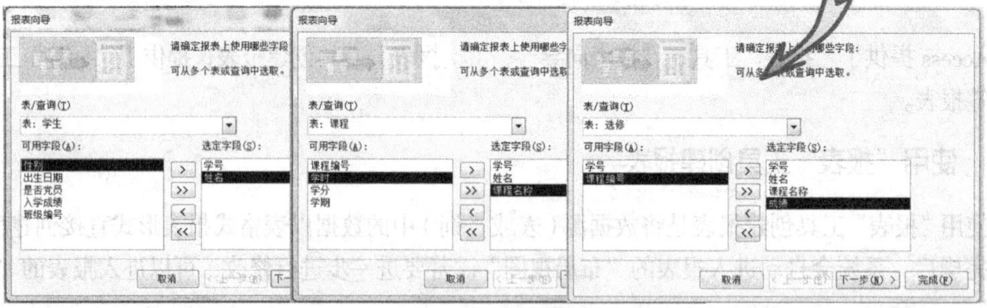

③ 确定查看数据的方式，选择“通过 课程”，单击“下一步”按钮

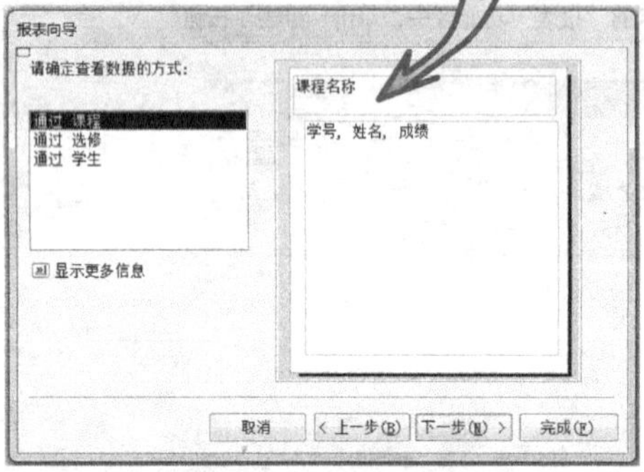

④ 确定添加分组级别，本例中没有选择添加，单击“下一步”按钮

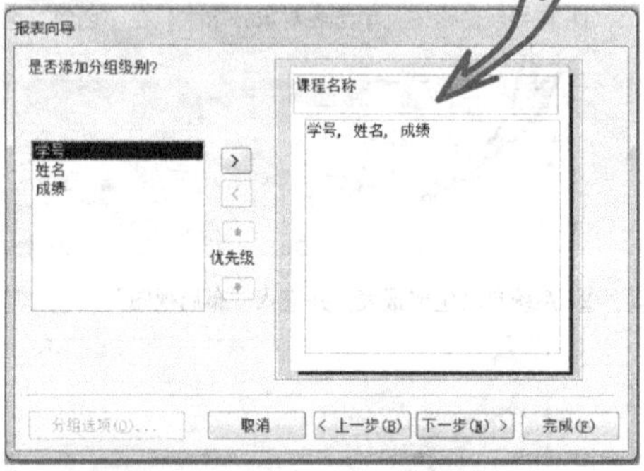

⑤ 选择学号字段升序排序，单击“汇总选项”按钮

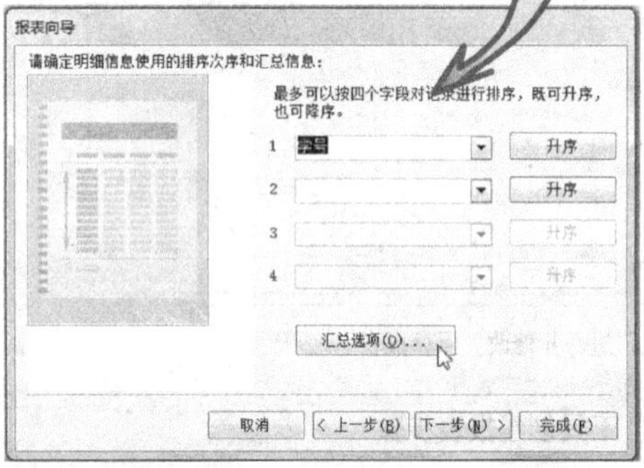

⑥ 选择计算成绩的平均值，单击“确定”按钮，返回第⑤步界面，单击“下一步”按钮

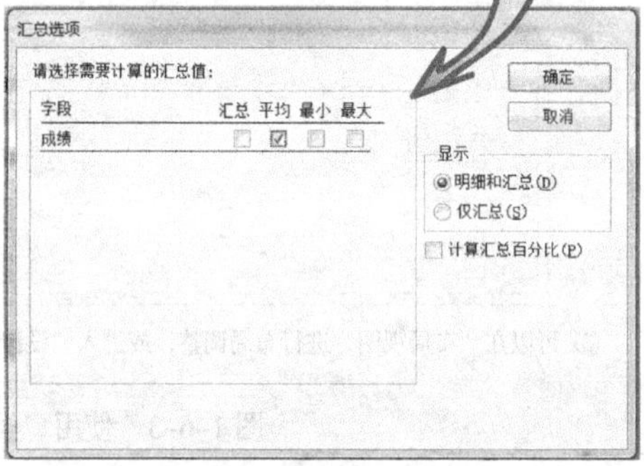

⑦ 确定报表的布局方式，选择“块”单选按钮，单击“下一步”按钮

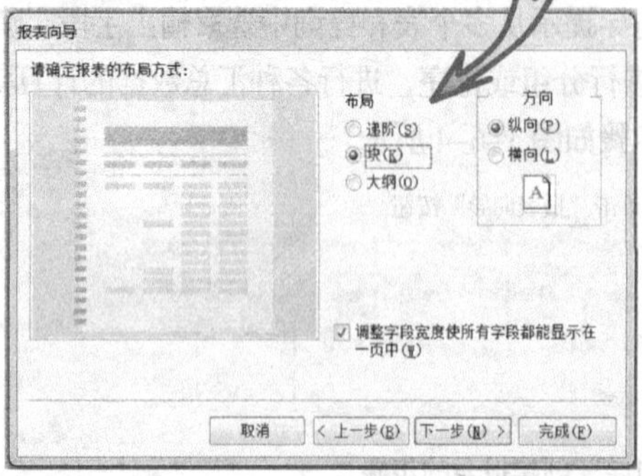

⑧ 输入报表标题：各门课程成绩，单击“完成”按钮

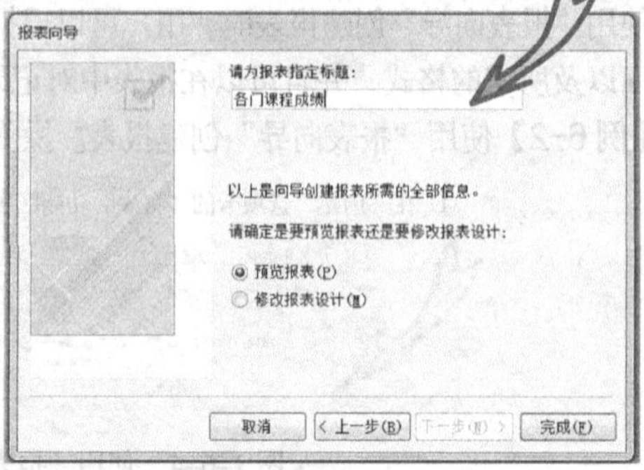

图 1-6-4　使用“报表向导”创建报表的步骤（续）

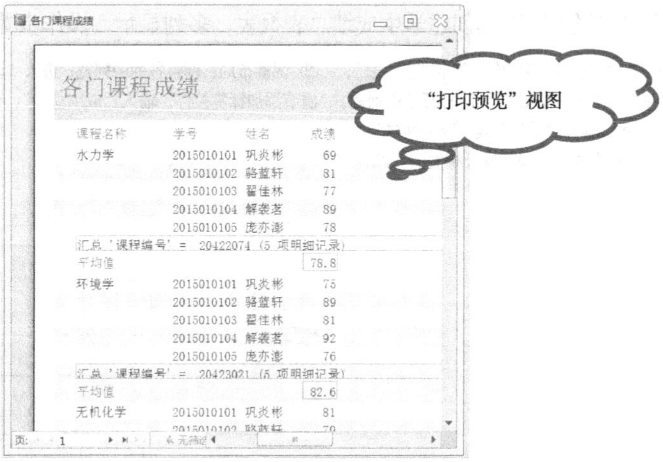

图 1-6-4 使用"报表向导"创建报表的步骤（续）

在生成的报表页面页脚节有一个文本框，其控件来源属性为：="共 " & [Pages] & " 页，第 " & [Page] & " 页"，打印预览时会在页面底部显示页码信息，如：共 3 页，第 1 页。表达式中的 Page 和 Pages 是 Access 提供的页码变量，Page 表示报表当前页的页码，Pages 表示报表的总页码。

在报表的"设计视图"，单击"报表设计工具-设计"选项卡"页眉/页脚"功能区中的"页码"按钮，打开"页码"对话框，在对话框中可以设置页码格式、页码插入的位置及对齐方式。

6.2.3 使用"空报表"工具创建报表

使用"空报表"工具可以先创建一个空白报表，然后将选定的数据源中的字段添加到报表中。使用这种方法创建报表，其数据源只能是表。数据可以来源于一个表，也可以来源于与该表相关联的表。

【例 6-3】使用"空报表"工具创建学生基本信息报表。操作步骤如图 1-6-5 所示。

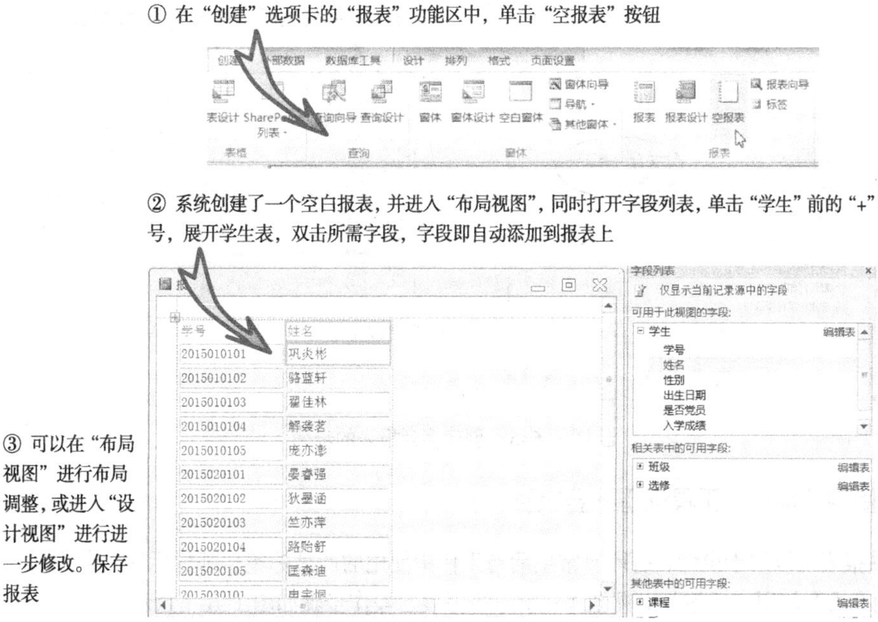
① 在"创建"选项卡的"报表"功能区中，单击"空报表"按钮
② 系统创建了一个空白报表，并进入"布局视图"，同时打开字段列表，单击"学生"前的"+"号，展开学生表，双击所需字段，字段即自动添加到报表上
③ 可以在"布局视图"进行布局调整，或进入"设计视图"进行进一步修改。保存报表

图 1-6-5 使用"空报表"工具创建报表的步骤

【例 6-4】使用“空报表”工具创建学生成绩总表报表，多列显示。操作步骤如图 1-6-6 所示。

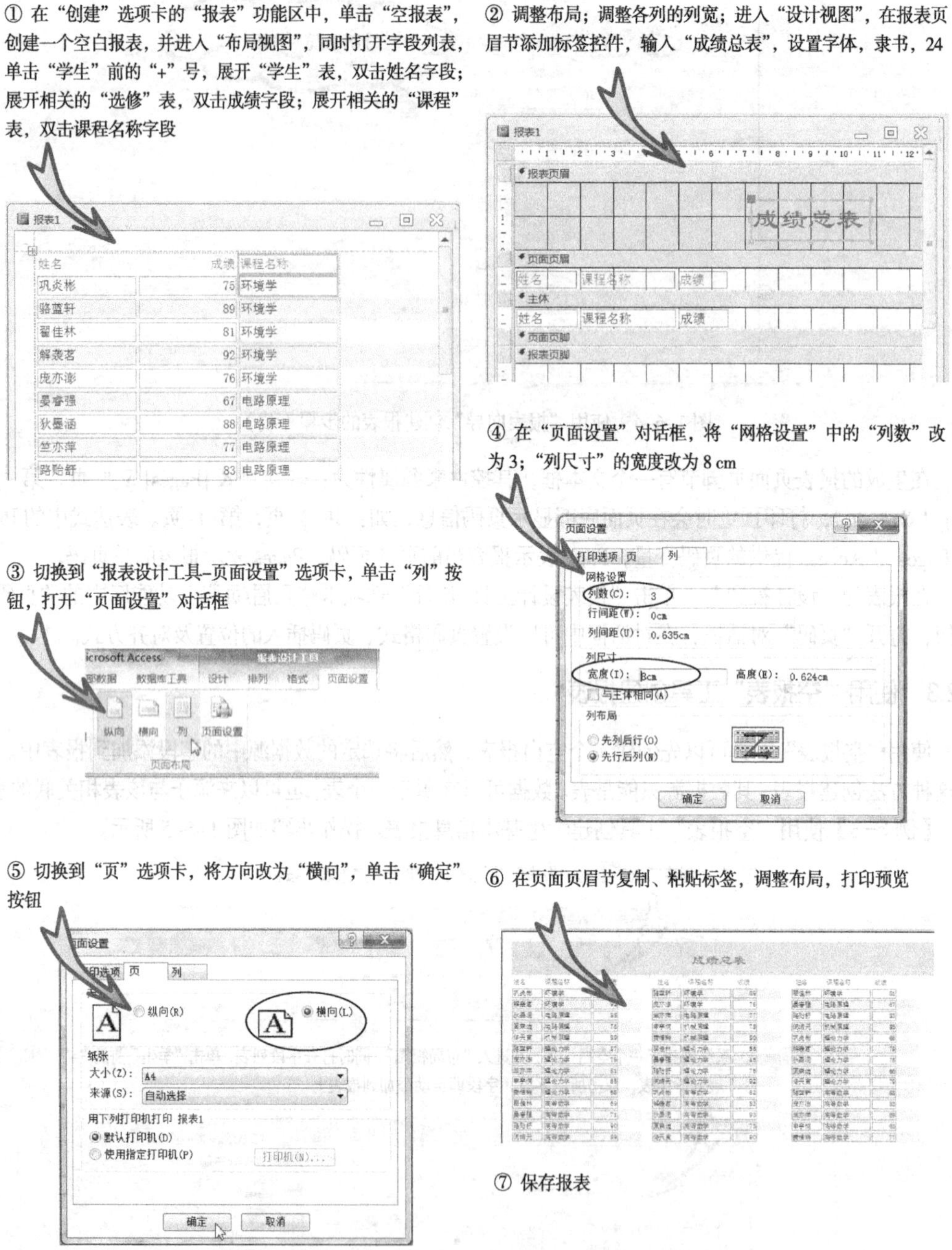
① 在“创建”选项卡的“报表”功能区中，单击“空报表”，创建一个空白报表，并进入“布局视图”，同时打开字段列表，单击“学生”前的“+”号，展开“学生”表，双击姓名字段；展开相关的“选修”表，双击成绩字段；展开相关的“课程”表，双击课程名称字段
② 调整布局；调整各列的列宽；进入“设计视图”，在报表页眉节添加标签控件，输入“成绩总表”，设置字体，隶书，24
③ 切换到“报表设计工具-页面设置”选项卡，单击“列”按钮，打开“页面设置”对话框
④ 在“页面设置”对话框，将“网格设置”中的“列数”改为 3；“列尺寸”的宽度改为 8 cm
⑤ 切换到“页”选项卡，将方向改为“横向”，单击“确定”按钮
⑥ 在页面页眉节复制、粘贴标签，调整布局，打印预览
⑦ 保存报表

图 1-6-6　创建多列报表的步骤

6.2.4　使用“标签”工具创建标签报表

标签报表可以用于设计、打印日常生活与工作中使用的产品标签、邮件标签、名片等。

【例 6-5】使用“标签”工具创建一个标签报表。操作步骤如图 1-6-7 所示。

① 在导航窗格中，单击表对象：学生，在“创建”选项卡的“报表”功能区中，单击“标签”按钮

② 在弹出的“标签向导”对话框中，选择标签尺寸，确定度量单位和标签类型，单击“下一步”按钮

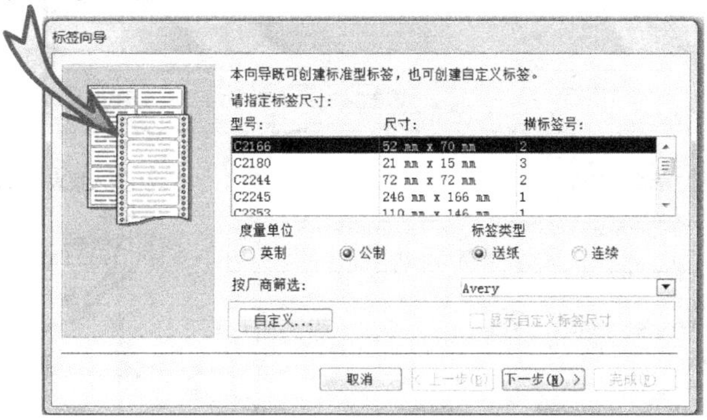

③ 设置字体和字体效果，单击“下一步”按钮

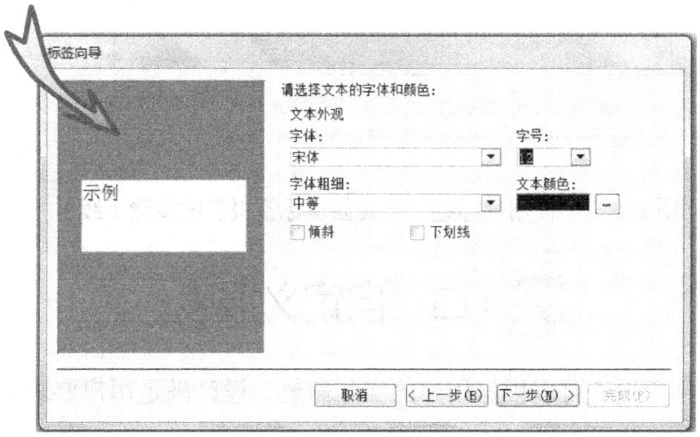

④ 选择所需字段，或在原型标签中直接输入文本，单击“下一步”按钮

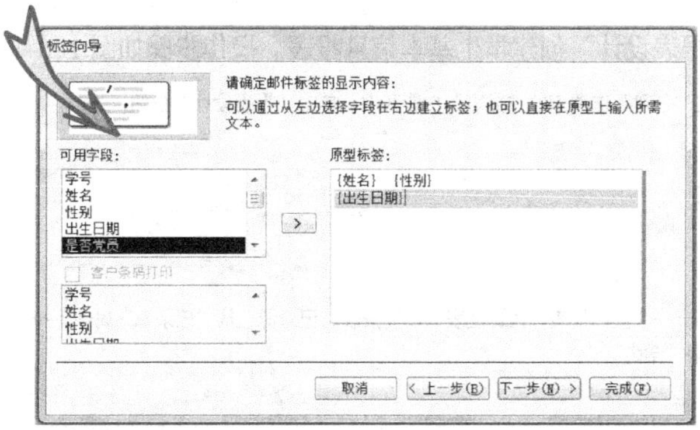

图 1-6-7　使用“标签”工具创建标签报表的步骤

⑤ 确定排序字段，单击“下一步”按钮

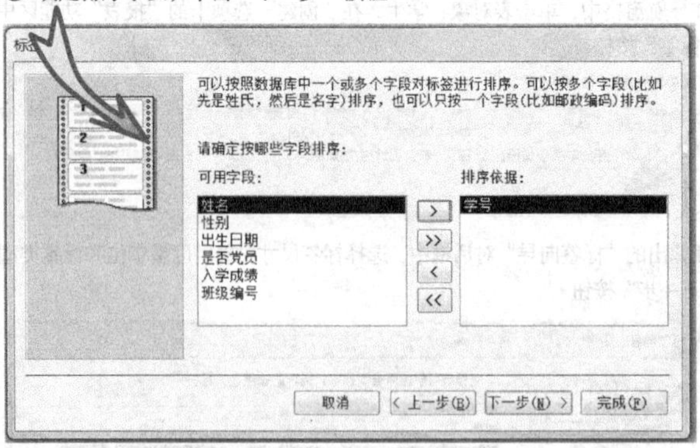

⑥ 指定报表名称，单击“完成”按钮

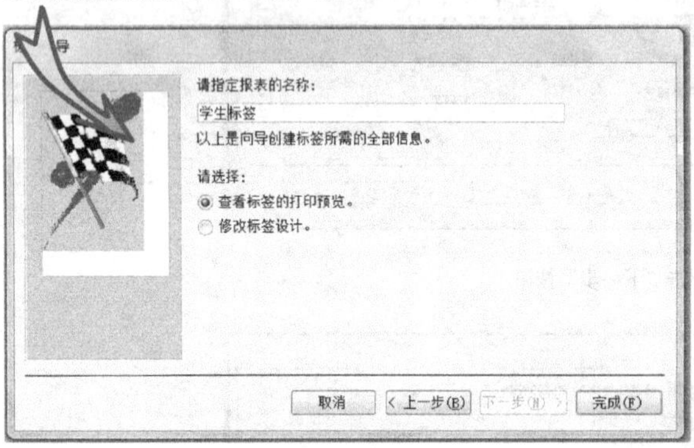

⑦ 进入报表“打印预览”视图

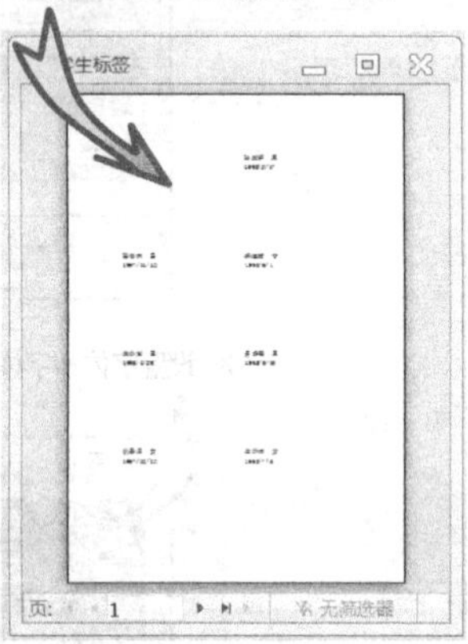

图 1-6-7　使用“标签”工具创建标签报表的步骤（续）

6.3　自定义报表

使用“报表设计”创建报表可以根据用户的实际需要，设计满足用户要求的报表。

6.3.1　创建简单报表

【例 6-6】使用“报表设计”创建学生基本信息报表。操作步骤如图 1-6-8 所示。

① 在“创建”选项卡的“报表”功能区中，单击“报表设计”按钮

② 打开一个空白报表，在属性表中设置报表的记录源，从“记录源”属性下拉列表中选取“学生”

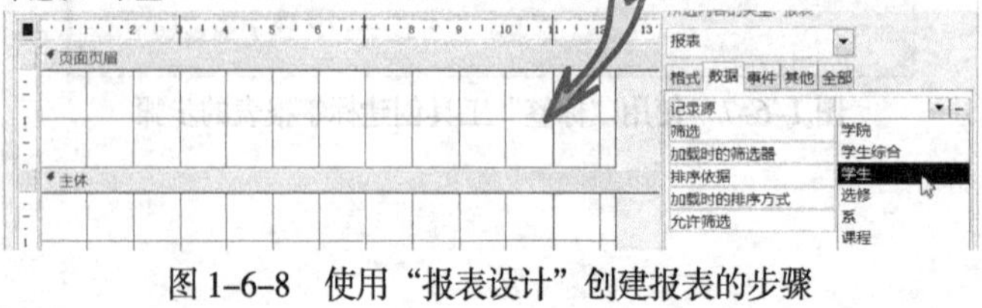

图 1-6-8　使用“报表设计”创建报表的步骤

③ 在报表的页面页眉节，添加标签控件，输入：学生基本信息，设置字体：隶书，24

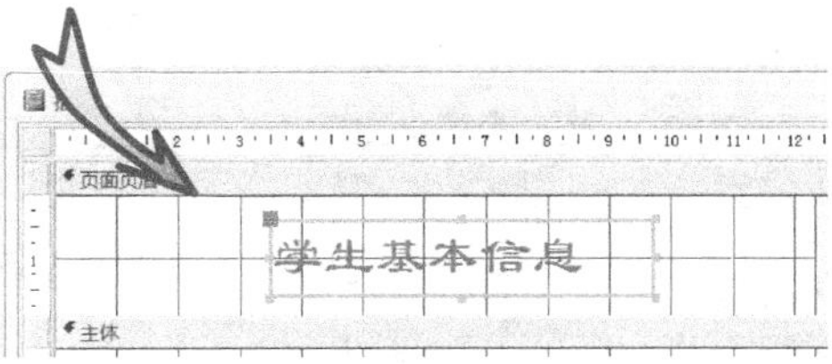

④ 在“报表设计工具-设计”选项卡的“工具”功能区中，单击“添加现有字段”按钮，在打开的字段列表中将学生表字段拖入主体节，调整布局

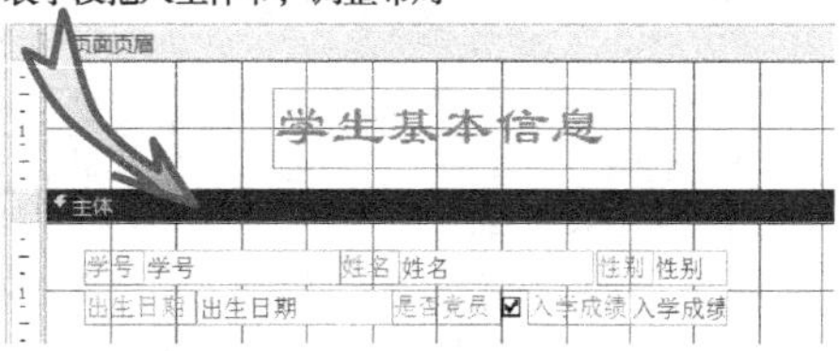

⑤ 在报表的主体节，添加直线控件，高度属性设置为0；边框宽度属性设置为2 pt

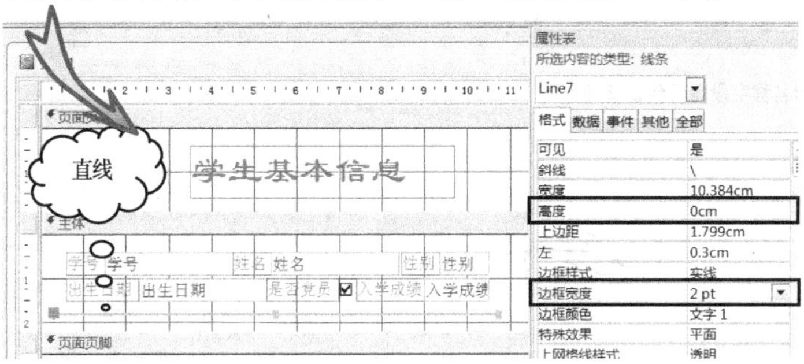

⑥ 在“报表设计工具-设计”选项卡的“视图”功能区中，单击“视图”按钮，进入报表视图，保存报表

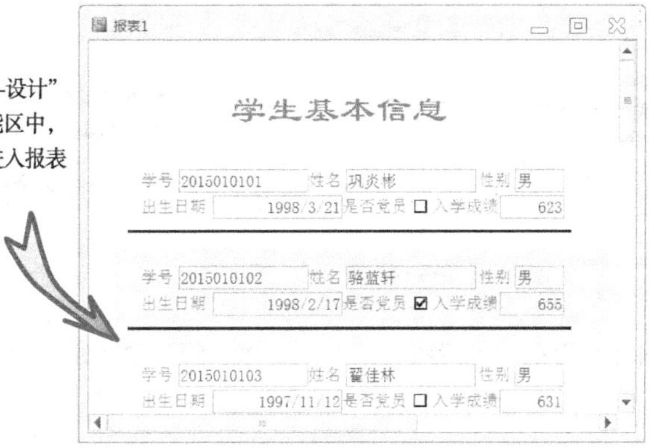

图 1-6-8 使用“报表设计”创建报表的步骤（续）

6.3.2 报表的分组排序与计算

报表的排序是指数据按照某种指定顺序进行排列。而在报表设计时将某个字段按照其值的相等与否划分成组来进行一些汇总统计并输出统计信息的操作，就是报表的“分组”。

【例 6-7】创建学生个人成绩汇总报表。操作步骤如图 1-6-9 所示。

① 在“创建”选项卡的“报表”功能区中，单击“空报表”按钮

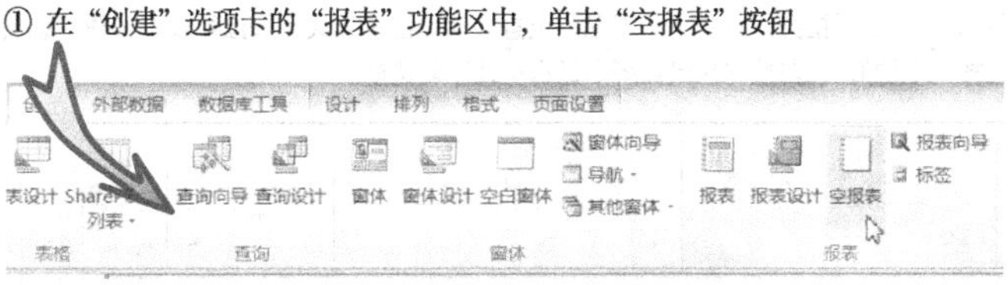

图 1-6-9 报表分组排序操作步骤

② 系统创建了一个空白报表，并进入“布局视图”，同时打开字段列表，单击“学生”前的“+”号，展开学生表，双击学号、姓名字段；展开相关的“选修”表，双击成绩字段；展开相关的“课程”表，双击课程名称字段

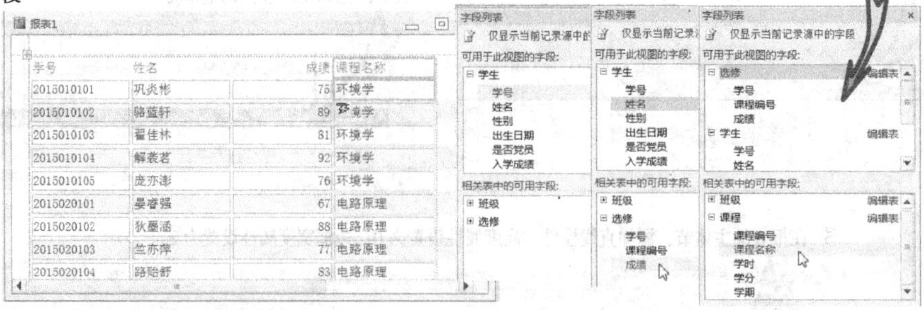

③ 将课程名称字段列调至成绩列前

④ 进入“设计视图”

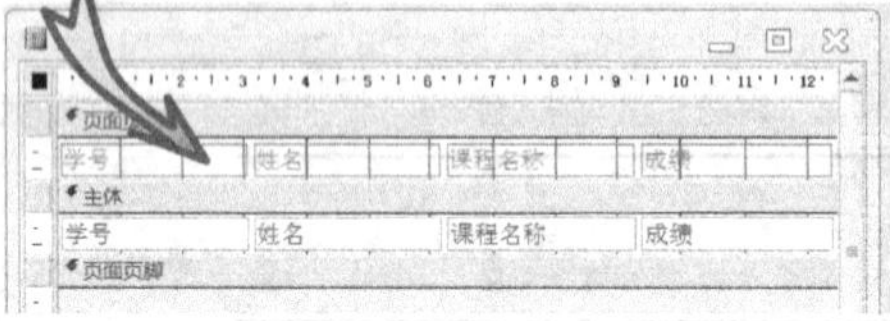

⑤ 在“报表设计工具–设计”选项卡的“分组和汇总”功能区中，单击“分组和排序”按钮

⑥ 工作区底部打开“分组、排序和汇总”窗口，单击“添加组”按钮，添加分组

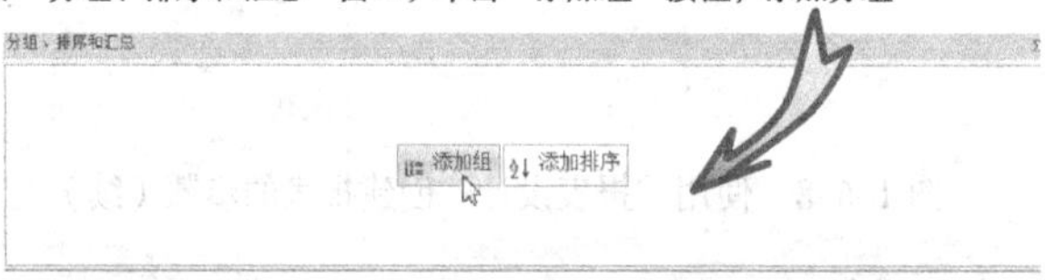

⑦ 系统弹出当前报表数据源列表“选择字段”，选择“学号”字段进行分组，默认升序排序。单击“更多”按钮，展开其他设置

⑧ 单击“无汇总”后的下拉按钮，弹出“汇总”设置，从“汇总方式”下拉列表中选择“成绩”；从“类型”下拉列表中选择“平均值”；勾选“在组页脚中显示小计”复选框

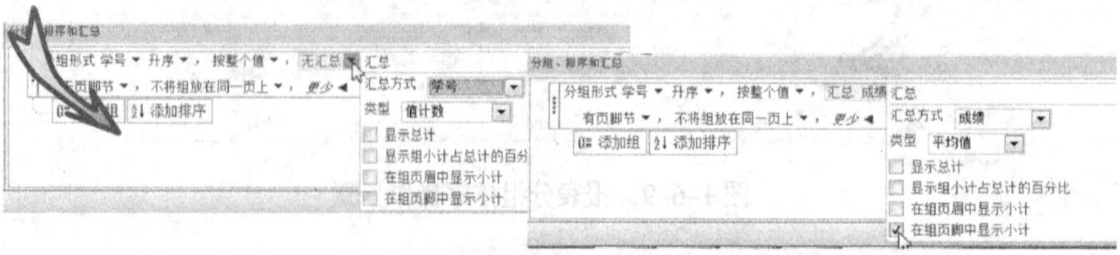

图 1–6–9 报表分组排序操作步骤（续）

⑨ 单击“不将组放在同一页上”后面的下拉按钮，选择“将整个组放在同一页上”。关闭“分组、排序和汇总”窗口

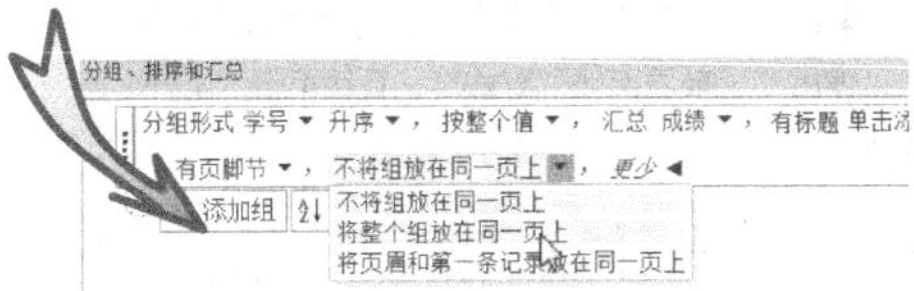

⑩ 报表设计界面出现学号页眉节、学号页脚节

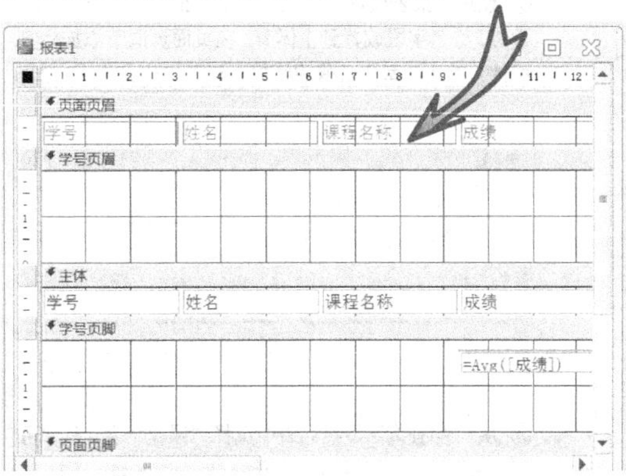

⑪ 选中页面页眉节的所有标签控件剪切、粘贴到学号页眉节

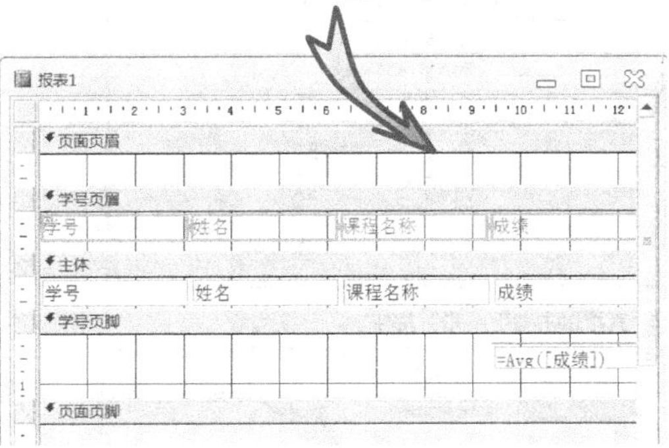

⑫ 在报表的快捷菜单中取消“页面页眉/页脚”项。调整学号页眉节的高度，调整标签控件位置，再添加一个标签控件，输入：学生个人成绩汇总，设置字体：隶书，24

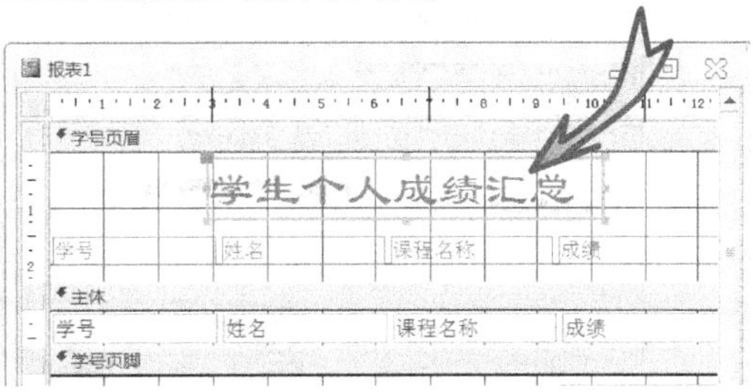

⑬ 在学号页眉节和学号页脚节添加直线控件，边框宽度 2 pt；在学号页脚节的计算平均值文本框前添加标签控件，设置标签的标题属性为“平均分:”，修改平均分文本框的控件来源属性为：=Int(Avg([成绩]))。打印预览报表

⑭ 保存报表

图 1-6-9 报表分组排序操作步骤（续）

本例在分组时，选择了“将整个组放在同一页上”，进行了分页设置，保证了同一组数据在同一页上完整显示。还可以通过在适当的地方添加“插入分页符”控件来控制分页，或者设置学号页脚节的“强制分页”属性进行分页。

6.3.3 创建主/子报表

子报表是报表中的报表。在 Access 中，可以将已创建的报表作为子报表插入到当前报表中，也可以在当前报表中通过子窗体/子报表控件来添加子报表。

含有子报表的报表一般用来体现具有一对一或一对多联系的数据，因此，主报表和子报表的数据源应先建立好一对一或一对多的关系。关联主/子报表的链接字段必须包含在主报表/子报表的数据源中，但不一定要显示在主报表或子报表上。

【例 6-8】创建学生选修成绩单报表。操作步骤如图 1-6-10 所示。

① 使用“报表设计”创建主报表，记录源：学生。将学号、姓名字段放置到主体节。在页面页眉节添加标签控件，输入：学生选修成绩单，设置字体，隶书，24

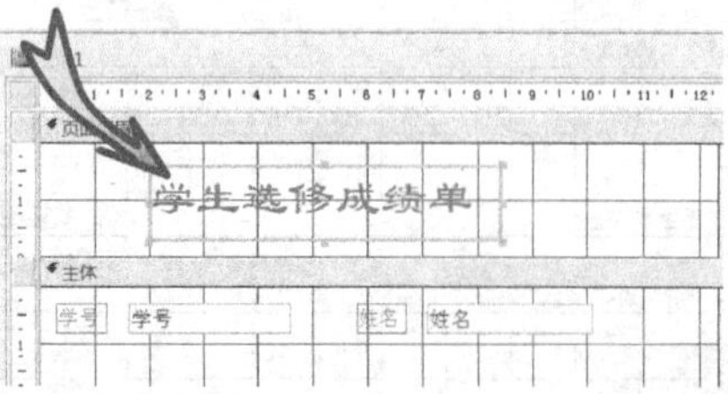

② 在“报表设计工具-设计”选项卡的“控件”功能区中，使控件列表中的“使用控件向导”处于选中状态，单击“子窗体/子报表”控件，在主体节拖动鼠标画一个矩形框，弹出“子报表向导”对话框，直接单击“下一步”按钮

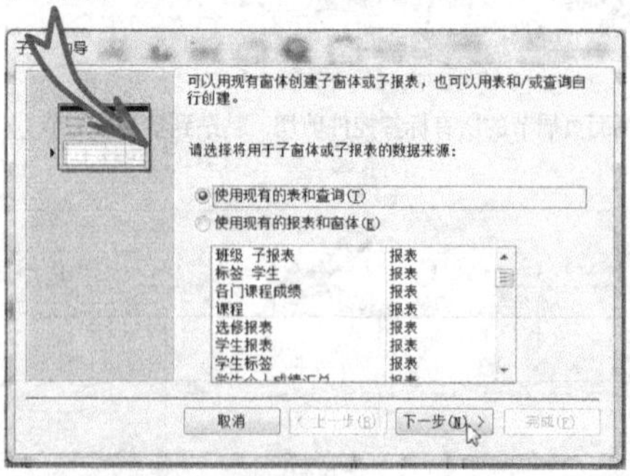

③ 从“表/查询”下拉列表中选择“课程”表，从“可用字段”列表中选择课程名称；从“表/查询”下拉列表中选择“选修”表，从“可用字段”列表中选择成绩，单击“下一步”按钮

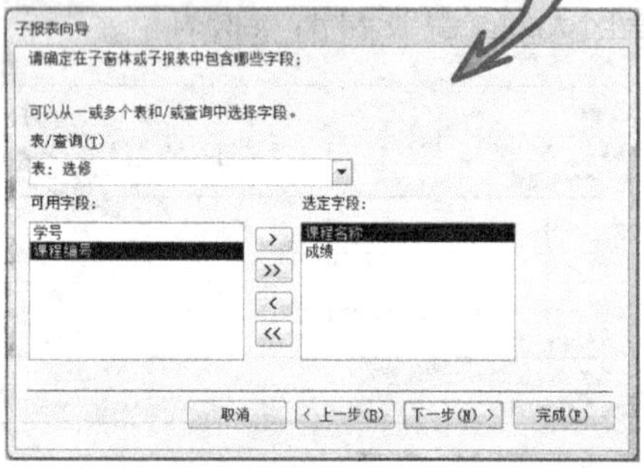

④ 直接单击“下一步”按钮

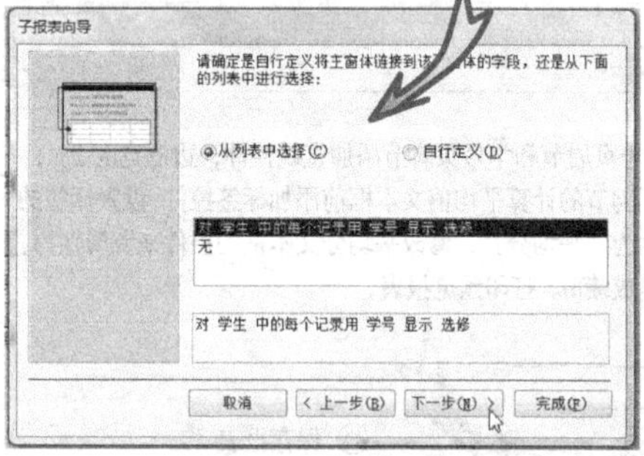

⑤ 输入子报表名称：成绩单，单击“完成”按钮

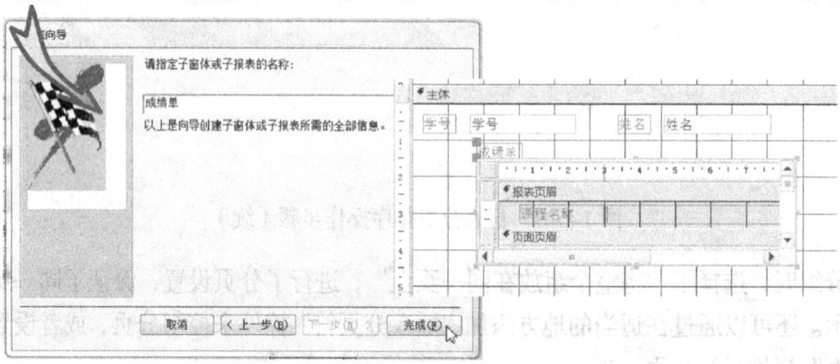

⑥ 调整布局，打印预览，保存报表

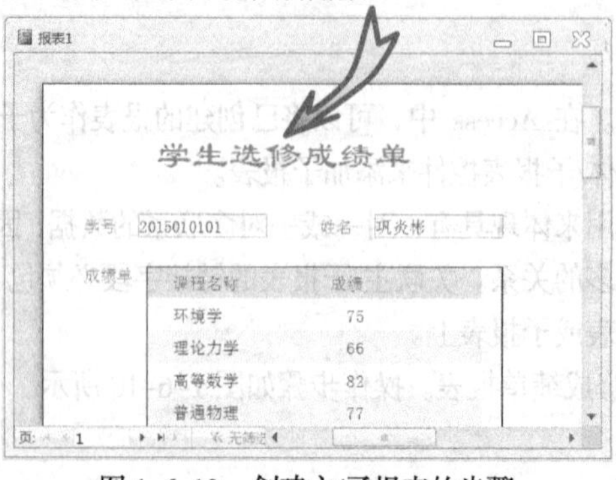

图 1-6-10　创建主/子报表的步骤

除了使用“子窗体/子报表”控件创建子报表外，也可以将一个已创建好的报表通过鼠标拖动直接从导航窗格拖至报表的主体节，形成子报表。

习 题

一、单项选择题

1. 以下叙述中正确的是（　　）。
   A. 报表只能输入数据　　B. 报表只能输出数据
   C. 报表可以输入和输出数据　　D. 报表不能输入和输出数据
2. 下列选项中，不是报表功能的是（　　）。
   A. 分组组织数据，并进行汇总　　B. 显示格式化数据
   C. 可以包含子报表以及图表数据　　D. 输入和输出数据
3. Access 的报表对象的数据源可以设置为（　　）。
   A. 表　　B. 查询　　C. 表或查询　　D. 随意设置
4. 报表的数据源来源不包括（　　）。
   A. 表　　B. 查询　　C. SQL 语句　　D. 窗体
5. 无论是自动创建窗体还是报表，都必须选定要创建该窗体或报表基于的（　　）。
   A. 数据来源　　B. 查询　　C. 表　　D. 记录
6. 在报表的“设计视图”中，区段被表示成带状形式，称为（　　）。
   A. 主题　　B. 节　　C. 主体节　　D. 分组
7. 用来显示报表的标题，徽标或说明性文字的是（　　）。
   A. 报表页眉　　B. 页面页眉　　C. 页面页脚　　D. 报表页脚
8. 用于显示整个报表的计算汇总或其他的统计数字信息的是（　　）。
   A. 报表页脚节　　B. 页面页脚节　　C. 主体节　　D. 页面页眉节
9. 要设置报表每一页的底部都输出的信息，需要设置（　　）
   A. 报表页眉　　B. 页面页脚　　C. 页面页眉　　D. 报表页脚
10. 报表输出不可缺少的内容是（　　）。
    A. 主体内容　　B. 页面页眉内容　　C. 页面页脚内容　　D. 报表页眉
11. 在报表中，（　　）部分包含表中记录的信息。
    A. 报表页眉　　B. 主体　　C. 报表页脚　　D. 页面页眉
12. 可以快速查看报表打印结果的视图是（　　）。
    A. 打印预览　　B. 打印报表　　C. 打开报表　　D. 保存报表
13. 用于显示报表的内容并可以对报表中的记录进行高级筛选、查找等操作的视图是（　　）。
    A. 报表视图　　B. 打印预览　　C. 布局视图　　D. 设计视图
14. （　　）视图是处于运行状态的报表。在该视图下，显示数据的同时可以调整报表界面布局。
    A. 报表视图　　B. 打印预览　　C. 布局视图　　D. 设计视图
15. 用于报表的创建和修改的设计界面，称为（　　）。
    A. 报表视图　　B. 打印预览　　C. 布局视图　　D. 设计视图
16. Access 的报表操作没有提供（　　）。
    A. 设计视图　　B. 打印预览　　C. 布局视图　　D. 编辑视图

17. 使用“空报表”工具创建报表，其数据源只能是（　　）。

A. 表　　B. 查询　　C. SQL 语句　　D. 窗体

18. 要实现报表按某字段分组统计输出，需要设置（　　）。

A. 报表页脚　　B. 该字段组页脚　　C. 主体　　D. 页面页脚

19. Access 的报表要实现分组和排序操作，应通过设置（　　）功能来进行。

A. 分组和排序　　B. 计算　　C. 统计　　D. 分类

20. 报表记录分组，是指报表设计时按选定的（　　）值是否相等而将记录划分成组的过程。

A. 记录　　B. 字段　　C. 行　　D. 元组

21. 图 1-6-11 所示为报表设计视图，由此可判断该报表的分组字段是（　　）。

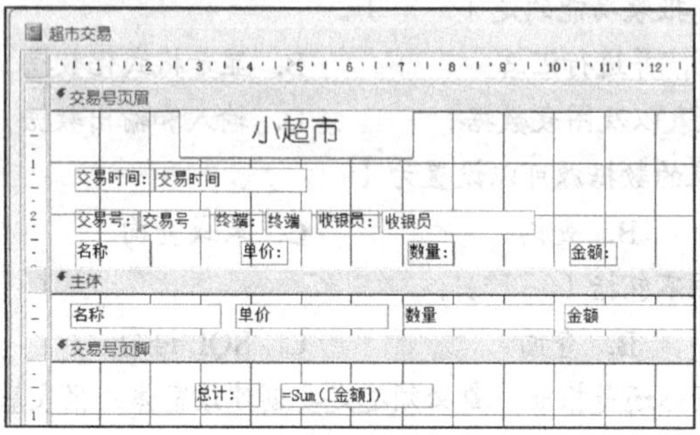

图 1-6-11　示例

A. 交易号　　B. 名称　　C. 单价　　D. 金额

22. 若要在页面页脚显示格式为“页码/总页数”的页码，则应设置文本框的控件来源属性为（　　）。

A. =[Page] /[Pages]　　B. =[Page] & "/" & [Pages]

C. =[Page] & / & [Pages]　　D. =[Pages] & "/" & [Page]

23. 在报表中要显示格式为“共 N 页，第 N 页”的页码，正确的页码格式设置是（　　）。

A. ="共"+Pages+"页，第"+Page+"页"

B. ="共"+[Pages]+"页，第"+[Page]+"页"

C. ="共" & Pages & "页，第" & Page & "页"

D. ="共" & [Pages] & "页，第" & [Page] & "页"

24. 若要在页面页脚打印如“打印日期：2016/11/27”格式的系统日期，则应在文本框中输入（　　）。

A. ="打印日期："& Time()　　B. ="打印日期：" & Date()

C. ="打印日期："& Today()　　D. 以上皆非

25. 如果设置报表上某个文本框的控件来源属性为“=3*5 + 2”，则打开报表设计视图时，该文本框显示的信息是（　　）。

A. 17　　B. =3*5 + 2　　C. 未绑定　　D. 出错

26. 如果设置报表上某个文本框的控件来源属性为“=3*5 + 2”，则在打印预览时，该文本框显示的信息是（　　）。

A. 17　　B. =3*5 + 2　　C. 未绑定　　D. 出错

27. 在报表中，要计算“数学”字段的最低分，应将控件的“控件来源”属性设置为（　　）。

A. =Min([数学])　B. =Min(数学)　C. =Min[数学]　D. Min(数学)

28. 在设计报表的过程中，如果要进行强制分页，应使用的工具图标是（　　）。

A. 　B. 　C. 　D. 

29. 以下（　　）可针对报表进行分页。

A. “插入分页符”控件　B. “强制分页”属性

C. “将整个组放在同一页上”选项设置　D. 以上皆是

二、填空题

1. 报表不能对数据源中的数据进行________。

2. 在创建报表的过程中，可以控制数据输出的内容、输出对象的显示或打印格式，还可以在报表制作过程中，进行数据的________。

3. 在报表的“设计视图”中，报表的结构主要包括________、________、________、________、________、________、________等七部分。

4. 报表页眉的内容只在报表的________打印输出。

5. 报表是以表格的格式显示用户数据的一种有效的方式，________的内容是报表的项目不可缺少的关键内容。

6. Access 报表操作的 4 个视图切换可以通过“报表布局（设计）工具–设计”选项卡“视图”功能区中的“视图”按钮来实现，其中的 4 个选项为：________、________、________和________。

7. 使用“报表”工具创建报表，需要预先在导航窗格中选择________。

8. 使用“报表”工具创建报表完毕后，系统会自动进入报表的________视图，用户可以对报表进行简单的编辑和修改。

9. 使用“空报表”创建报表默认进入________视图，并且主要在________视图下进行报表设计。

10. 使用“报表设计”创建报表默认进入________视图，并且主要在________视图下进行报表设计。

11. 计算控件的“控件来源”属性是以________开头的计算表达式。

12. 在 Access 中，报表设计分页符以________标志显示在报表的左边界上。

13. 含有子报表的报表一般用来体现具有________或________联系的数据。

14. 要进行分组统计并输出，汇总数据可以在________或________显示小计。

15. 报表页脚部分显示的内容显示在整个报表的________，页眉页脚显示的内容________（填“前”或“后”）。

第 7 章

宏 «‹

Access 提供了功能强大却易使用的宏，设计人员不需要编写复杂的程序代码，借助宏就可以控制其他数据库对象，且宏能够自动执行操作任务。本章将主要介绍有关宏的基本概念、宏的创建与运行方法。

7.1 宏的基本概念

宏是一个或多个操作的集合。其中，每个操作也称为宏操作，它可以实现某个特定的功能，例如打开消息框、打开窗体、打印预览报表等。宏是按名调用的。

当将多个宏操作按照一定的顺序依次定义时，就形成了操作序列宏。系统在运行操作系列宏时按照宏操作的前后顺序依次执行。

当将相关或相近的宏操作设置为一组（Group），并为其命名时，就形成了分组宏。分组是为了提高宏的可读性，而不会影响操作的执行方式。分组宏中的每个组不能单独调用或运行。

当在宏中又嵌入了一个或多个子宏（Submacro），且为每个子宏命名时，就形成了子宏。子宏可以单独运行。宏中子宏的调用格式为：

```
宏名.子宏名
```

当在宏中加入 If 条件表达式时，就形成了条件宏。条件宏是根据条件表达式的值决定是否执行对应的宏操作。

Access 2010 提供了许多宏操作，这些宏操作可以分为如下 9 类：

① 程序流程；

② 窗口管理；

③ 宏命令；

④ 筛选/查询/搜索；

⑤ 数据导入/导出；

⑥ 数据库对象；

⑦ 数据输入操作；

⑧ 系统命令；

⑨ 用户界面命令。

常用的宏操作如表 1–7–1 所示。

表 1–7–1　常用的宏操作

分　类	宏 操 作	功　能
程序流程	Comment	注释信息，宏运行时不被执行
	Group	允许操作和程序流程在已命名、可折叠、未执行的块中分组

续表

分　类	宏 操 作	功　能
程序流程	If	如果条件的评估结果为真，则执行逻辑块
	Submacro	允许在只能由 Runmacro 或 OnError 宏操作调用的宏中执行一组已命名的宏操作
窗口管理	CloseWindow	关闭指定的窗口。如果没有指定窗口，则关闭当前活动窗口
	MaximizeWindow	最大化当前活动窗口，使其充满 Access 窗口
	MinimizeWindow	最小化当前活动窗口，使其成为 Access 窗口底部的标题栏
	MoveAndSizeWindow	移动并调整当前活动窗口。如果没有指定参数，系统使用当前默认设置
	RestoreWindow	将最大化/最小化窗口还原到原来的大小
宏命令	RunMacro	执行一个宏。可用该操作从其他宏中执行宏、重复宏、基于某一条件执行宏，或将宏附加于自定义菜单命令
筛选/查询/搜索	OpenQuery	打开选择查询或交叉表查询，或者执行动作查询。查询可在数据表视图、设计视图或打印预览中打开
	Refresh	刷新视图中的记录
	RefreshRecord	刷新当前记录
数据库对象	GoToControl	将焦点移动到当前数据表或窗体上指定的字段或控件上
	GoToRecord	在表、窗体或查询结果集中的指定记录成为当前记录
	OpenForm	在窗体视图、设计视图、打印预览或数据表视图中打开窗体
	OpenReport	在设计视图或打印预览中打开报表或立即打印该报表
	OpenTable	在数据表视图、设计视图或打印预览中打开表
数据输入操作	DeleteRecord	删除当前记录
	SaveRecord	保存当前记录
系统命令	CloseDatabase	关闭当前数据库
	QuitAccess	退出 Microsoft Access。可从几种保存选项中选择一种
用户界面命令	MessageBox	显示含有警告或提示信息的消息框
	UndoRecord	撤销最近的用户操作

7.2 宏的创建与编辑

宏的创建与编辑都是在宏设计器中实现的。在“创建”选项卡的“宏与代码”功能区中，单击“宏”按钮，打开宏设计器，同时打开“操作目录”窗格，如图 1-7-1 所示。

宏的创建过程一般是：添加操作，设置操作参数。

7.2.1 操作序列宏的创建

操作序列宏是根据具体要完成的功能按照一定的顺序依次定义宏操作。

【例 7-1】创建一个操作序列宏。依次执行：弹出一个消息框，显示“即将打开学生基本信息窗口”；打开“学生基本信息”窗体。操作及操作参数设置如表 1-7-2 所示。操作步骤如图 1-7-2 所示。

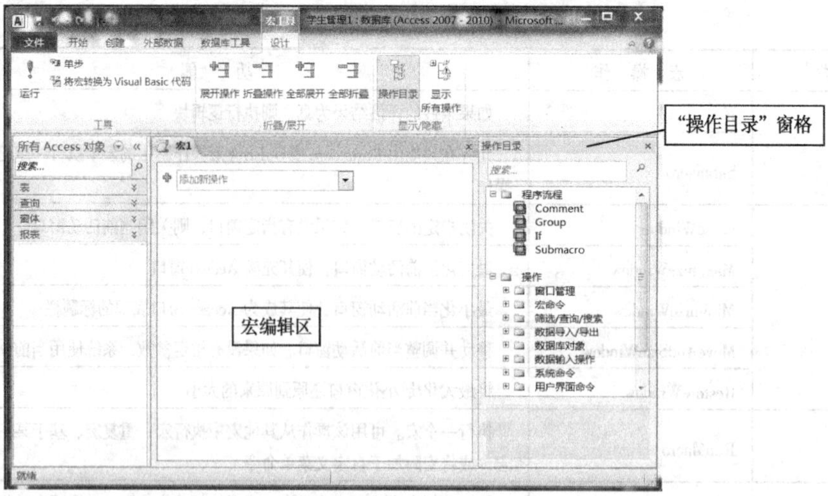

图 1-7-1　宏设计器

表 1-7-2　例 7-1 操作及操作参数设置

宏　操　作	操作参数		说　　明
	参　数　名	参　数　值	
MessageBox	消息	即将打开学生基本信息窗口	打开以下消息框：
	类型	警告!	
	标题	欢迎	
OpenForm	窗体名称	学生基本信息	打开名为"学生基本信息"的窗体

① 在"创建"选项卡的"宏与代码"功能区中，单击"宏"按钮

② 从"添加新操作"下拉列表中选择 MessageBox 选项，或者在操作目录窗格中直接双击 MessageBox 选项

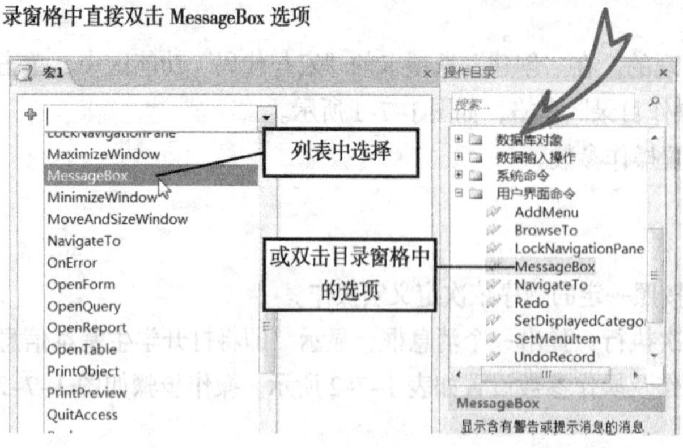

③ 在打开的操作参数编辑框中设置参数。输入消息：即将打开学生基本信息窗口；从"类型"下拉列表中选择"警告!"；"标题"文本框中输入"欢迎"

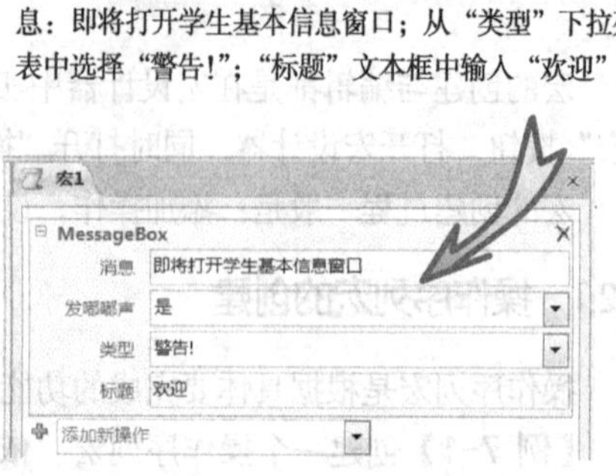

图 1-7-2　操作序列宏的创建步骤

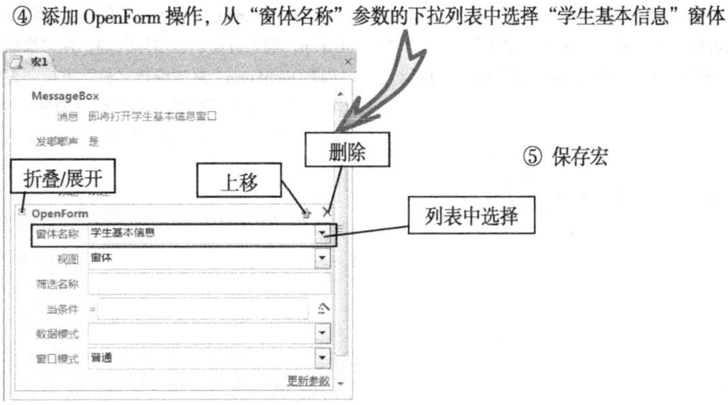

图 1-7-2　操作序列宏的创建步骤（续）

操作序列宏中的宏操作在编辑过程中可以通过“上移”“下移”按钮调整顺序，单击宏操作右侧的“删除”按钮可以删除该操作。

设置好的宏操作，可以单击其操作命令左侧的“折叠/展开”按钮折叠起来，也可以将折叠起来的宏操作展开查看其详细参数信息。

保存名为 AutoExec 的宏，在打开该数据库时会自动运行该宏。如果要取消自动运行，则在打开数据库时按住【Shift】键即可。

7.2.2　分组宏的创建

当一个宏含有数十个宏操作时，可以将功能相关或相近的多个宏操作设置成一个宏组，便于组织管理宏。

【例 7-2】 创建一个分组宏。分别创建 3 个组：表管理、窗体管理、报表管理。操作及操作参数设置如表 1-7-3 所示。操作步骤如图 1-7-3 所示。

表 1-7-3　例 7-2 操作及操作参数设置

分组名	宏操作	操作参数		说明
		参数名	参数值	
表管理	OpenTable	表名称	学生	打开“学生”表，默认“数据表视图”打开
	OpenTable	表名称	选修	打开“选修”表，默认“数据表视图”打开
窗体管理	OpenForm	窗体名称	学生基本信息	打开“学生基本信息”窗体，默认“窗体视图”打开
	OpenForm	窗体名称	学生分割窗体	打开“学生分割窗体”窗体，默认“窗体视图”打开
报表管理	OpenReport	报表名称	学生个人成绩汇总	打开“学生个人成绩汇总”报表，以“打印预览”视图打开
		视图	打印预览	

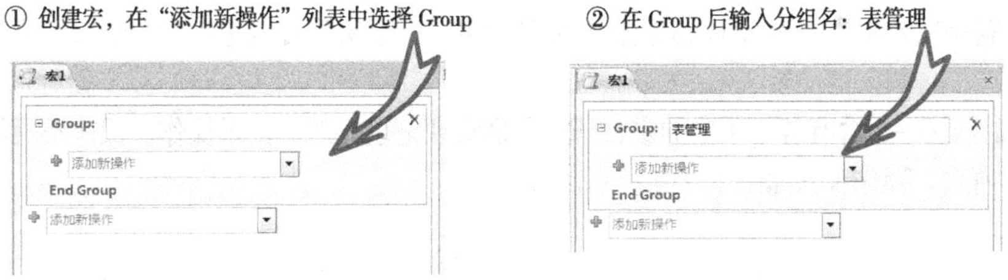

图 1-7-3　分组宏创建步骤

③ 在“表管理”组的“添加新操作”下拉列表中选择 OpenTable，从“表名称”下拉列表中选择“学生”；从“添加新操作”下拉列表中选择 OpenTable，从“表名称”下拉列表中选择“选修”

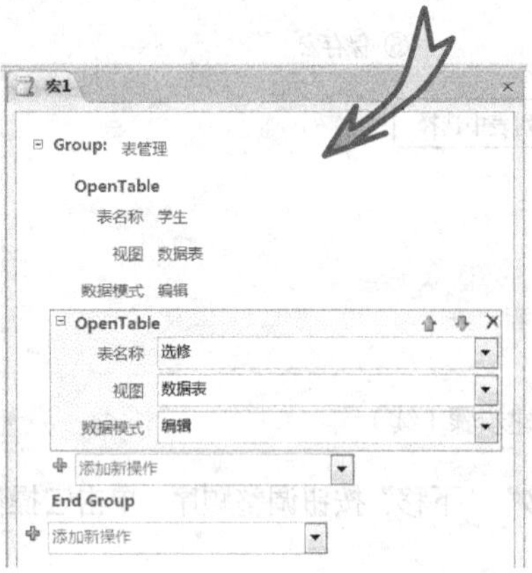

④ 在 End Group 语句后的“添加新操作”下拉列表中选择 Group，输入分组名：窗体管理；在“添加新操作”下拉列表中选择 OpenForm，从“窗体名称”下拉列表中选择“学生基本信息”；从“添加新操作”下拉列表中选择 OpenForm，从“窗体名称”下拉列表中选择“学生分割窗体”

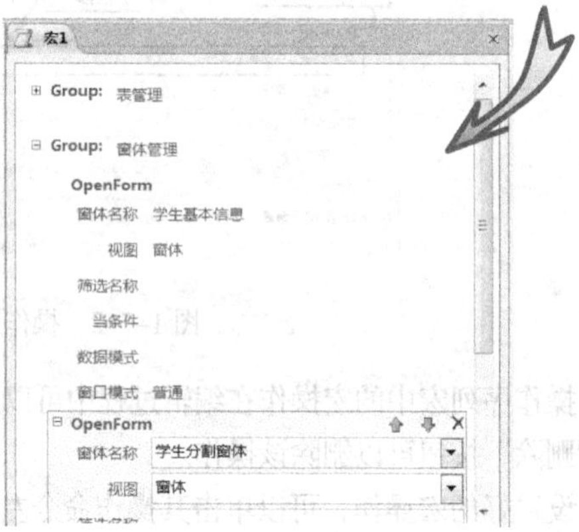

⑤ 用同样的方法创建分组：报表管理

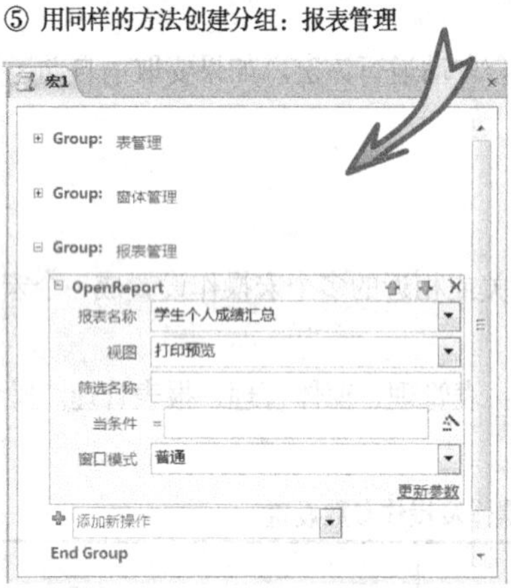

⑥ 保存宏

图 1-7-3　分组宏创建步骤（续）

在 Group 块内还可以包含 Group 子块，最多可以嵌套 9 级。

如果要对已经存在的宏操作进行分组，则可以右击所选的宏操作，在弹出的快捷菜单中选择“生成分组程序块”命令，即可生成新的 Group 块，而选定的宏操作包含在此块中。

宏操作可以在不同的分组中进行拖动。

7.2.3　子宏的创建

创建子宏就是在宏中添加 Submacro 块，并为其命名。一个宏中可以包含多个子宏，子宏均可以独立运行。

【例 7-3】创建一个含有若干子宏的宏，子宏分别实现记录导航、记录操作。操作及操作参数设置如表 1-7-4 所示。操作步骤如图 1-7-4 所示。

表 1-7-4　例 7-3 操作及操作参数设置

子宏名	宏操作	操作参数		说明
		参数名	参数值	
首记录	GoToRecord	记录	首记录	记录指针指向第 1 条记录
前移记录	GoToRecord	记录	向前移动	记录指针向前移动 1 条记录
后移记录	GoToRecord	记录	向后移动	记录指针向后移动 1 条记录
尾记录	GoToRecord	记录	尾记录	记录指针指向最后 1 条记录
添加记录	GoToRecord	记录	新记录	添加 1 条新记录
删除记录	DeleteRecord			删除当前记录
保存记录	SaveRecord			保存当前记录

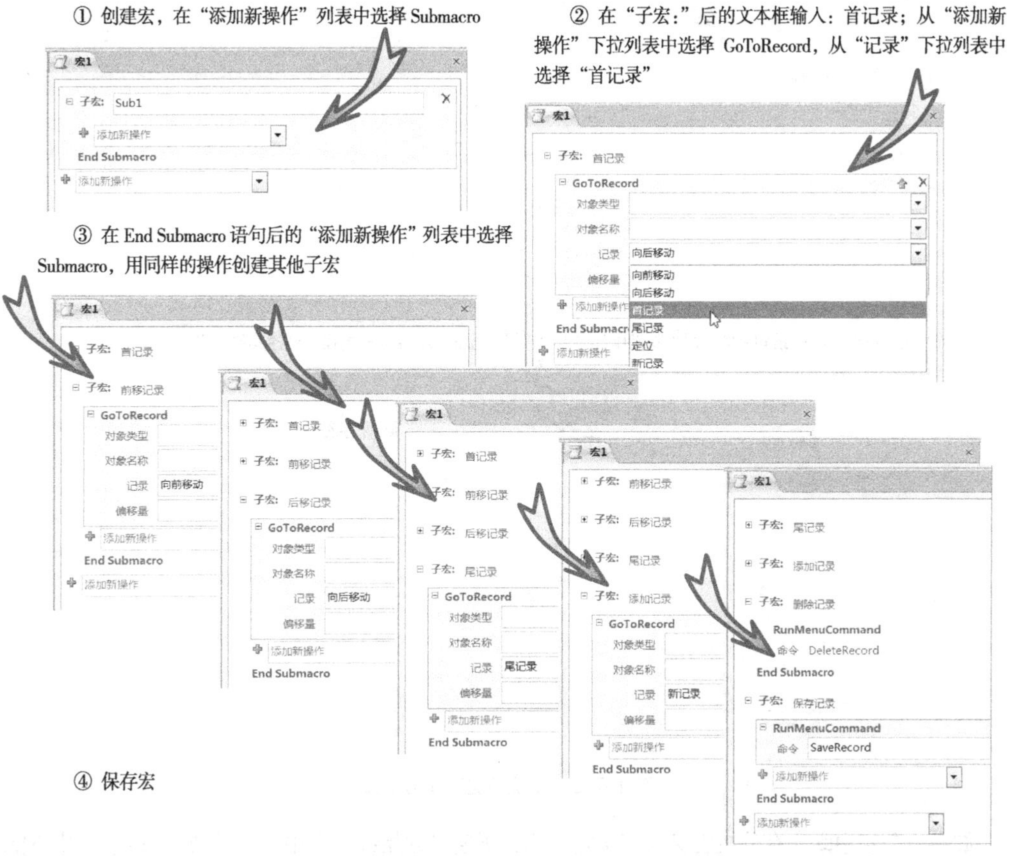
① 创建宏，在“添加新操作”列表中选择 Submacro
② 在“子宏:”后的文本框输入：首记录；从“添加新操作”下拉列表中选择 GoToRecord，从“记录”下拉列表中选择“首记录”
③ 在 End Submacro 语句后的“添加新操作”列表中选择 Submacro，用同样的操作创建其他子宏
④ 保存宏

图 1-7-4　子宏创建步骤示例一

【例 7-4】创建一个含有若干子宏的宏，子宏分别实现打开窗体、打开报表操作。操作及操作参数设置如表 1-7-5 所示。操作步骤如图 1-7-5 所示。

表 1-7-5　例 7-4 操作及操作参数设置

子宏名	宏操作	操作参数		说明
		参数名	参数值	
学生基本信息	OpenForm	窗体名称	学生基本信息	打开名为“学生基本信息”的窗体

续表

子 宏 名	宏 操 作	操 作 参 数		说 明
		参 数 名	参 数 值	
学生成绩信息	OpenForm	窗体名称	学生成绩信息	打开名为“学生成绩信息”的窗体
学生个人成绩汇总	OpenRecord	报表名称	学生个人成绩汇总	打开名为“学生个人成绩汇总”的报表
		视图	打印预览	

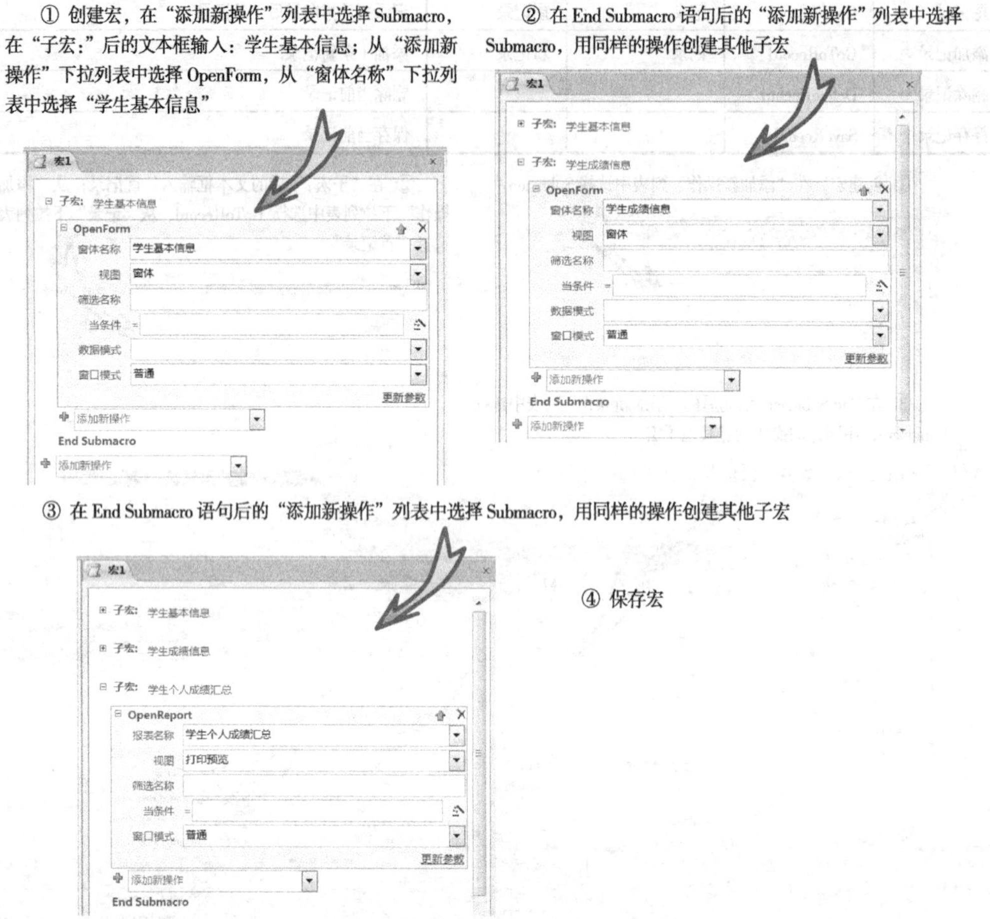
① 创建宏，在“添加新操作”列表中选择 Submacro，在“子宏:”后的文本框输入：学生基本信息；从“添加新操作”下拉列表中选择 OpenForm，从“窗体名称”下拉列表中选择“学生基本信息”
② 在 End Submacro 语句后的“添加新操作”列表中选择 Submacro，用同样的操作创建其他子宏
③ 在 End Submacro 语句后的“添加新操作”列表中选择 Submacro，用同样的操作创建其他子宏
④ 保存宏
宏1
子宏: 学生基本信息
OpenForm
窗体名称
视图
筛选名称
当条件
数据模式
窗口模式
普通
更新参数
添加新操作
End Submacro
子宏: 学生成绩信息
子宏: 学生个人成绩汇总
OpenReport
报表名称
打印预览

图 1-7-5　子宏创建步骤示例二

如果一个宏中既含有分组宏又含有子宏，那么子宏必须始终是宏中最后的块。Group 块中不能添加子宏。

7.2.4　条件宏的创建

在执行宏操作的过程中，如果需要指定条件才决定是否执行宏的一个或多个操作，就需要使用 If 语句进行程序流程控制。另外，还可以使用 Else If 和 Else 块来扩展 If 语句。

【例 7-5】 创建如图 1-7-6 所示的窗体。创建一个条件宏，实现根据窗体上的选择，决定打开表或打开窗体或打开报表。操作及操作参数设置如表 1-7-6 所示。操作步骤如图 1-7-7 所示。

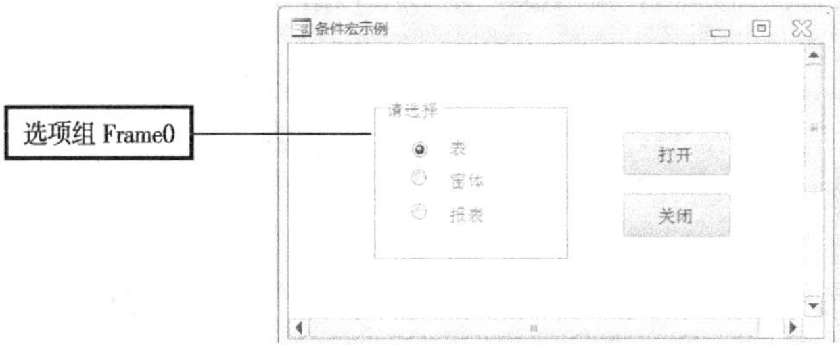

图 1-7-6 条件宏示例窗体

表 1-7-6 例 7-5 操作及操作参数设置

子宏名	宏操作	操作参数		说明
		参数名	参数值	
打开	条件：[Forms]![条件宏示例]![Frame0]=1			第 1 选项
	OpenTable	表名称	学生	打开名为“学生”的表
	条件：[Forms]![条件宏示例]![Frame0]=2			第 2 选项
	OpenForm	窗体名称	学生基本信息	打开名为“学生基本信息”的窗体
	条件：[Forms]![条件宏示例]![Frame0]=3			第 3 选项
	OpenRecord	报表名称	学生个人成绩汇总	打开名为“学生个人成绩汇总”的报表
		视图	打印预览	
关闭	CloseWindow			关闭窗体

① 创建宏，在“添加新操作”列表中选择 Submacro，在“子宏:”后的文本框输入：打开；在“添加新操作”下拉列表中选择 If，条件栏中输入[Forms]!后，系统弹出所有窗体列表，选择“条件宏示例”，双击或按【Enter】键；在其后输入“!”，系统弹出该窗体上当前所有控件，选择 Frame0，双击或按【Enter】键；完成整个条件输入：[Forms]![条件宏示例]![Frame0]=1

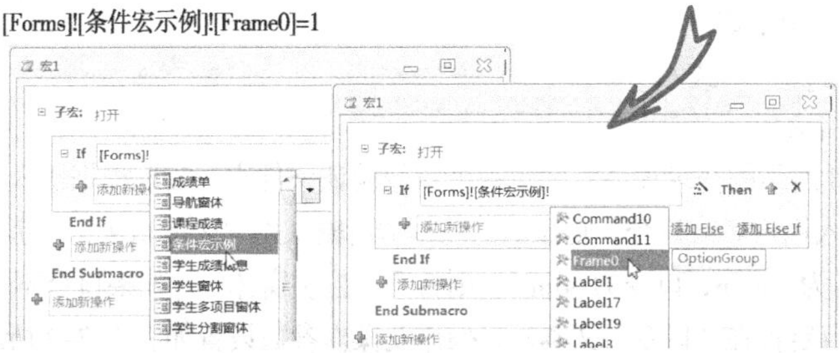

② 在 If 语句块的“添加新操作”列表中选择 OpenTable，从“表名称”下拉列表中选择“学生”；用同样的操作完成其他两个条件的设置

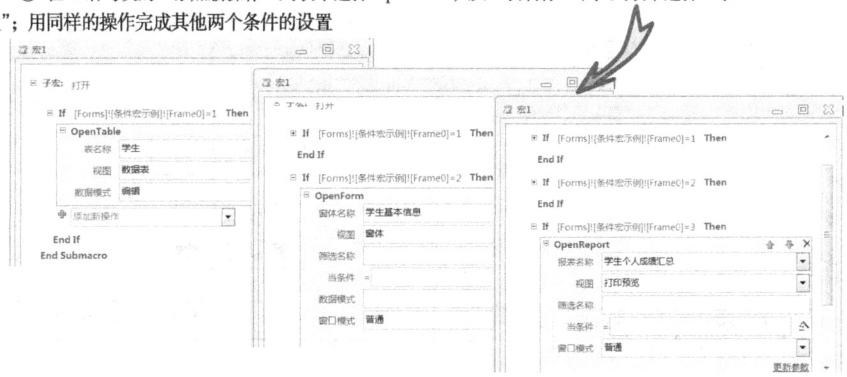

图 1-7-7 条件宏示例

③ 创建子宏：关闭从块内“添加新操作”下拉列表中选择 CloseWindow

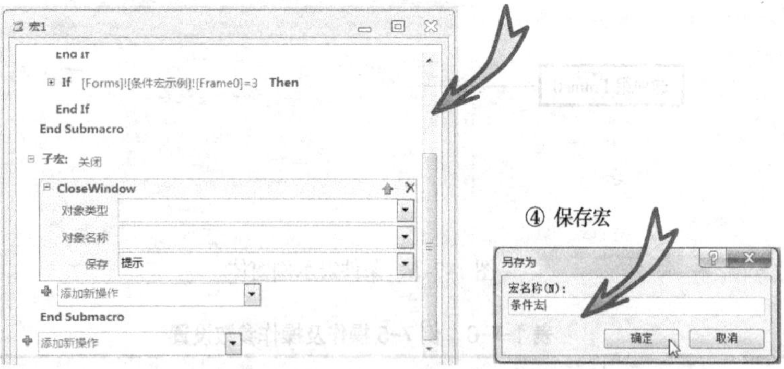

④ 保存宏

⑤ 进入“条件宏示例”窗体的设计视图，单击“打开”按钮，在“属性表”窗口的“事件”选项卡中，打开“单击”右侧的下拉列表，选择“条件宏.打开”。用同样的操作设置“关闭”按钮

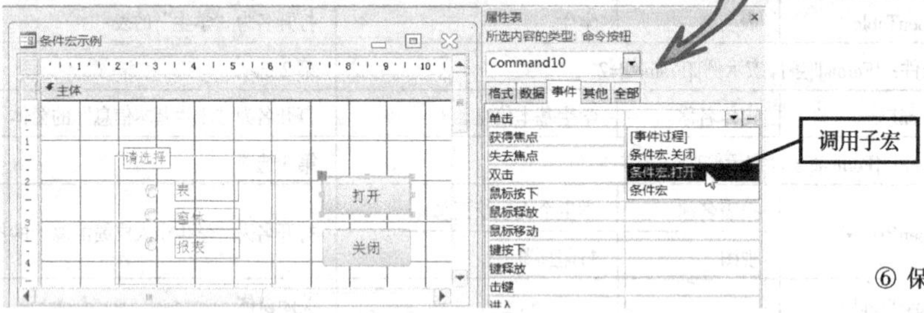

⑥ 保存窗体

图 1-7-7　条件宏示例（续）

在本例的条件表达式中，调用了窗体上的控件，使用了“!”（叹号）运算符，该运算符用于引用一个窗体或报表上的控件。引用格式：

```
[Forms]![窗体名]![控件名]        或
[Reports]![报表名]![控件名]
```

【例 7-6】 创建如图 1-7-8 所示的登录窗体。创建一个口令验证条件宏，实现根据输入的用户名和口令进行判断。如果没有输入用户名或口令，则显示消息框“请输入用户名或口令”，焦点定位在“用户名”文本框；如果用户名为 admin，口令为 admin，则打开“控制窗体”。如果口令不是 admin，则显示消息框“口令错”，焦点定位在“口令”文本框。操作及操作参数设置如表 1-7-7 所示。操作步骤如图 1-7-9 所示。

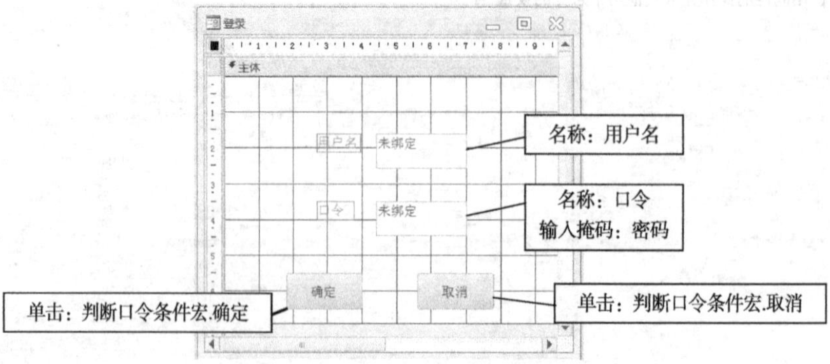

图 1-7-8　登录窗体

表 1-7-7 例 7-6 操作及操作参数设置

子宏名	宏操作	操作参数		说明
		参数名	参数值	
确定	条件：IsNull([Forms]![登录]![用户名]) Or IsNull([Forms]![登录]![口令])			用户名或口令为空
	MessageBox	消息	请输入用户名或口令	显示消息框 
		类型	重要	
		标题	提示	
	GoToControl	控件名称	用户名	焦点定位在“用户名”文本框
	条件：[Forms]![登录]![用户名]="admin" And LCase([Forms]![登录]![口令])="admin"			用户名为 admin，口令为 admin
	OpenForm	窗体名称	控制窗体	打开名为“控制窗体”的窗体
	条件：LCase([Forms]![登录]![口令])<>"admin"			口令不是 admin
	MessageBox	消息	口令错	显示消息框 
		类型	重要	
		标题	错误	
	GoToControl	控件名称	口令	焦点定位在“口令”文本框
取消	CloseWindow			关闭窗体

① 创建宏，在“添加新操作”列表中选择 Submacro，在“子宏:”后文本框输入“确定”；在块内的“添加新操作”下拉列表中选择 If，条件栏中输入 isn 后，从系统弹出的列表中双击 IsNull；输入 f，从系统弹出的列表中双击 Forms；输入“!”，从系统弹出的列表中双击“登录”窗体

② 在步骤①的基础上接着输入“!”，系统弹出该窗体上当前所有控件，双击“用户名”，输入“)Or”；以同样的操作完成整个条件输入：IsNull([Forms]![登录]![用户名]) Or IsNull([Forms]![登录]![口令])

图 1-7-9 口令验证条件宏

③ 在 If 语句块内的“添加新操作”列表中选择 MessageBox，输入“消息”参数：请输入用户名或口令；从“类型”下拉列表中选择“重要”；“标题”文本框中输入“提示”；在 If 语句块内的“添加新操作”列表中选择 GoToControl，输入“控件名称”：[用户名]；单击“添加 Else If”

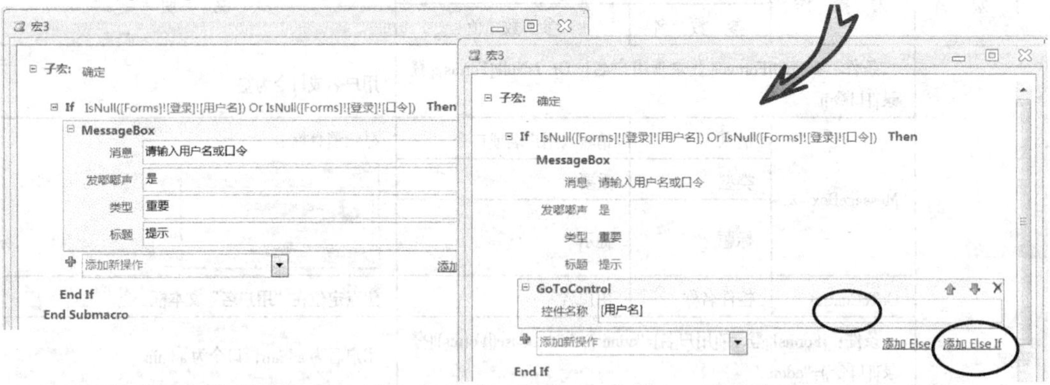

④ 在 Else If 语句的条件栏输入条件：[Forms]![登录]![用户名]="admin" And LCase([Forms]![登录]![口令])="admin"

⑤ 在 Else If 语句块内的“添加新操作”列表中选择 OpenForm，从“窗体名称”参数的下拉列表中选择“控制窗体”；单击“添加 Else If”

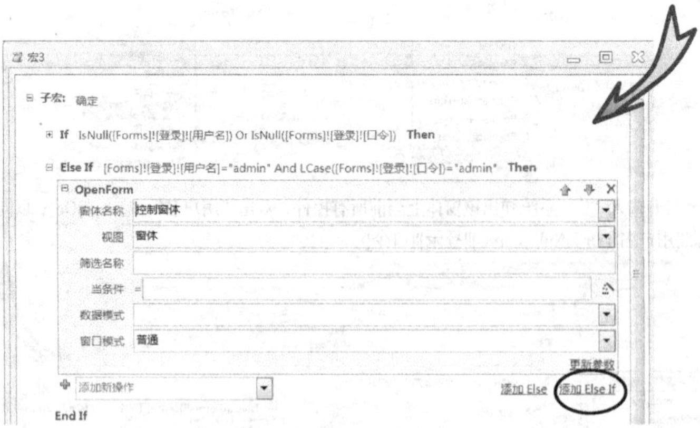

图 1-7-9　口令验证条件宏（续）

⑥ 在 Else If 语句的条件栏输入条件：LCase([Forms]![登录]![口令])<>"admin"；在 Else If 语句块内的“添加新操作”列表中选择 MessageBox，在“消息”参数中输入“口令错”；从“类型”下拉列表中选择“重要”；“标题”文本框中输入“错误”；在 Else If 语句块内的“添加新操作”列表中选择 GoToControl，输入“控件名称”：[口令]

⑦ 在 End Submacro 语句后的“添加新操作”列表中选择 Submacro，在“子宏：”后的文本框输入“取消”；在块内的“添加新操作”下拉列表中选择 CloseWindow；以“判断口令条件宏”为名保存宏

图 1-7-9 口令验证条件宏（续）

7.2.5 宏的编辑

若要修改创建好的宏，需要在导航窗格右击该宏，从弹出的快捷菜单中选择“设计视图”命令，打开宏设计器进行编辑、修改。

1. 选定宏操作

在宏设计器中，单击该宏操作的区域即可选定宏操作。如果要选定多个连续的宏操作，则需要按下【Shift】键时再单击鼠标。如果要选定多个不连续的宏操作，则需要按下【Ctrl】键时再单击鼠标。

2. 复制或移动宏操作

选定要复制或移动的宏操作，右击，选择快捷菜单中的“复制”或“剪切”命令，然后将光标置于目标位置，选择快捷菜单中的“粘贴”命令。

另外，可以通过鼠标拖动的方法来移动宏操作，或者使用宏操作块右侧的 “上移” 或“下移” 按钮来移动宏操作。

3. 删除宏操作

选定要删除的宏操作，按【Delete】键或单击宏操作右侧的“删除”× 按钮，即可删除选定的宏操作，后面的宏操作顺序上移。

7.3 宏的运行和调试

7.3.1 宏的运行

宏有多种运行方式。可以直接运行某个宏，可以运行宏中的子宏，可以在另一个宏或 VBA 事件过程中运行宏，还可以由窗体或报表上的控件的某个事件响应而运行宏。

1. 直接运行宏

可以通过执行下列操作之一直接运行宏：

① 在宏设计器窗口，单击“宏工具-设计”选项卡“工具”功能区中的“运行”按钮。

② 在导航窗格中双击要运行的宏，或右击要运行的宏，在弹出的快捷菜单中选择“运行”命令。

2. 触发事件运行宏

在 Access 中，一般是将宏作为窗体或报表上的控件的某个事件，通过触发该事件来运行的。

3. VBA 代码中运行宏

在 VBA 代码中可以通过使用 Docmd 对象的 RunMacro 方法来运行宏。例如，DoCmd.RunMacro "条件宏.打开"。

4. 间接运行宏

使用 RunMacro 或 OnError 宏操作可以调用其他宏，实现间接运行宏。

7.3.2 宏的调试

在 Access 系统中提供了“单步”工具，可以分步执行宏，以便确定问题，调试比较复杂的宏。操作步骤如下：

① 打开例 7-1 创建的宏，进入宏设计器。

② 选中“宏工具-设计”选项卡“工具”功能区中的“单步”按钮，系统进入单步运行状态。

③ 单击“宏工具-设计”选项卡“工具”功能区中的“运行”按钮，系统弹出“单步执行宏”对话框开始单步执行宏，如图 1-7-10 所示。

在“单步执行宏”对话框中，显示了当前步的宏名称、条件、操作名称、参数等信息。

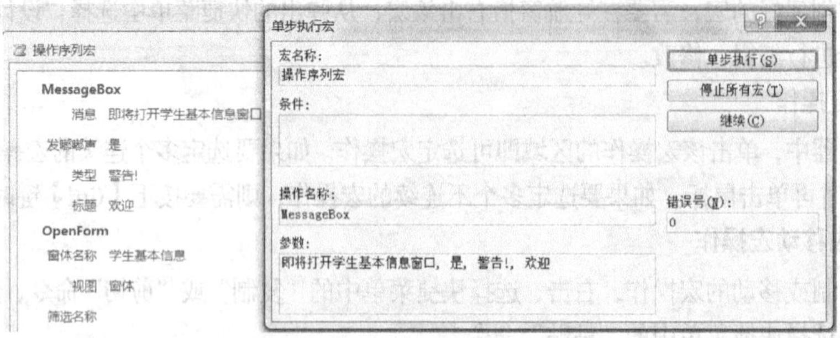

图 1-7-10 “单步执行宏”对话框

习　　题

一、单项选择题

1. 下面说法正确的是（　　）。

A. 宏只能由一个宏操作组成　　B. 一个宏操作可以实现许多功能

C. 宏不是Access的对象　　D. 宏是一个或多个操作的集合

2. 运行一个包含多个操作的宏，操作顺序是（　　）。

A. 从上到下　　B. 可指定先后　　C. 随机　　D. 从下到上

3. 下面说法错误的是（　　）。

A. 可以将相关或相近的宏操作进行分组（Group），并为其命名，形成分组宏

B. 分组是为了提高宏的可读性，而不会影响操作的执行方式

C. 分组宏中的每个组可以单独调用或运行

D. 分组宏中的每个组不能单独调用或运行

4. 定义（　　）有利于对数据库中宏对象的管理。

A. 宏　　B. 分组宏　　C. 数组　　D. 窗体

5. 要限制宏命令的操作范围，可以在创建宏时定义（　　）。

A. 宏操作对象　　B. 宏条件表达式　　C. 窗体或报表控件属性D. 宏操作目标

6. 在一个宏的操作序列中，如果既包含带条件的操作，又包含无条件的操作，则带条件的操作是否执行取决于条件的真假，而没有条件的操作则会（　　）。

A. 不执行　　B. 有条件执行　　C. 无条件执行　　D. 出错

7. 有关宏操作，以下叙述错误的是（　　）。

A. 宏的条件表达式中不能引用窗体或报表的控件

B. 所有宏操作都可以转化为相应的模块代码

C. 使用宏可以启动其他应用程序

D. 可以利用分组宏来管理相关的一系列宏

8. 条件宏的条件项的返回值是（　　）。

A. “真”　　B. “假”　　C. “真”或“假”　　D. 难以确定

9. 某教学管理系统的“主窗体”如图1-7-11（a）所示，单击“退出系统”按钮会弹出图1-7-11（b）所示的“请确认”提示框：如果继续单击“是”按钮，才会关闭主窗体退出系统，如果单击“否”按钮，则会返回“主窗体”继续运行系统。为了达到这样的运行效果，在设计主窗体时为“退出系统”按钮的“单击”事件设置了一个“退出系统”宏。正确的宏设计是（　　）。

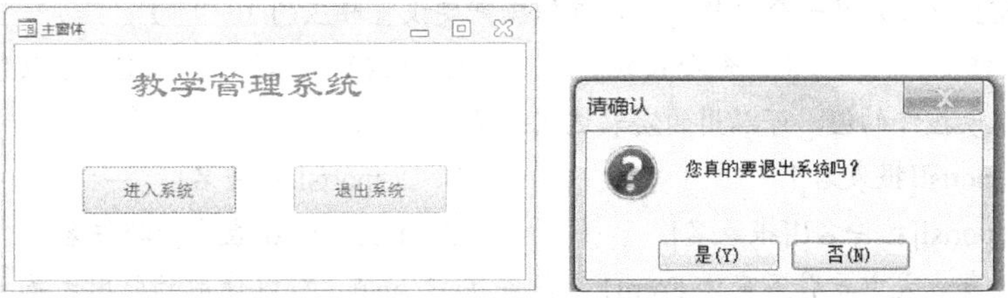

（a）主窗体　　（b）“请确认”提示框

图1-7-11　第9题窗体

A. 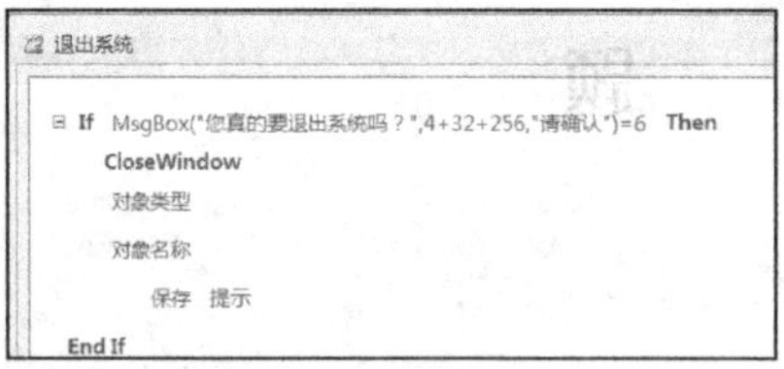
退出系统
If MsgBox("您真的要退出系统吗？",4+32+256,"请确认")=6 Then
CloseWindow
对象类型
对象名称
保存 提示
End If

B. 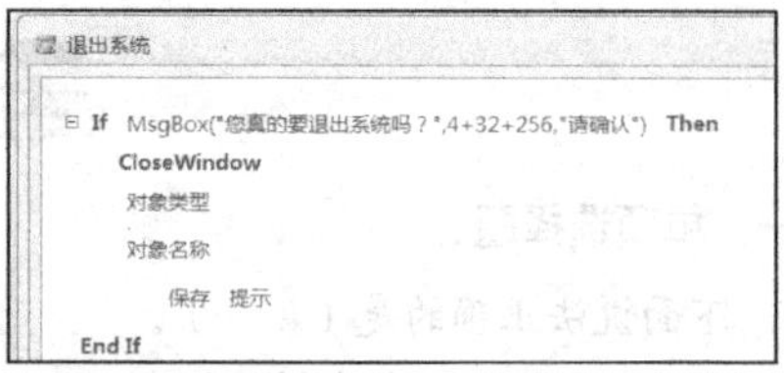
退出系统
If MsgBox("您真的要退出系统吗？",4+32+256,"请确认") Then
CloseWindow
对象类型
对象名称
保存 提示
End If

C. 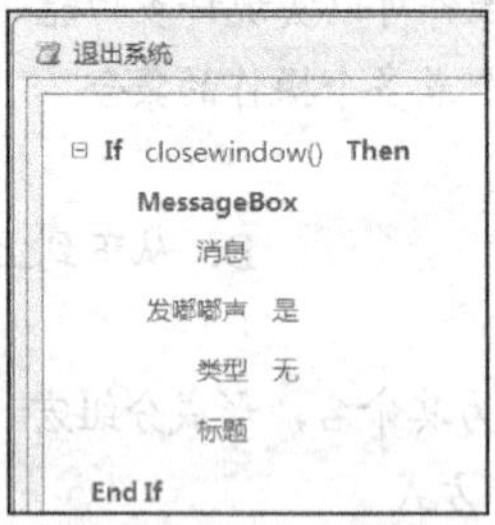
退出系统
If closewindow() Then
MessageBox
消息
发嘟嘟声 是
类型 无
标题
End If

D. 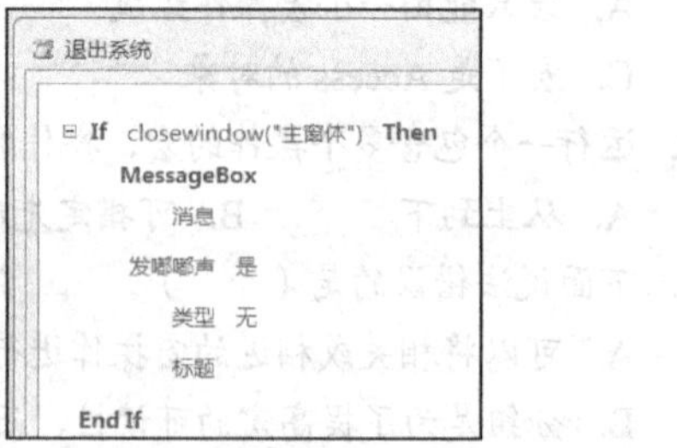
退出系统
If closewindow("主窗体") Then
MessageBox
消息
发嘟嘟声 是
类型 无
标题
End If

10. 宏的命名方法与其他数据库对象相同，宏按（　　）调用。

A. 顺序　　B. 名　　C. 目录　　D. 系统

11. 下面说法正确的是（　　）。

A. 子宏均可以独立运行　　B. 子宏不可以独立运行

C. 分组宏中的每个组可以单独运行　　D. 分组宏中的某些组可以单独运行

12. 使用下列方法来引用子宏（　　）。

A. 宏名.子宏名　　B. 宏.宏名　　C. 子宏名.宏名　　D. 子宏名. 宏

13. 设宏名为“数据表”，其中包括两个子宏“学院表”“系表”，调用“系表”的正确方法是（　　）。

A. 数据表-系表　　B. 数据表(系表)　　C. 数据表.系表　　D. 系表

14. 宏命令 OpenReport 的功能是（　　）。

A. 打开窗体　　B. 打开查询　　C. 打开报表　　D. 增加菜单

15. 用于打开窗体的宏命令是（　　）。

A. OpenForm　　B. OpenReport　　C. OpenSQL　　D. OpenQuery

16. 用于打开查询的宏命令是（　　）。

A. OpenForm　　B. Open　　C. OpenReport　　D. OpenQuery

17. 宏操作中，CloseWindows 命令用于（　　）。

A. 退出 Access　　B. 关闭窗体　　C. 关闭查询　　D. 关闭模块

18. 显示消息框的宏命令是（　　）。

A. MessageBox　　B. Close　　C. OpenForm　　D. OpenReport

19. 创建宏至少要定义一个“操作”，并根据需要设置相应的（　　）。

A. 条件　　B. 命令按钮　　C. 宏操作参数　　D. 备注信息

20. 引用报表控件的值，可以用的宏表达式是（　　）。

A. Reports![报表名]!　　B. Reports![控件名]

C. Reports![控件名]![报表名]　　D. Reports![报表名]![控件名]

21. 在宏的表达式中要引用窗体 Form1 上控件 Txt1 的值，可以使用的引用式是（　　）。

A. Txt1　　B. Form1![Txt1]

C. Forms![Form1]![Txt1]　　D. Forms![Txt1]

22. 若要在打开数据库时立即执行宏，则宏名称应为（　　）。
    A. AutoKeys　　B. AutoHotkeys　　C. Autoexec　　D. 以上皆非
23. 不能使用宏的数据库对象是（　　）。
    A. 表　　B. 窗体　　C. 宏　　D. 报表
24. 下列关于宏的说法中，错误的是（　　）。
    A. 宏是若干操作的集合
    B. 每个宏操作都有相同的宏操作参数
    C. 宏操作不能自定义
    D. 宏通常与窗体、报表中的命令按钮结合使用
25. 关于宏和分组宏的说话中，错误的是（　　）。
    A. 宏是由若干个宏操作组成的集合
    B. 分组宏是将功能相关或相近的多个宏操作设置成一个组
    C. 分组宏实际上是对宏操作的组织管理，不影响操作的执行方式
    D. 在 Access 中不可以通过选择运行宏或事件过程来响应窗体、报表控件上发生的事件
26. 宏可以单独运行，但大多数情况下都与（　　）控件绑定在一起使用。
    A. 命令按钮　　B. 文本框　　C. 组合框　　D. 列表框
27. 在运行宏的过程中，宏不能修改的是（　　）。
    A. 窗体　　B. 宏本身　　C. 表　　D. 数据库
28. 下列操作中，适宜使用宏的是（　　）。
    A. 修改数据表结构　　B. 创建自定义过程
    C. 打开或关闭报表对象　　D. 处理报表中错误
29. 单步执行宏时，“单步执行宏”对话框中显示的内容有（　　）信息。
    A. 宏名参数　　B. 宏名称、操作名称
    C. 宏名称、参数、操作名称　　D. 宏名称、条件、操作名称、参数

二、填空题

1. 宏是一个或多个________的集合。
2. 宏的创建与编辑都是在________中实现的。
3. 在 Access 中，________是创建宏或修改宏的唯一环境。
4. 宏的创建过程一般是：________；设置操作参数。
5. 被命名为________保存的宏、在打开该数据库时会自动运行。
6. 宏中的条件项是________，返回值只有“真”或“假”。
7. 在宏中加入________，可以限制宏在满足一定的条件时才能完成某种操作。
8. 执行 OpenForm 操作，必须选择要打开的________。
9. 执行 OpenReport 操作，必须选择要打开的________。
10. 执行 OpenTable 操作，必须选择要打开的________。
11. 宏的使用一般是通过窗体、报表中的________触发操作。

第 8 章

VBA 程序设计 «‹

虽然宏对象可以将表、查询、窗体、报表等对象整合起来，建立简单的数据库应用系统，但对一些特殊的数据分析和操作，宏对象就受到了限制。Microsoft 公司创建的 VBA（Visual Basic for Application）语言可以创建功能更加强大、设计更加灵活、自动化性能更高的解决方案。

本章主要介绍 VBA 语法及在 Access 中的应用。

8.1 VBA 概述

Visual Basic（简称 VB）是 Microsoft 公司推出的一款用于图形用户界面（GUI）开发的工具。VB 作为一套独立的 Windows 系统开发工具，可用于开发 Windows 环境下的各类应用程序，是一种可视化的、面向对象的、采用事件驱动方式的结构化高级程序设计语言。它具有高效、简单易学及功能强大等特点。

VBA 是基于 VB 发展而来的，它是 Microsoft 公司 Office 系列软件中内置的用来开发应用系统的编程语言。VBA 不但继承了 VB 的开发机制，而且它还具有与 VB 相似的语言结构，它们的集成开发环境 IDE（Integrated Development Environment）也几乎相同。但是，VBA 只专门用于 Office 套件中的各应用程序，即以 Excel、Word、PowerPoint、Access 等 Office 应用程序作为宿主（Host）来被调用执行。在 Access 中，通过 VBA 可以开发设计各种功能，以便将 Access 中的各个对象整合起来构成一个完整的系统。

在 Access 中，用 VBA 语言编写的代码保存在窗体、报表或模块对象中。

8.1.1 VBA 编辑环境

Access 所提供的 VBA 编辑环境称为 VBE（Visual Basic Editor，VB 编辑器），在 VBE 中可以编写 VBA 代码，创建各种功能模块。

1. 启动 VBE 窗口

在 Access 中，可以通过在“创建”选项卡的“宏与代码”功能区中，单击 Visual Basic 按钮（见图 1-8-1）打开 VBE 窗口。单击“模块”按钮进入 VBE 窗口将创建一个标准模块；单击“类模块”按钮进入 VBE 窗口将创建一个类模块。

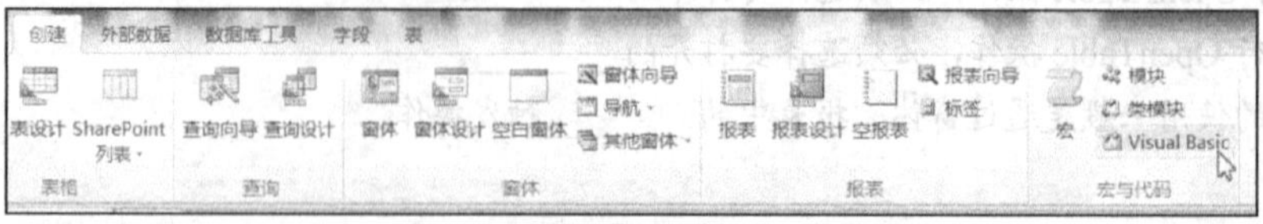

图 1-8-1 启动 VBE 方法（一）

在窗体的设计视图，可以通过在“窗体设计工具-设计”选项卡的“工具”功能区中，单击“查看代码”按钮（见图 1-8-2）进入 VBE 窗口，将打开该窗体的代码窗口。

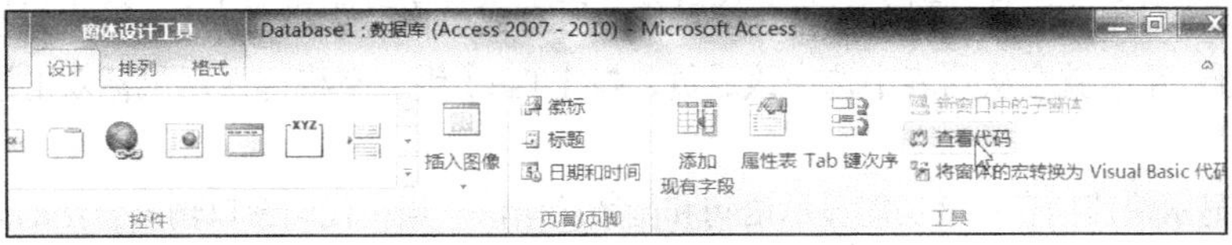

图 1-8-2　启动 VBE 方法（二）

在窗体的设计视图，右击需要编写代码的控件，在弹出的快捷菜单中选择命令“事件生成器”，然后在“选择生成器”对话框中单击“代码生成器”，打开 VBE 窗口，窗口中将显示该对象的默认事件过程模板，用户可以直接编写代码。

2. VBE 窗口的组成

VBE 窗口主要由代码窗口、工程资源管理器等窗口组成，如图 1-8-3 所示。

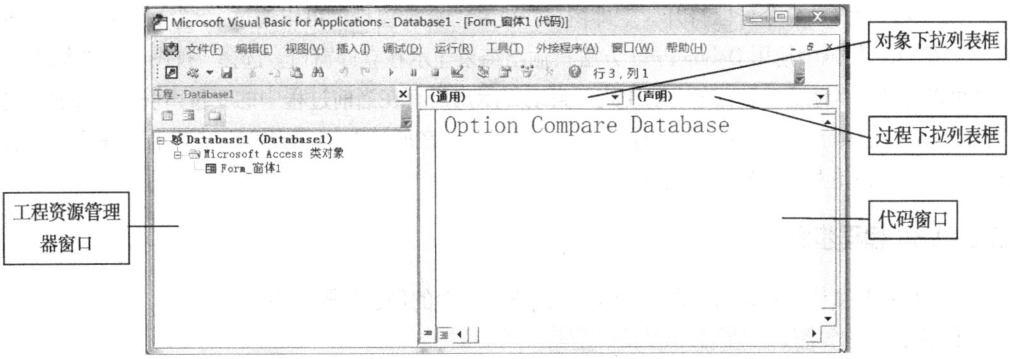

图 1-8-3　VBE 窗口

在工程资源管理器窗口中，以树形目录结构的形式列出了当前数据库应用系统中包括的所有的模块、类模块以及类对象（窗体模块或报表模块）。双击某个模块或类对象，打开对应的代码窗口。

模块一般用于存放整个应用系统中使用的全局变量、通用过程，与其他任何 Access 对象无关。模块也称为标准模块。

类模块是以类的形式封装的模块，是面向对象编程的基本单位。

窗体模块（报表模块）存放与窗体（报表）相关的事件过程或通用过程。

代码窗口是显示和编辑 VBA 程序代码的窗口。每个类对象或模块都有一个独立的代码窗口与之对应。

在代码窗口中有两个下拉列表框：

① 对象下拉列表框：列出了当前类对象或模块所包含的所有对象名。无论窗体对象是什么，在该列表中总是显示为 Form。无论报表对象是什么，在该列表中总是显示为 Report。

② 过程下拉列表框：列出了所选对象的所有事件过程名。其中，“声明”表示声明模块级变量。

如果在对象下拉列表中选择“通用”，在过程下拉列表中选择“声明”，则光标所停留的位置称为“模块的通用声明段”。在该位置可以编写与特定对象无关的通用代码，一般在此声明模块级变量或定义通用过程。

为了便于代码的编辑与修改，VBA 提供了“自动列出成员”“自动显示快速信息”“自动语法检测”等功能。通过“工具”→“选项”命令访问“选项”对话框，在“选项”对话框的“编辑器”选项卡上单击这些选项可以打开或关闭相应功能。

① 自动列出成员：当要输入某个对象的属性或方法时，在对象名后输入完小数点后，系统就会自动列出这个对象的成员。列表中包含该对象的所有成员（属性和方法），输入属性名或方法名的前几个字母，系统就会从列表中选中该成员，按【Tab】键、空格键或用鼠标双击该成员将完成这次输入。

② 自动显示快速信息：该功能显示语句和函数的语法。当在代码窗口输入合法的语句或函数名之后，其语法立即显示在当前行的下面，并用黑体字显示它的第一个参数。在输入第一个参数值之后，第二个参数成为黑体字……

③ 自动语法检测：当输入完一行代码并使光标离开该行（如按回车键）后，如果该行代码存在语法错误，系统会显示警告对话框，同时该语句变成红色。

④ 自动缩进：对第一行代码使用制表符（按【Tab】键）或按空格键进行向右缩进后，所有后续行都将以该缩进位置为起点自动向右缩进。

在代码窗口，选择"视图"→"对象窗口"命令可以切换到窗体（或报表）的设计视图。选择"视图"→"立即窗口"命令可以打开"立即窗口"，在"立即窗口"可以通过"?"命令测试表达式的值，或在 VBA 代码中使用 Debug.Print 方法将输出结果显示在立即窗口。选择"视图"→"本地窗口"命令可以打开"本地窗口"，在中断模式下自动显示出所有在当前过程中的变量声明及变量值。选择"视图"→"监视窗口"命令，可以打开"监视窗口"，在调试 VBA 程序时，显示程序中定义的监视表达式（通过快捷菜单设置）的值。

8.1.2 VBA 编程步骤

如果编写与窗体、报表对象相关的 VBA 代码，一般的创建步骤如下：

① 设计用户界面。

② 编写事件过程及通用过程。

③ 运行、调试。

④ 保存。

如果编写作用于整个应用程序的通用过程，采用的创建步骤如下：

① 创建模块对象。

② 编写通用过程。

③ 保存。

模块对象中的通用过程往往被窗体、报表对象中的事件过程或其他通用过程调用。

8.2 VBA 语言基础

使用 VBA 设计开发应用程序，首先必须了解程序的基本组成部分。程序是由语句组成的，而语句又是由数据、表达式、函数等基本语法单位组成的。

8.2.1 字符集

1. 字符集

字符是构成程序设计语言的最小语法单位，每一种程序设计语言都有自己的字符集。VBA 使用 Unicode 字符集，其基本字符集包括：

① 数字：0~9。

② 英文字母：a ~ z、A ~ Z。

③ 特殊字符：空格 ! " # $ % & ' ( ) * + − / \ ^ , . : ; < = > ? @ [ ] _ { } | ~等。

2．关键字

关键字又称保留字，它们在语法上有着固定的含义，是语言的组成部分，用于表示系统提供的标准过程、函数、运算符、常量等。例如，Print、Sin、Rnd、Mod 等都是 VBA 的关键字。在 VBA 中，约定关键字的首字母为大写字母，当用户在代码窗口输入关键字时，不论大小写字母，系统都能自动识别并转换为系统标准形式。

3．标识符

标识符用于标记用户自定义的类型、常量、变量、过程、控件等的名字。在程序编码中引用这些元素的名字来完成相关操作。在 VBA 中，标识符的命名规则如下：

① 第一个字符必须是字母。

② 长度不超过 255 个字符。控件、窗体、模块的名字不能超过 40 个字符。

③ 不可以包含小数点或者内嵌的类型声明字符。类型声明字符是附加在标识符之后的字符，用于指出标识符的数据类型，包括 % & ! # $ @。

④ 不能使用关键字。

例如，Sum、Age、Average、stuName、myScore%等都是合法的标识符。而 2E、A.1、my%Score、Print 等都是不合法的标识符。

习惯上，将组成标识符的每个单词的首字母大写，其余字母小写。VBA 不区分标识符的大小写。例如，标识符 A1 和标识符 a1 是等价的。

8.2.2 基本数据类型

VBA 提供的基本数据类型有数值型[Integer（整型）、Long（长整型）、Single（单精度浮点型）、Double（双精度浮点型）、Currency（货币型）和 Byte（字节型）]、字符串型、布尔型、日期型、对象型和可变类型等。表 1-8-1 所示为 VBA 程序中的基本数据类型及其取值范围等。

表 1-8-1 基本数据类型

数据类型	类型符	取值范围
字节型（Byte）		0~255
整型（Integer）	%	−32 768~32 767
长整型（Long）	&	−2 147 483 648~2 147 483 647
单精度（Single）	!	负数：−3.402 823E38~−1.401 298E−45 正数：1.401 298E−45~3.402 823E38
双精度（Double）	#	负数：−1.797 693 13E38~−4.940 656 48E−324 正数：4.940 656 48E−324~1.797 693 13E38
货币型（Currency）	@	−922 337 203 685 477.580 8~922 337 203 685 477.5807
日期/时间型（Date）		100 年 1 月 1 日~9999 年 12 月 31 日
字符串型（String）	$	0~65 400 个字符
布尔型（Boolean）		True、False
可变类型（Variant）		由最终的数值类型决定

8.2.3 常量、变量、数组

在程序中，不同类型的数据既可以以常量的形式出现，也可以以变量的形式出现。

1. 常量

常量是指在程序运行期间其值不发生变化的量。VBA 有两种形式的常量：直接常量和符号常量。符号常量又分为用户自定义符号常量和系统定义符号常量。

（1）直接常量

直接常量是指在代码中以直接明显的形式给出的数。根据常量的数据类型分为字符串常量、数值常量、布尔常量、日期常量。例如：

① "欢迎使用 Visual Basic"为字符串常量，长度为 16 个字符。双引号（"）为字符串常量的定界符。

② 12345 为整型常量。

③ True 为布尔型常量。

④ #11/10/2015#为日期型常量，#为日期型常量的定界符。

（2）用户自定义符号常量

为了提高代码的可读性和可维护性，VBA 中可以定义符号常量，即用标识符来表示常量的名称。例如，可以用 PI 表示圆周率的值 3.14159。

符号常量在使用前需要使用 Const 语句进行定义。Const 语句的语法格式如下：

```
Const 常量名 [As 类型]=表达式
```

例如：

```
Const Pi As Single=3.14159   ' 声明常量 Pi 代表 3.14159，单精度类型
Const Max As Integer=9       ' 声明常量 Max 代表 9，整型
Const BirthDate=#1/2/2015#   ' 声明常量 BirthDate 代表 2015 年 1 月 2 日，日期型
Const MyString="friend"      ' 声明常量 MyString 代表"friend"，字符串类型
Const MyStr As String * 4="1234"       ' 声明常量 MyStr 代表"1234"，固定长度字符串
Const Pi=3.14, Max=9, MyStr="Hello"    ' 用逗号分隔多个常量声明
Const Pi2=Pi*2                         ' 用先前定义过的常量定义新常量
Const sinx=Sin(20*3.14 / 180)          ' 错误，表达式中使用了 Sin()函数
```

（3）系统定义符号常量

VBA 系统提供了一系列预先定义好的符号常量，供用户直接使用，这些符号常量称为系统定义的符号常量。例如，vbRed 代表红色，vbCrLf 代表回车换行。这些符号常量的定义可以从“对象浏览器”中获得。

2. 变量

在应用程序执行期间，VBA 使用变量来临时存储数值，其值可以发生变化。

每个变量都有名字和数据类型，变量名用以标识其内存单元的存储位置，用户可以通过变量名访问内存中的数据，而其数据类型决定了该变量的存储方式。在使用变量之前，一般需要先声明变量名和类型，以便系统为其分配存储单元。在 VBA 中可以用以下方式来声明（定义）变量及其类型。

（1）声明变量

声明变量的格式如下：

```
Dim 变量名 [As 类型]
```

例如，以下都是合法的变量声明语句。

```
Dim Sum As Long                ' 声明长整型变量 Sum
Dim Address As String          ' 声明字符串变量 Address
Dim No As String*8             ' 声明固定长度字符串变量 No，长度为 8 个字符
Dim Num, Total As Integer      ' 声明可变类型变量 Num，整型变量 Total
```

使用声明语句声明变量之后，VBA 自动对各类变量进行初始化。例如，数值变量被初始化为 0；可变长度字符串变量被初始化为一个零长度的字符串（""）；布尔型变量被初始化为 False，等等。

（2）隐式声明

如果一个变量未经定义而直接使用，则该变量默认为 Variant 类型，即可变类型变量。在可变类型变量中可以存放任何类型的数据。

虽然使用可变类型变量很方便，但是经常会因为其适应性太强导致出现难以预料的错误，因此，建议对应用程序中的所有变量声明类型。

（3）强制显式声明

为了保证所有变量都得到声明，可以使用 VBA 的强制声明功能，这样，只要在运行时遇到一个未经显式声明的变量，VBA 就会发出错误警告。

要强制显式声明变量，需要在窗体模块或标准模块的通用声明段中加入语句：

```
Option Explicit
```

或选择“工具”→“选项”命令，打开“选项”对话框，在“编辑器”选项卡下选中“要求变量声明”选项，即在任何新建的模块中自动插入 Option Explicit 语句。对于已经建立起来的现有模块只能用手工方法添加 Option Explicit 语句。

3. 数组

数组是表示一组性质相同的有序数的集合。数组中的每一个元素可以用数组名和下标唯一地表示，格式：数组名(下标)。

数组在使用之前必须先定义（声明），VBA 有两种数组：静态数组和动态数组。两种数组的定义方法不同，使用方法也略有不同。

（1）静态数组

定义静态数组的格式如下：

```
Public|Private|Dim 数组名(维数定义)[As 类型],…
```

功能：定义数组，包括确定数组的名称、维数、每一维的大小和数组元素的类型，并为数组分配存储空间。

说明：

① 在标准模块的通用声明段使用 Public 语句建立一个全局级数组；在模块的通用声明段使用 Private 语句或 Dim 语句建立一个模块级数组；在过程中用 Dim 语句建立一个过程级数组。

② “数组名”需遵循标识符命名约定。

③ “维数定义”形式：

```
[下界1 To] 上界1,[下界2 To] 上界2,…
```

下界和上界规定了数组元素每一维下标的取值范围。省略下界时，VBA 默认其值为 0，可以使用 Option Base 语句将默认下界修改为 1。Option Base 语句的格式如下：

```
Option Base {0|1}
```

Option Base 语句用来声明数组下标的默认下界，必须写在模块的所有过程和带维数的数组定义语句之前，且一个模块中只能出现一次 Option Base 语句，它只影响该语句所在模块中的数组的下界。

④ “类型”可以是 Integer、Long、Single、Double、Boolean、String（可变长度字符串）、String*n（固定长度字符串）、Currency、Byte、Date、Object、Variant 等数据类型。与定义变量类似，一个“As 类型”只能定义一个数组的类型。

⑤ 定义静态数组后，VBA 自动对数组元素进行初始化。例如，将数值型数组元素值置为 0，将可变长度字符串类型数组元素值置为零长度字符串。

⑥ 在编译时计算机为静态数组分配固定大小的存储空间，在运行期其大小不能改变。

（2）动态数组

定义动态数组需要分以下两步进行：

① 在模块级或过程级按以下格式定义一个没有下标的数组。格式为：

```
Public|Private|Dim 数组名()[As 类型],…
```

这里的 Public、Private、Dim 的作用与静态数组的定义相同。

② 在过程级使用下面的 ReDim 语句定义数组的实际大小。格式为：

```
ReDim [Preserve] 数组名(维数定义) [As 类型],…
```

说明：

① ReDim 语句只能出现在过程中。

② 维数定义：通常包含变量或表达式，但其中的变量或表达式应有明确的值。

③ 可以用 ReDim 语句反复改变数组元素及维数的数目。

④ 在定义动态数组的两个步骤中，如果用步骤①定义了数组的类型，则不允许用步骤②改变类型。

⑤ 每次执行 ReDim 语句时，如果不使用 Preserve 关键字，当前存储在数组中的值会全部丢失。VBA 重新对数组元素进行初始化，如将数值型数组元素值置为 0，将可变长度字符串类型数组元素值置为零长度字符串。

⑥ Preserve 为可选的关键字。如果希望使用 ReDim 语句重新定义数组时保留数组中原有的数据，就需要在 ReDim 语句中使用 Preserve 关键字。带有 Preserve 关键字的 ReDim 语句只能改变多维数组最后一维的上界，且不能改变数组的维数。如果改变了其他维或最后一维的下界，运行时就会出错。

8.2.4 函数和表达式

1. 函数

除了在第 4 章介绍的数学函数、字符函数、转换函数、日期函数之外，VBA 还提供了测试函数、颜色函数等。

常用的测试函数如表 1-8-2 所示。

表 1-8-2 常用的测试函数

函　数	功　能
IsArray(E)	测试 E 是否为数组
IsDate(E)	测试 E 是否为日期类型
IsNumeric(E)	测试 E 是否为数值类型
IsNull(E)	测试 E 是否为空
IsError(E)	测试 E 是否为一个程序错误
Eof	测试文件指针是否到文件尾

RGB 颜色函数格式：

```
RGB(r,g,b)
```

功能：通过分别设置参数 r、g、b（红、绿、蓝）的值，产生一个颜色值，参数的取值范围为 0~255。

2. 表达式

用运算符将运算对象（或称为操作数）连接起来即构成表达式。表达式表示了某种求值规则。操作数可以是常量、变量、函数、对象等，而运算符也有各种类型。VBA 表达式中涉及的运算符除第 4 章介绍的算术运算符、字符运算符、关系运算符、逻辑运算符以外，还有对象运算符。

对象运算符有"！"和"."两种：

① "！"运算符：引用一个对象，如窗体、报表、窗体或报表上的控件等。

例如，在名为"登录"的窗体上有一个名为"用户名"的组合框，引用表达式为：

```
Forms![登录]![用户名]
```

② "."运算符：引用一个对象的属性。

例如，引用当前窗体的标题属性（Caption）：Me.Caption。

3. 编码基础

在 VBA 中，通常每条语句占一行，如果一行书写多条语句，语句之间用冒号"："隔开；如果某个语句在一行内没有写完，则可以在下一行继续，并在行的末尾用续行字符表示此行尚未结束。续行字符是一个空格加一个下画字符(_)。

8.3 VBA 的程序基本结构

任何一个程序都可以由 3 种基本结构组成：顺序结构、选择结构和循环结构。

8.3.1 顺序结构

顺序结构是结构化程序最简单的一种结构，其特点是按语句出现的先后次序从上到下（或从左到右）依次执行，程序设计的主要思路是按"输入→处理→输出"的顺序进行设计。

在顺序结构中，通常使用赋值语句、输入语句、输出语句和注释语句、终止语句等。

1. 赋值语句

赋值语句是程序设计中最基本的语句，它可以把指定的值赋给某个变量或某个对象的属性。

格式：

```
变量名=表达式
```

或

```
[对象名.]属性名=表达式
```

功能：首先计算"="号（称为赋值号）右边的表达式的值，然后将此值赋给赋值号左边的变量或对象属性。

例如，以下赋值语句是正确的：

```
X=1
MyStr="Good Morning"
Command1.Caption="确定"
```

而以下赋值语句是错误的，因为赋值号左边是表达式

```
X+1 = X
```

2. 用 InputBox()函数输入数据

格式：

```
InputBox(提示信息[,对话框标题][,默认值])
```

功能：产生一个输入对话框，用户可以在该对话框中输入一个数据。如果单击对话框中的“确定”按钮，则输入的数据将作为函数值返回，返回值为字符串类型；如果单击对话框的“取消”按钮，则函数返回空串（""）。

例如，假设某程序中有如下代码：

```
MyStr=InputBox("提示" & vbCrLf & "信息", "对话框标题", "aaaaaa")
```

执行该行代码时，弹出的输入对话框，如图 1-8-4 所示。可以在文本框中将默认值修改成其他内容，单击“确定”按钮，文本框中的文本返回到变量 MyStr 中；单击“取消”按钮，返回一个零长度的字符串。

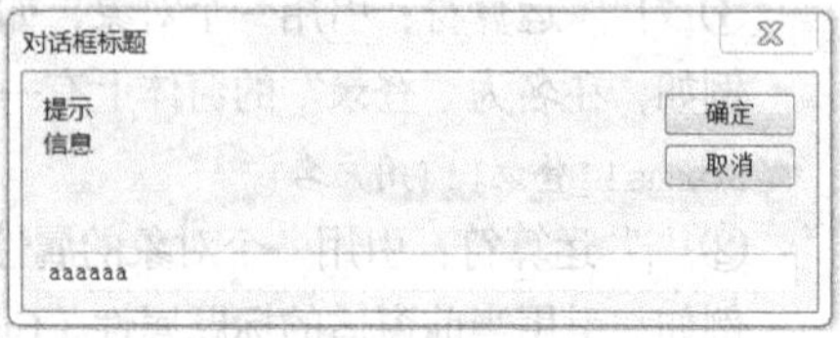

图 1-8-4　输入对话框

3. 用文本框控件输入数据

文本框控件常用来作为输入控件，在运行时接收用户输入的数据。用文本框输入数据时，也就是将文本框的 Text 属性或 Value 属性的内容赋给某个变量。若要设置或返回一个文本框控件的 Text 属性，控件必须具有焦点。

例如，将文本框 Text1 中输入的字符串赋给字符串变量 Mystr，代码如下：

```
Dim MyStr As String
Text1.SetFocus             '焦点定位在 Text1
MyStr=Text1.Text
```

由于文本框的 Text 属性、Value 属性为字符串类型，因此，要想将输入到文本框中的内容作为数值输入，需要进行类型转换。例如，将在文本框 Text1 中输入的内容作为数值赋给整型变量，代码如下：

```
Dim A As Integer
A=Val(Text1.Value)         '这里使用 Val()函数将文本框的内容转换为数值型
```

或使用文本框的 Text 属性，代码如下：

```
Dim A As Integer
Text1.SetFocus             '焦点定位在 Text1
A=Val(Text1.Text)          '这里使用 Val()函数将文本框的内容转换为数值型
```

文本框的 Text 属性是控件具有焦点时的内容。Value 属性则是文本框控件失去焦点后的内容，或者文本框获得焦点时输入新值前的原有内容。

4. 用文本框控件输出数据

文本框控件还可以输出数据。例如，假设变量 X 中存放计算结果，将结果保留 2 位小数并输出到文本框 Text1 中，可以使用以下语句：

```
Text1.SetFocus
Text1.Text=Format(X, "0.00")  'Format 为格式输出函数
```

5. 用标签控件输出数据

用标签控件输出数据，也就是将数据赋给标签的 Caption 属性。例如，如果要在标签 Label1 上显示信息“输入错，请重新输入”，可以使用以下语句：

```
Label1.Caption="输入错，请重新输入"
```

6. 用 MsgBox()函数输出数据

在 Windows 中，如果操作有误，通常会在屏幕上显示一个对话框，提示用户进行选择，然后根据选择确定其后的操作。VBA 提供的 MsgBox()函数就可以实现此功能，它可以显示一个对话框（称为消息框），并可以接收用户在消息框上的选择，以此作为程序继续执行的依据。MsgBox()函数的格式如下：

```
MsgBox(提示信息[,按钮类型][,对话框标题])
```

功能：打开一个消息框，在消息框中显示指定的消息，等待用户单击按钮，并返回一个整数告诉用户单击了哪个按钮。

MsgBox()函数的参数设置值以及函数的返回值可参看帮助。

如果不需要返回值，可以使用 MsgBox 语句，其格式为：

```
MsgBox 提示信息[,按钮类型][,对话框标题]
```

例如，语句

```
MsgBox "必须输入用户名/口令", vbOKOnly, "信息提示"
```

弹出的消息框如图 1-8-5 所示。

图 1-8-5　消息框示例

7. 用 Print 方法输出数据

Print 方法可以在立即窗口（Debug）上输出数据。

格式：

```
Debug.Print[表达式表][{;|,}]
```

说明："表达式表"中的表达式可以是算术表达式、字符串表达式、关系表达式或布尔表达式，多个表达式之间可以用逗号（,）或分号（;）分隔。

8. 注释语句

格式：

```
' |Rem 注释内容
```

功能：给程序中的语句或程序段加上注释内容，以提高程序的可读性。

8.3.2　选择结构

计算机在处理实际问题时，往往需要根据条件表达式的值决定程序的执行方向，在不同的条件下，进行不同的处理。这就需要借助选择结构来实现。

实现选择结构的语句有：单行结构条件语句（If...Then...Else...）、块结构条件语句（If...Then...End If）、多分支选择语句（Select Case...End Select）。实现选择结构的函数有：IIf()函数、Choose()函数、Switch()函数。

1. 单行结构条件语句（If...Then...Else...）

格式：

```
If 条件 Then [语句组1] [Else 语句组2]
```

功能：如果"条件"成立（即"条件"的值为 True），则执行"语句组 1"，否则（即"条件"的值为 False）执行"语句组 2"，如图 1-8-6 所示。

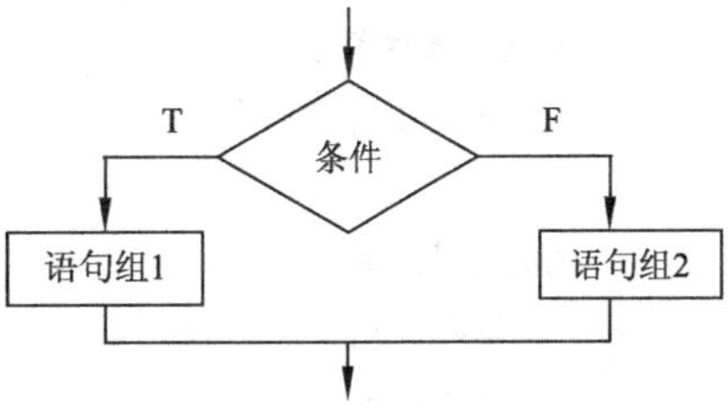

图 1-8-6　单行结构条件语句流程图

2. 块结构条件语句 If...Then...End If

格式：

```
If 条件1 Then
```

```
    [语句组 1]
  [ElseIf 条件 2 Then
    [语句组 2]]
  ...
  [ElseIf 条件 n Then
    [语句组 n]]
  [Else
    [语句组 n+1]]
End If
```

功能：执行块结构条件语句时，首先判断“条件 1”是否成立。如果成立，则执行“语句组 1”；如果不成立，则继续判断 ElseIf 子句中的“条件 2”是否成立。如果“条件 2”成立，则执行“语句组 2”，否则，继续判断以下的各个条件，依此类推。如果“条件 1”到“条件 *n*”都不成立，则执行 Else 子句后面的“语句组 *n*+1”。

当某个条件成立而执行了相应的语句组后，将不再继续往下判断其他条件，而直接退出块结构，执行 End If 之后的语句。功能如图 1-8-7 所示。

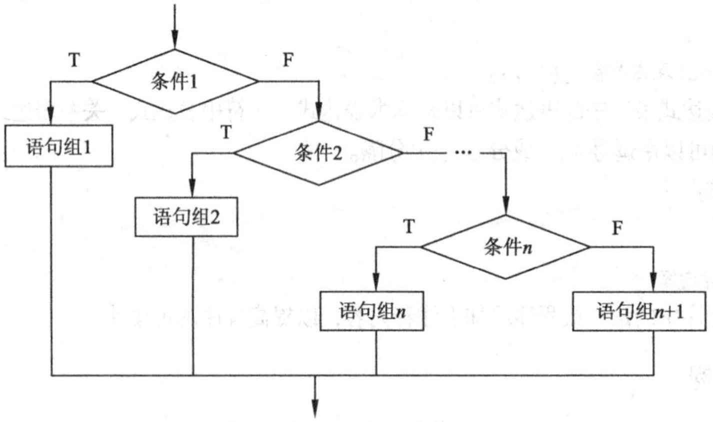

图 1-8-7　块结构条件语句流程图

3. 多分支选择语句 Select Case...End Select

格式：

```
Select Case 测试表达式
  Case 表达式 1
     [语句组 1]
  [Case 表达式 2
     [语句组 2]]
     ...
  [Case 表达式 n
     [语句组 n]]
  [Case Else
     [语句组 n+1]]
End Select
```

功能：根据“测试表达式”的值，按顺序匹配 Case 后的表达式，如果匹配成功，则执行该 Case 下的语句组，然后转到 End Select 语句之后继续执行；如果“测试表达式”的值与各 Case 后的表达式都不匹配，则执行 Case Else 之后的“语句组 *n*+1”，再转到 End Select 语句之后继续执行，如图 1-8-8 所示。

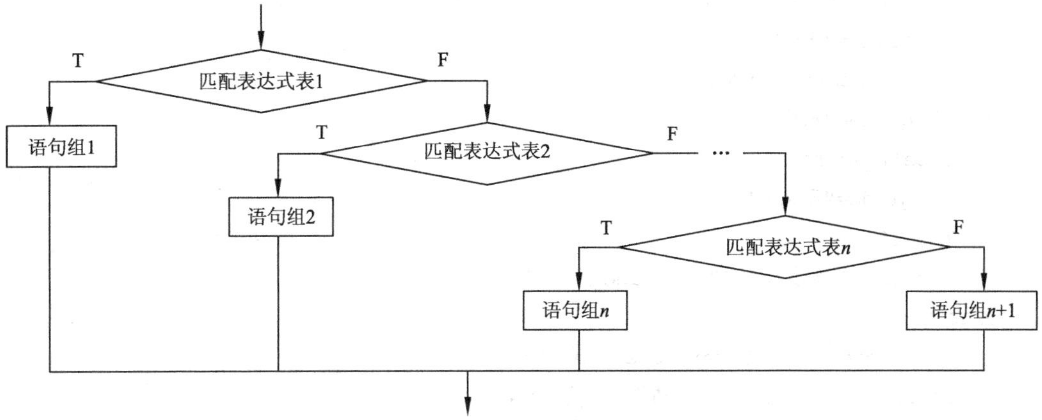

图 1-8-8　多分支选择语句流程图

Case 后的“表达式”可以有如下 3 种形式之一：

```
① 表达式1[,表达式2]...
② 表达式1 To 表达式2
③ Is 关系运算符 表达式
```

以上 3 种形式可以同时出现在同一个 Case 语句之后，各项之间用逗号隔开。

条件语句可以嵌套，即在“语句组”中再使用另一个条件语句。上述的 3 个条件语句可以互相嵌套。

【例 8-1】输入学生的成绩，并划分等级，成绩在 90~100 之间为“优秀”；在 80~89 之间为“良好”；在 70~79 之间为“中等”；在 60~69 之间为“及格”，在 0~59 之间为“不及格”。

方法一：

```
Dim score  As Integer, grade As String
score=Val(InputBox("请输入成绩: "))
If score<0 Or score>100 Then MsgBox "输入的成绩不在[0,100]范围内": Exit Sub
If score>=90 And score<=100 Then grade="优秀"
If score>=80 And score<=89 Then grade="良好"
If score>=70 And score<=79 Then grade="中等"
If score>=60 And score<=69 Then grade="及格"
If score>=0 And score<60 Then grade="不及格"
MsgBox "成绩等级为: " & grade
```

方法二：

```
Dim score  As Integer, grade As String
score=Val(InputBox("请输入成绩: "))
If score<0 Or score > 100 Then
    MsgBox "输入的成绩不在[0,100]范围内": Exit Sub
```

```
    ElseIf score>=90 Then
        grade="优秀"
    ElseIf score>=80 Then
        grade="良好"
    ElseIf score>=70 Then
        grade="中等"
    ElseIf score>=60 Then
        grade="及格"
    ElseIf score>=0 Then
        grade="不及格"
    End If
    MsgBox "成绩等级为: " & grade
```

方法三：

```
    Dim score  As Integer, grade As String
    score = Val(InputBox("请输入成绩: "))
    Select Case Int(score/10)
        Case Is>10, Is<0
            MsgBox "输入的成绩不在[0,100]范围内": Exit Sub
        Case 9 To 10
             grade="优秀"
        Case 8
             grade="良好"
        Case 7
             grade="中等"
        Case 6
             grade="及格"
        Case Else
             grade="不及格"
    End Select
    MsgBox "成绩等级为: " & grade
```

4. IIf()函数

IIf()函数的功能类似于具有两个分支的 If 语句的功能。IIf()函数的格式如下：

```
IIf(表达式, 表达式为 True 时的值, 表达式为 False 时的值)
```

功能：当“表达式”的值为 True 时，返回第二个参数的值；当“表达式”的值为 False 时，返回第三个参数的值。

5. Choose()函数

Choose()函数的功能类似于多分支选择语句的功能。Choose()函数的格式如下：

```
Choose(数值表达式,选项 1,选项 2,...,选项 n)
```

功能：当“数值表达式”的值为 1 时，Choose()函数返回“选项 1”的值；当“数值表达式”的值为 2 时，Choose()函数返回“选项 2”的值；……依此类推。如果“数值表达式”的值不是整数，则会先四舍五入为整数。当数值表达式小于 1 或大于 *n* 时，Choose()函数返回 Null。

6. Switch()函数

Switch()函数的格式如下：

```
Switch(条件1, 结果1[, 条件2, 结果2...])
```

功能：计算顺序为从左到右，将返回第一个为 True 的条件对应的结果值。

8.3.3 循环结构

在程序中，当需要重复相同或相似的操作步骤时，可以用循环结构来实现。

循环结构由以下两部分组成：

① 循环体：规定要重复执行的语句序列。循环体可以重复执行 0 次到若干次。

② 循环控制部分：用于规定循环的重复条件或重复次数，同时确定循环范围。要使计算机能够正常执行某循环，需要由循环控制部分限制循环的执行次数。

VBA 支持的循环结构有：For...Next 循环、While...Wend 循环、Do...Loop 循环。

1. For...Next 循环

格式：

```
For 循环变量=初值 To 终值 [Step 步长]
   语句组1
   [Exit For]
   语句组2
Next [循环变量]
```

VBA 按以下步骤执行 For...Next 循环：

① 将“循环变量”设置为“初值”。

② 判断“循环变量”是否超过“终值”：

- 如果“步长”为正数，则测试“循环变量”是否大于（超过）“终值”。如果是，则退出循环，执行 Next 语句之后的语句，否则继续第③步。
- 如果“步长”为负数，则测试“循环变量”是否小于（超过）“终值”。如果是，则退出循环，执行 Next 语句之后的语句，否则继续第③步。

③ 执行循环体部分，即执行 For 语句和 Next 语句之间的语句组。

④ “循环变量”的值增加“步长”值。

⑤ 返回第②步继续执行。

For...Next 循环的执行过程可以用图 1-8-9 所示的流程图表示。

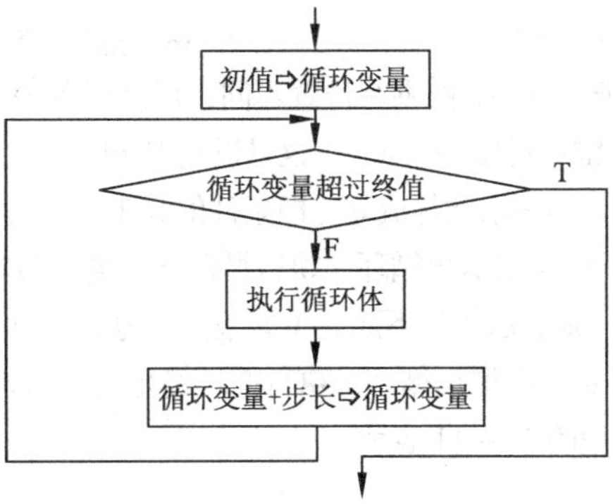

图 1-8-9 For...Next 循环结构流程图

说明：

①"循环变量""初值""终值""步长"都应是数值型的，其中，"循环变量""初值""终值"是必需的。

②"步长"可正可负，也可以省略。如果"步长"省略，则默认为1。

如果"步长"为正，则"初值"必须小于或等于"终值"，否则不能执行循环体内的语句；如果"步长"为负，则"初值"必须大于或等于"终值"，否则不能执行循环体内的语句。

③ Exit For 语句用于退出循环体，执行 Next 语句之后的语句。必要时，循环体中可以放置若干条 Exit For 语句。该语句一般放在某条件结构中，用于表示当某种条件成立时，强行退出循环。当然，循环体中也可以没有 Exit For 语句。

④ Next 语句中的"循环变量"必须与 For 语句中的"循环变量"一致，也可以省略。

2. While...Wend 循环

格式：

```
While 条件
   [语句组]
Wend
```

功能：执行 While... Wend 循环时，当给定"条件"为 True 时，执行 While 与 Wend 之间的"语句组"（即循环体），直到遇到 Wend 语句，随后控制返回到 While 语句并再次检查"条件"。如果"条件"仍为 True，则再次执行循环体。重复以上过程，直到"条件"为 False 时，则不进入循环体，执行 Wend 之后的语句。While...Wend 循环结构的功能可以用图 1-8-10 所示的流程图表示。

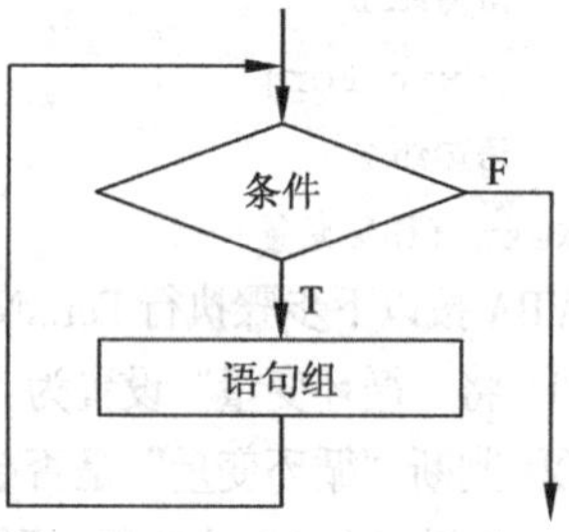

图 1-8-10 While...Wend 循环结构流程图

3. Do...Loop 循环

Do...Loop 循环结构以 Do 语句开头，Loop 语句结束，Do 语句和 Loop 语句之间的语句构成循环体。Do...Loop 循环结构具体有以下 4 种格式：

格式一：

```
Do While 条件
   [语句组1]
   [Exit Do]
   [语句组2]
Loop
```

格式二：

```
Do Until 条件
   [语句组1]
   [Exit Do]
   [语句组2]
Loop
```

格式三：

```
Do
   [语句组1]
   [Exit Do]
   [语句组2]
Loop While 条件
```

格式四：

```
Do
   [语句组1]
   [Exit Do]
   [语句组2]
Loop Until 条件
```

以上 4 种格式的区别在于"条件"的书写位置不同，可以写在 Do 语句之后，也可以写在 Loop 语句之后；"条件"之前的关键字可以是 While，也可以是 Until。

如果使用"While 条件"，则表示条件成立（即条件值为 True）时，执行循环体中的语句组；而当条件不成立（即条件值为 False）时退出循环，执行循环终止语句 Loop 之后的语句。

如果使用"Until 条件"，则表示条件不成立（即条件值为 False）时，执行循环体中的语句组，而当条件成立（即条件值为 True）时退出循环，执行循环终止语句 Loop 之后的语句。

4 种格式的循环功能可以用图 1-8-11 表示。

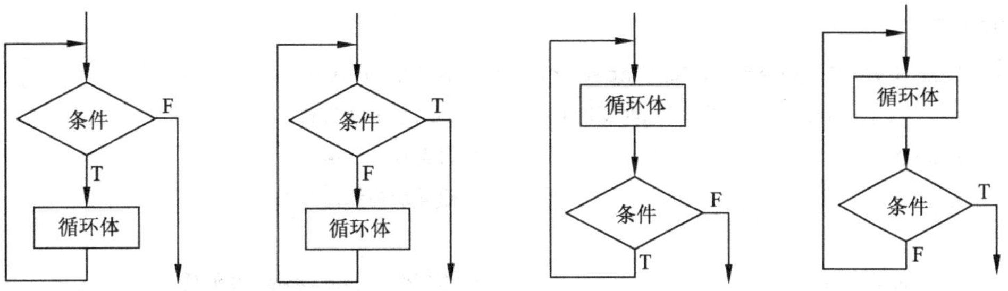

（a）格式一流程图　（b）格式二流程图　（c）格式三流程图　（d）格式四流程图

图 1-8-11　Do...Loop 循环结构的功能

说明：

① Exit Do 语句用于退出循环体，执行 Loop 语句之后的语句。必要时，循环体中可以放置多条 Exit Do 语句。该语句一般放在某条件结构中，用于表示当某种条件成立时，强行退出循环。当然，循环体中也可以没有 Exit Do 语句。

② 在 Do 语句和 Loop 语句之后也可以没有“While 条件”或“Until 条件”，这时循环将无条件地重复，因此在这种情况下，在循环体内必须有强行退出循环的语句，如 Exit Do 语句，以保证循环在执行有限次数后退出。

③ 格式一和格式二属于当型循环，其特点是先判断条件，后决定是否执行循环体，因此循环可能一次都不执行；而格式三和格式四属于直到型循环，其特点是至少要先执行一次循环体，然后再判断循环条件。因此，对于可能在循环开始时循环条件就不满足要求的情况，应该选择使用当型循环。大多数情况下，这两类循环是可以互相代替的。

【例 8-2】 求 1+2+3+⋯+*n* 的值。

方法一：

```
Dim N As Integer, K As Integer, Sum As Integer
N=Val(InputBox("请输入累加项数"))          ' 输入累加总项数
Sum=0                                      ' 设累加和初值为 0
For K=1 To N
   Sum=Sum+K                               ' 循环体：和值=和值+累加项
Next K
MsgBox "和=" & Sum                         ' 输出累加结果
```

方法二：

```
    Dim N As Integer, K As Integer, Sum As Integer
    N=Val(InputBox("请输入累加项数"))          ' 输入累加总项数
    Sum=0                                      ' 设累加和初值为 0
    K=1                                        ' 设累加项初值为 1
    While K<=N
       Sum=Sum+K                               ' 循环体：和值=和值+累加项
       K=K+1                                   ' 累加项=累加项+1
    Wend
MsgBox "和=" & Sum                             ' 输出累加结果
```

方法三：

```
Dim N As Integer, K As Integer, Sum As Integer
N=Val(InputBox("请输入累加项数"))        ' 输入累加总项数
Sum=0                                   ' 设累加和初值为 0
K=1                                     ' 设累加项初值为 1
Do
   Sum=Sum+K                            ' 循环体：和值=和值+累加项
   K=K+1                                ' 累加项=累加项+1
Loop While K<=N
MsgBox "和=" & Sum                          ' 输出累加结果
```

方法四：

```
Dim N As Integer, K As Integer, Sum As Integer
N=Val(InputBox("请输入累加项数"))        ' 输入累加总项数
Sum=0                                   ' 设累加和初值为 0
K=1                                     ' 设累加项初值为 1
Do
   Sum=Sum + K                          ' 循环体：和值=和值+累加项
   K=K+1                                ' 累加项=累加项+1
Loop Until K>N
MsgBox "和=" & Sum                      ' 输出累加结果
```

For...Next 循环结构适用于已知循环次数的情况，While...Wend 循环结构和 Do...Loop 循环结构适用于循环次数未知，只知道循环条件的情况。根据问题的不同选择合适的循环结构来设计程序，往往会使程序设计更方便，程序结构更清楚。

在一个循环体内还可以包含一个完整的循环结构，这就构成了循环的嵌套。根据嵌套的循环层数不同，可以有两层（双重）循环、三层循环等。多层循环的执行过程是，外层循环每执行一次，内层循环就要从头开始执行一轮。

8.3.4 过程

在实际应用中，为了使程序结构更加清楚，或减少代码的重复性，经常将实现某项独立功能的代码或重复次数较多的代码段独立出来，而在需要使用该代码段的位置使用简单的调用语句并指定必要的参数就可以代替该代码段所规定的功能，这种独立定义的代码段叫作“通用过程”。通用过程由编程人员建立，供事件过程或其他通用过程使用（调用），通用过程也称为“子过程”或“子程序”，可以被多次调用。而调用该子过程的过程称为“调用过程”。

在 VBA 中，通用过程分为两类：Function 过程和 Sub 过程。

1. Function 过程

格式：

```
[Public|Private][Static] Function 函数过程名([形参表]) [As 类型]
   [ 语句组 ]
   [ 函数过程名 = 表达式 ]
   [ Exit Function ]
```

```
    [ 语句组 ]
End Function
```

功能：定义函数过程的名称、参数以及构成函数过程体的代码。Function 语句和 End Function 语句之间的语句称为“函数过程体”，函数过程体的功能主要是根据“形参表”指定的参数求得一个函数值，并将该函数值保存在“函数过程名”中，作为过程的返回值。

说明：

① Public：可选项，默认值。使用关键字 Public 表示应用程序中各模块的所有过程都可以调用该函数过程。

② Private：可选项。使用关键字 Private 表示只有本模块中的其他过程才可以调用该函数过程。

③ Static：可选项。如果使用该选项，则过程中的所有局部变量为静态变量。

④ 函数过程名：函数过程的名称，应遵循标识符的命名规则。

⑤ 形参表：即形式参数表，可选项。表示函数过程的参数变量列表，多个参数之间用逗号隔开。“形参表”中的每一个参数的格式为：

```
[ByVal |ByRef] 参数名[( )] [As 类型]
```

其中，“参数名”之前的各关键字均为可选项，使用 ByVal 表示该参数按值传递；使用 ByRef 表示该参数按地址传递。“参数名”是遵循标识符命名规则的任何变量名或数组名；当参数为数组时，参数名之后需要跟一对空圆括号( )；“As 类型”为可选项，用于定义该参数的数据类型。函数过程可以没有参数。

⑥ As 类型：可选项。定义函数过程的返回值的数据类型，可以是 Byte、Boolean、Integer、Long、Currency、Single、Double、Date、String（固定长度除外）、Object、Variant 或用户自定义类型。

⑦ Exit Function 语句：用于从函数过程中退出。通常放在某种条件结构中，表示在满足某种条件时强行退出函数过程。

⑧ 函数过程名 = 表达式：可选项。用于给函数过程赋值。函数过程通过赋值语句“函数过程名 = 表达式”将函数的返回值赋给“函数过程名”。如果省略该语句，则数值函数过程返回 0，字符串函数过程返回空串。

函数过程应该建立在模块的通用声明段，即建立在代码窗口的所有过程之外。当输入函数过程的第一条语句，即 Function 语句并按【Enter】键之后，代码窗口会自动显示函数过程的最后一条语句，即 End Function 语句，且光标会停留在函数过程体内，这时可以编写函数过程体代码，完成所需的功能。也可以使用“插入”→“过程”命令添加一个函数过程。

定义函数过程以后，就可以在应用程序的其他地方调用这个函数过程。调用时通常需要将一些参数传递给函数过程，函数过程利用这些参数进行计算，然后通过函数过程名将结果返回。函数过程的调用与内部函数的调用类似，可以直接在表达式中调用。

格式：

```
函数过程名([实参表])
```

功能：按指定的参数调用已定义的函数过程。

说明：

① 函数过程名：要调用的函数过程的名称。

② 实参表：即实际参数表，指要传递给函数过程的常量、变量或表达式，各参数之间用逗号分隔。如果是数组，在数组名之后要跟一对空圆括号。

【例 8-3】 编写函数过程 Fact 计算 $N!$；输入 m 和 n 的值，调用 Fact 过程计算组合数。计算组合数的公式如下：

$$C_m^n=\frac{m!}{n!(m-n)!}$$

代码如下：

```
Private Sub Command1_Click()
   Dim m As Integer, n As Integer, c As Double
   m=Val(InputBox("请输入整数m"))
   n=Val(InputBox("请输入整数n"))
   c=Fact(m) / (Fact(n) * (Fact(m - n)))     ' 调用 Fact()函数求各阶乘值，计算组合数
   MsgBox c                                   ' 显示组合数
End Sub
Function Fact(n As Integer) As Long           ' 参数 n 为整型、函数值为长整型
   Dim k As Integer, F As Long                ' 定义函数过程体内的局部变量
   F=1                                        ' F 用于保存阶乘值
   For k=1 To n
     F=F*k
   Next k
   Fact=F                                     ' 给函数过程名 Fact 赋值
End Function
```

2. Sub 过程

格式：

```
[Private|Public][Static] Sub 过程名([形参表])
   [语句组]
   [Exit Sub]
   [语句组]
End Sub
```

功能：定义 Sub 过程的名称、参数以及构成子过程体的代码。Sub 语句和 End Sub 语句之间的语句称为“子过程体”，子过程体一般用于根据“形参表”指定的参数进行一系列处理，通过形参表中的参数可以返回 0 个或多个值。

说明：

① 格式中大部分选项的含义同 Function 过程。

② Sub 过程的“过程名”只在调用 Sub 过程时使用，不具有值的意义，因此不能给 Sub 过程的“过程名”定义类型，也不能在 Sub 过程中给“过程名”赋值。

③ Sub 过程可以返回 0 到多个值，且由“形参表”中的参数返回这些值。因此，使用函数过程可以实现的功能，也可以用 Sub 过程实现。

Sub 过程应该建立在模块的通用声明段，即建立在代码窗口的所有过程之外。当输入 Sub 过程的第一条语句并按【Enter】键之后，代码窗口会自动显示 Sub 过程的最后一条语句，即 End Sub 语句，且光标会停留在子过程体内，这时可以编写子过程体代码，完成所需的功能。也可以使用“插入”→“过程”命令添加一个 Sub 过程。

定义好一个 Sub 过程之后，要让其执行，必须使用调用语句执行该过程。调用语句有以下两种格式：

格式一：

```
Call 过程名[(实参表)]
```

格式二：

```
过程名 [实参表]
```

功能：按指定的参数调用已定义的Sub过程。

说明：

① 过程名：必须是一个已定义的Sub过程的名称。

② 实参表：用于指定要传递给Sub过程的常量、变量或表达式，各参数之间用逗号分隔。如果参数是数组，则要在数组名之后跟一对空圆括号。

③ 如果要调用的过程本身没有参数，则省略“实参表”和小圆括号。

④ 调用格式二省略了Call关键字，“过程名”和“实参表”之间要有空格，且“实参表”两边也不能带小圆括号。

【例8-4】编写Sub过程Fact计算$N!$，输入m和n的值，调用Fact过程计算组合数。

```
Private Sub Command1_Click()
   Dim m As Integer, n As Integer, c As Double
   Dim f1 As Long, f2 As Long, f3 As Long
   m=Val(InputBox("请输入整数m"))
   n=Val(InputBox("请输入整数n"))
   Call Fact(m, f1)                      ' 调用后f1=m!
   Call Fact(n, f2)                      ' 调用后f2=n!
   Call Fact(m-n, f3)                    ' 调用后f3=(m-n)!
   c=f1/(f2*f3)
   MsgBox c                              ' 显示组合数
End Sub
Sub Fact(n As Integer, F As Long)        ' 参数F用于返回阶乘值
   Dim k As Integer
   F=1
   For k=1 To n
      F=F * k
   Next k
End Sub
```

3. 参数传递

VBA在调用过程时，使用参数传递的方式实现调用过程与被调用过程之间的数据通信。参数传递可分为按值传递和按地址传递两种。

（1）形参和实参

形参是在Sub过程、Function过程的定义中出现的参数，实参则是在调用Sub过程或Function过程时指定的参数。

调用过程和被调用过程之间通过参数表中的参数来实现数据的传递，形参表与实参表中的参数按位置进行结合，对应位置的参数名字不必相同。一般情况下，要求形参表与实参表中参数的个数、类型、位置顺序必须一一对应。

形参表中的参数可以是：

① 除固定长度字符串之外的合法变量。

② 后面带一对空圆括号的数组。

实参表中的参数可以是：

① 常量；

② 变量；

③ 表达式；

④ 后面带一对空圆括号的数组。

（2）按值传递

按值传递指实参把其值传递给形参而不传递实参的地址。在这种情况下，系统把需要传递的参数复制到形参对应的存储单元，在子程序执行过程中，形参值的改变不会影响调用程序中实参的值，因此，数据的传递是单向的。

当实参为常量或表达式时，数据的传递总是单向的，即按值传递。如果实参是变量，要实现按值传递，就需要使用关键字 ByVal 来对形参进行约束。

（3）按地址传递

按地址传递是指将实参的地址传给形参，使形参和实参具有相同的地址，这就意味着，形参与实参共享同一存储单元。当实参为变量或数组时，形参前面使用关键字 ByRef 进行约束（或省略），表示要按地址传递。按地址传递可以实现调用过程与子过程之间数据的双向传递。

4．过程的作用域

过程的作用域指一个过程允许被访问的范围。过程的定义方法、位置不同，允许被访问的范围也不同。在 VBA 中，可以将过程的作用域分为模块级和全局级。

在定义 Sub 过程或 Function 过程时，如果加 Private 关键字，则这种过程只能被其所在的模块中的其他过程所调用，称为模块级过程。

在定义 Sub 过程或 Function 过程时，如果加 Public 关键字，或者省略 Public 与 Private 关键字，这种过程可以被该应用程序的所有模块中的过程调用，称为全局过程。全局过程所处的位置不同，其调用方式也有所不同。在窗体模块内定义的全局过程，在其他模块中要调用该过程时，必须在过程名前面加上其所在的窗体名；在标准模块内定义的全局过程，在其他模块中可以直接调用，但被调用的过程名必须唯一，否则要加上其所在的标准模块名。

表 1-8-3 列出了过程的作用域及过程的定义、调用规则。

表 1-8-3　过程的作用域及过程的定义、调用规则

作用域	模块级		全局级	
定义位置	窗体（报表）模块	模块	窗体（报表）模块	模块
定义方式	使用 Private 定义。例如： Private Sub Sub1(形参表)		使用 Public 定义（或省略 Public） 例如：[Public] Sub Sub2(形参表)	
能否被本模块中其他过程调用	能	能	能	能
能否被本应用程序中其他模块调用	否	否	能，但必须在过程名前加窗体（报表）名。例如： Call Form_窗体1.Sub2(实参表)	能，但过程名必须唯一，否则必须在过程名前加标准模块名。例如： Call 模块1.Sub2(实参表)

5. 变量的作用域

变量的作用域决定了该变量能被应用程序中的哪些过程访问。按变量的作用域不同，可以将变量分为局部变量、模块级变量和全局变量。

（1）局部变量

局部变量指在过程内用 Dim 语句声明的变量、未声明而直接使用的变量或者用 Static 声明的变量。这种变量只能在本过程中使用，不能被其他过程访问。在其他过程中即使有同名的变量，也与本过程的变量无关，也就是在不同的过程中可以使用同名的变量。除了用 Static 声明的变量外，局部变量在其所在的过程每次运行时都被初始化。

（2）模块级变量

模块级变量指在窗体（报表）模块或标准模块的通用声明段中用 Dim 语句或 Private 语句声明的变量。模块级变量的作用范围是其定义位置所在的模块，可以被本模块中的所有过程访问。在应用程序执行期间，模块级变量一直保持其值，仅在退出应用程序时才释放其存储空间。

（3）全局变量

全局变量指在模块的通用声明段用 Public 语句声明的变量，其作用范围为应用程序的所有过程。在应用程序执行期间，全局变量一直保持其值，仅在退出应用程序时才释放其存储空间。

表 1-8-4 列出了局部变量、模块级变量和全局变量的作用域及声明、使用规则。

表 1-8-4　变量的作用域及声明、使用规则

作用域	局部变量	模块级变量		全局变量	
声明方式	Dim、Static	Dim、Private		Public	
声明位置	过程中	窗体（报表）模块的通用声明段	模块的通用声明段	窗体（报表）模块的通用声明段	模块的通用声明段
能否被本模块中的其他过程使用	否	能		能	
能否被本应用程序中的其他模块使用	否	否		能，但要在变量名前加窗体（报表）名	能

6. 变量的生存期

变量除了作用范围之外，还有生存期，模块级变量和全局变量的生存期和应用程序的生存期相同，也就是在应用程序的生存期内一直保持模块级变量和全局变量的值，在应用程序结束时才释放其存储空间。而局部变量的生存期和其定义方式有关。当一个过程被调用时，系统将给该过程中的局部变量分配存储单元，当该过程执行结束时，可以释放局部变量的存储单元，也可以保留局部变量的存储单元。

（1）动态变量

在过程中的局部变量如果不使用 Static 语句进行声明，则属于动态变量。在程序运行到动态变量所在的过程时，系统为其分配存储空间，并进行初始化，当该过程结束时，释放动态变量所占用的存储空间。

（2）静态变量

如果一个变量用 Static 进行声明，则该变量只被初始化一次，且在应用程序运行期间保留其值。即在每次调用该变量所在的过程时，该变量不会被重新初始化，而在退出变量所在的过程时，不释放该变量所占用的存储空间。

可以在过程中用 Static 语句声明静态变量。格式：

```
Static 变量名 [As 类型]
```

也可以在 Function 过程、Sub 过程的定义语句中加上 Static 关键字，表明该过程内所有的局部变量均为静态变量。格式：

```
Static Function 函数过程名([形参表]) [As 类型]
Static Sub 过程名([形参表])
```

8.5 VBA应用实例

借助 VBA 编程可以实现主页窗体、登录窗体、查询窗体的设计开发。

【例 8-5】设计一个主页窗体，用于显示数据库应用系统的封面并引导系统的登录窗体。

界面设计：在窗体上通过标签控件显示“教学管理系统”、版本等信息。可以通过设置窗体的“图片”属性设置窗体的背景图片。将窗体的记录选择器、导航按钮两个属性均设置为否，存盘文件名设为“主页”。设计界面如图 1-8-12 所示。

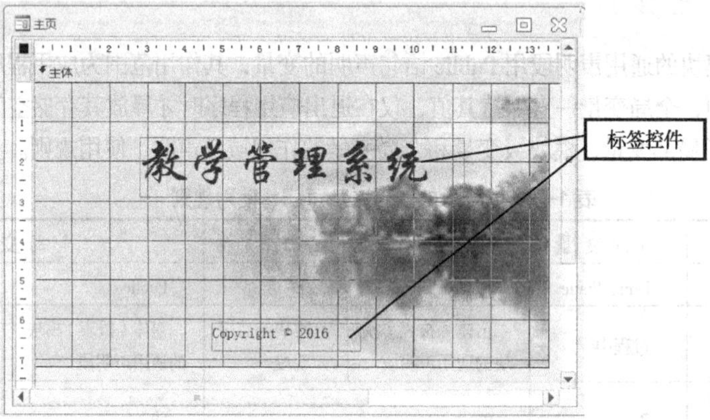

图 1-8-12 “主页”窗体界面设计

代码如下：

```
Private Sub Form_Load()
   Me.Caption="教学管理系统"                  ' 设置窗体标题栏显示内容
   Me.TimerInterval = 100                    ' 设置定时器时间间隔为 100ms
End Sub
Private Sub Form_Timer()
   Static i As Integer
   i=i+1
   If i=30 Then
      DoCmd.Close acForm, "主页"             ' 关闭当前窗体："主页"
      DoCmd.OpenForm "登录"                  ' 打开"登录"窗体
   End If
End Sub
```

VBA 中可以通过调用 DoCmd 对象的方法来实现对 Access 的各种操作。常用的方法如表 1-8-5 所示。

表 1-8-5 DoCmd 对象的常用方法

方 法	语 法	说 明
OpenForm	DoCmd.OpenForm 窗体名	打开一个窗体
OpenQuery	DoCmd.OpenQuery 查询名	运行一个查询
OpenReport	DoCmd.OpenReport 报表名	打开报表
OpenModule	DoCmd.OpenModule 模块名	运行模块
OpenTable	DoCmd.OpenTable 表名	打开表
Close	DoCmd.Close 对象类型,对象名	关闭对象
RunMacro	DoCmd.RunMacro 宏名	运行宏
RunSQL	DoCmd.RunSQL 查询语句	运行查询语句

其中，Close 方法中的对象类型如表 1-8-6 所示。

表 1-8-6 Close 方法中的对象类型

对象类型	说 明	对象类型	说 明	对象类型	说 明
acDefault	（默认值）	acMacro	宏	acReport	报表
acDiagram	图	acModule	模块	acTable	表
acForm	窗体	acQuery	查询		

【例 8-6】设计一个登录窗体，检验用户名及口令。用户名、口令正确就引导系统的控制面板，否则关闭窗体。存盘文件名为“登录”。界面设计如图 1-8-13 所示。窗体及其上控件的属性设置如表 1-8-7 所示。

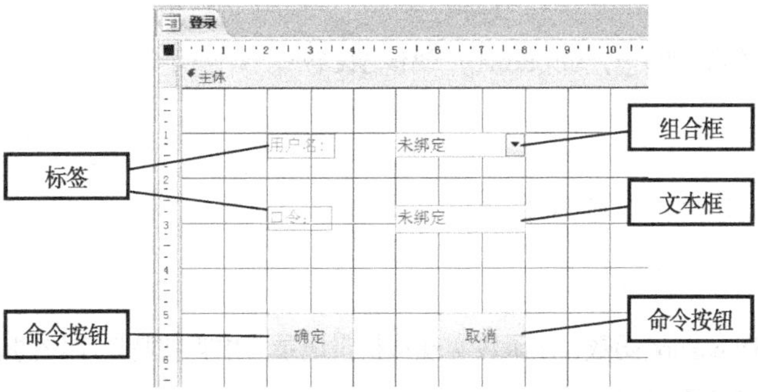

图 1-8-13 “登录”窗体界面设计

表 1-8-7 登录窗体及其上控件的属性设置

对 象	属 性	属 性 值
组合框	名称	用户名
	行来源	SELECT 姓名 FROM 学生
与组合框绑定标签	标题	用户名
文本框	名称	口令
	输入掩码	密码
与文本框绑定标签	标题	口令
命令按钮	名称	CmdOk
	标题	确定

续表

对　象	属　性	属 性 值
命令按钮	名称	CmdCancel
	标题	取消
窗体	记录选择器	否
	导航按钮	否

代码如下：

```
Private Sub CmdOk_Click()
  Dim cond As String
  Dim ps As String
  If IsNull(Forms![登录]![用户名]) Or IsNull(Forms![登录]![口令]) Then
    MsgBox "必须输入用户名/口令", vbOKOnly, "信息提示"
    Exit Sub
  End If
  cond="姓名='" & Forms![登录]![用户名] & "'"
  ps=DLookup("姓名", "学生", cond)
 If ps=Forms![登录]![口令] Then
   MsgBox "欢迎使用本系统", vbOKOnly, "信息提示"
   DoCmd.Close acForm, "登录"
   DoCmd.OpenForm "控制面板"
 Else
   MsgBox "不存在该用户", vbOKOnly, "信息提示"
 End If
End Sub
Private Sub CmdCancel_Click()
  DoCmd.Close
End Sub
```

本程序中用到了 DLookup()函数，该函数实现从指定记录集中查找特定字段的值。函数格式如下：

```
DLookup(表达式,记录集,条件)
```

本例中用户名和口令是一致的，所以使用 DLookup("姓名","学生",cond)函数，根据用户名查找学生表中的姓名字段值。

【例 8-7】设计一个查询窗体，设计界面如图 1-8-14 所示。窗体及其上控件的属性设置如表 1-8-8 所示。运行时，从“班级”组合框的下拉列表中选择班级编号，则“学生子窗体”中显示相应信息；从“出生年月”组合框下拉列表中选择年份，则“学生子窗体”中显示相应信息。窗体的存盘文件名为“学生查询窗体”。

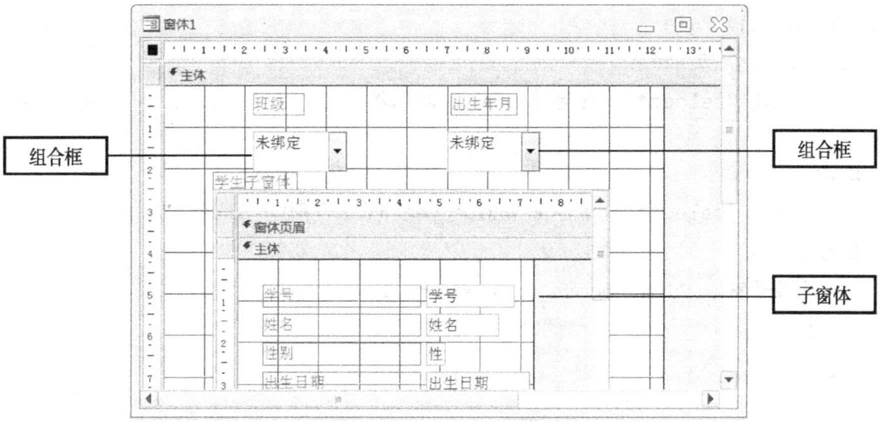

图 1-8-14 “查询”窗体界面设计

表 1-8-8 查询窗体及其上控件的属性设置

对　象	属　性	属 性 值
组合框	名称	Class
	行来源	SELECT DISTINCT 学生.班级编号 FROM 学生;
与组合框绑定标签	标题	班级
组合框	名称	Birth
	行来源类型	值列表
	行来源	1997;1998;1999
与组合框绑定标签	标题	出生年月
子窗体	名称	学生子窗体
窗体	记录选择器	否
	导航按钮	否
	标题	查询学生班级编号或出生年月

代码如下：

```
Private Sub Class_Click()
   Dim strsql As String
   If Class<>"" Then
      If Birth<>"" Then
         strsql="select * from 学生 where 班级编号='" & Class & "' and year(出生日
期)>=Birth "
      Else
         strsql="select * from 学生 where 班级编号='" & Class & "'"
      End If
      Me.学生子窗体.Form.RecordSource=strsql
   End If
End Sub
Private Sub Birth_Click()
   Dim strsql As String
```

```
    If Birth<>"" Then
      If Class<>"" Then
        strsql="select*from 学生 where 班级编号='" & Class & "' and year(出生日期)>=Birth "
     Else
        strsql="select*from 学生 where year(出生日期)>=Birth "
     End If
      Me.学生子窗体.Form.RecordSource=strsql
    End If
  End Sub
```

习　题

一、单项选择题

1. 在 VBA 中，能自动检查出来的错误是（　　）。

A. 语法错误　　B. 逻辑错误　　C. 运行错误　　D. 注释错误

2. 要显示当前过程中的所有变量及对象的取值，可以利用的调试窗口是（　　）。

A. 监视窗口　　B. 调用堆栈　　C. 立即窗口　　D. 本地窗口

3. VBA 中构成对象的三要素是（　　）。

A. 属性、事件、方法　　B. 控件、属性、事件

C. 窗体、控件、过程　　D. 窗体、控件、模块

4. VBA 中定义符号常量使用的关键字是（　　）。

A. Const　　B. Dim　　C. Public　　D. Static

5. 下列变量名中，合法的是（　　）。

A. 4A　　B. A-1　　C. ABC_1　　D. private

6. 下列给出的选项中，非法的变量名是（　　）。

A. Sum　　B. Integer_2　　C. Rem　　D. Form1

7. 如果 A 为 Boolean 型数据，则下列赋值语句正确的是（　　）。

A. A="true"　　B. A=.true.　　C. A=#TURE#　　D. A=3<4

8. Dim bl,b2 As Boolean 语句显式声明变量（　　）。

A. bl 和 b2 都为布尔型变量　　B. bl 是整型，b2 是布尔型

C. bl 是变体型（可变型），b2 是布尔型　　D. bl 和 b2 都是变体型（可变型）

9. 在模块的声明部分使用 Option Base 1 语句，然后定义二维数组 A(2 To 5，5)，则该数组的元素个数为（　　）。

A. 20　　B. 24　　C. 25　　D. 36

10. VBA 语句 Dim NewArray(10) As Integer 是（　　）。

A. 定义 10 个整型数构成的数组 NewArray

B. 定义 11 个整型数构成的数组 NewArray

C. 定义 1 个值为整型数的变量 NewArray(10)

D. 定义 1 个值为 10 的变量 NewArray

11. 下列表达式计算结果为日期类型的是（　　）。（注：DateValue()函数将文本的日期转换为日期型数据）

A. #2012-1-23#-#2011-2-3#　　B. year(#2011-2-3#)

C. DateValue("2011-2-3")　　D. Len("2011-2-3")

12. 表达式 B=INT(A+0.5)的功能是（　　）。

A. 将变量 A 保留小数点后 1 位　　B. 将变量 A 四舍五入取整

C. 将变量 A 保留小数点后 5 位　　D. 舍去变量 A 的小数部分

13. 如果 X 是一个正的实数，保留两位小数将千分位四舍五入的表达式是（　　）。

A. 0.01*Int(X+0.05)　　B. 0.01*Int(100*(X+0.005))

C. 0.01*Int(X+0.005)　　D. 0.01*Int(100*(X+0.05))

14. 下列表达式计算结果为数值类型的是（　　）。

A. #5/5/2010#-#/1/2010#　　B. "102">"11"

C. 102=98+4　　D. #5/1/2010#+5

15. 要将“选课成绩”表中学生的“成绩”取整，可以使用的函数是（　　）。

A. Abs([成绩])　　B. Int([成绩])　　C. Sqr([成绩])　　D. Sgn([成绩])

16. 将一个数转换成相应字符串的函数是（　　）。

A. Str　　B. String　　C. Asc　　D. Chr

17. 要将一个数字字符串转换成对应的数值，应使用的函数是（　　）。

A. Val　　B. Single　　C. Asc　　D. Space

18. 下列不属于 VBA 函数的是（　　）。

A. Choose　　B. If　　C. IIf　　D. Switch

19. InputBox()函数的返回值类型是（　　）。

A. 数值　　B. 字符串

C. 视输入的数据而定　　D. 变体

20. 可以用 InputBox()函数产生“输入对话框”。执行语句：

```
st=InputBox("请输入字符串","字符串对话框","aaaa")
```

当用户输入字符串“bbbb”，单击“确定”按钮后，变量 st 的内容是（　　）。

A. aaaa　　B. 请输入字符串　　C. 字符串对话框　　D. bbbb

21. 下列能够交换变量 X 和 Y 值的程序段是（　　）。

A. Y=X:X=Y　　B. Z=X:Y=Z:X=Y

C. Z=X:X=Y:Y=Z　　D. Z=X:W=Y:Y=Z:X=Y

22. 下列属于通知或警告用户的命令是（　　）。

A. PrintOut　　B. OutputTo　　C. MsgBox　　D. RunWamings

23. 如果在文本框内输入数据后，按【Enter】键或按【Tab】键，输入焦点可立即移至下一指定文本框，应设置（　　）。

A. “制表位”属性　　B. “Tab 键索引”属性

C. “自动 Tab 键”属性　　D. “Enter 键行为”属性

24. 窗体 Caption 属性的作用是（　　）。

A. 确定窗体的标题　　B. 确定窗体的名称

C. 确定窗体的边界类型　　D. 确定窗体的字体

25. MsgBox()函数使用的正确语法是（　　）。

A. MsgBox(提示信息[,标题][,按钮类型])

B. MsgBox(标题[,按钮类型][,提示信息])

C. MsgBox(标题[,提示信息][,按钮类型])

D. MsgBox(提示信息[,按钮类型][,标题])

26. 下列属性中，属于窗体的“数据”类属性的是（　　）。

A. 记录源　B. 自动居中　C. 获得焦点　D. 记录选择器

27. 在 Access 中为窗体上的控件设置【Tab】键的顺序，应选择“属性”对话框的（　　）。

A. “格式”选项卡　B. “数据”选项卡

C. “事件”选项卡　D. “其他”选项卡

28. 窗体中有 3 个命令按钮，分别命名为 Command1、Command2 和 Command3。当单击 Command1 按钮时，Command2 按钮变为可用，Command3 按钮变为不可见。下列 Command1 的单击事件过程中，正确的是（　　）。

A.
```
Private Sub Command1_Click()
    Command2.Visible=True
    Command3.Visible=False
End Sub
```

B.
```
Private Sub Command1_Click()
    Command2.Enabled=True
    Command3.Enabled=False
End Sub
```

C.
```
Private Sub Command1_Click()
    Command2.Enabled=True
    Command3.Visible=False
End Sub
```

D.
```
Private Sub Command1_Click()
    Command2.Visible=True
    Command3.Enabled=False
End Sub
```

29. 因修改文本框中的数据而触发的事件是（　　）。

A. Change　B. Edit　C. GetFocus　D. LostFocus

30. 启动窗体时，系统首先执行的事件过程是（　　）。

A. Load　B. Click　C. Unload　D. GotFocus

31. 下列关于对象“更新前”事件的叙述中，正确的是（　　）。

A. 在控件或记录的数据变化后发生的事件

B. 在控件或记录的数据变化前发生的事件

C. 当窗体或控件接收到焦点时发生的事件

D. 当窗体或控件失去了焦点时发生的事件

32. 若窗体 Frm1 中有一个命令按钮 Cmd1，则窗体和命令按钮的 Click 事件过程名分别为（　　）。

A. Form_Click()和 Command1_Click()　B. Frm1_Click()和 Command1_Click()

C. Form_Click()和 Cmd1_Click()　D. Frm1_Click()和 Cmd1_Click()

33. 在打开窗体时，依次发生的事件是（　　）。

A. 打开（Open）→加载（Load）→调整大小（Resize）→激活（Activate）

B. 打开（Open）→激活（Activate）→加载（Load）→调整大小（Resize）

C. 打开（Open）→调整大小（Resize)→加载（Load）→激活（Activate）

D. 打开（Open）→激活（Activate）→调整大小（Resize）→加载（Load）

34. 如果在被调用的过程中改变了形参变量的值，但又不影响实参变量本身，这种参数传递方式为（　　）。

A. 按值传递　　B. 按地址传递　　C. ByRef 传递　　D. 按形参传递

35. 在窗体上有一个命令按钮（Command1），编写事件代码如下：

```
Private Sub Command1_Click()
    Dim d1 As Date
    Dim d2 As Date
    d1 = #12/25/2009#
    d2 = #1/5/2010#
    MsgBox DateDiff("w", d1, d2)
End Sub
```

打开窗体运行后，单击命令按钮，消息框中输出的结果是（　　）。

A. 1　　B. 2　　C. 10　　D. 11

36. 下面 4 个选项中，不是 VBA 的条件函数的是（　　）。

A. Choose　　B. If　　C. IIf　　D. Switch

37. 在窗体中有一个文本框 Text1，编写事件代码如下：

```
Private Sub Form_Click()
    X=Val(InputBox("输入 x 的值"))
    Y=1
    If X<>0 Then Y=2
    Text1.Value=Y
End Sub
```

打开窗体运行后，在输入框中输入整数 12，文本框 Text1 中输出的结果是（　　）。

A. 1　　B. 2　　C. 3　　D. 4

38. 运行下列程序段，结果是（　　）。

```
For m=10 To 1 Step 0
    k=k + 3
Next m
```

A. 形成死循环　　B. 循环体不执行即结束循环

C. 出现语法错误　　D. 循环体执行一次后结束循环

39. 由 For i=1 To 9 Step -3 决定的循环结构，其循环体将被执行（　　）。

A. 0 次　　B. 1 次　　C. 4 次　　D. 5 次

40. 有如下事件程序，运行该程序后输出结果是（　　）。

```
Private Sub Command1_Click()
    Dim x As Integer, y As Integer
    x=1: y=0
    Do Until y <= 25
        y=y+x*x
        x=x+1
    Loop
    MsgBox "x=" & x & ",y=" & y
```

```
End Sub
```

A. x=l,y=0　　B. x=4,y=25　　C. x=5，y=30　　D. 输出其他结果

41. 若变量 i 的初值为 8，则下列循环语句中循环体的执行次数为（　　）。

```
Do While i <= 17
i = i + 2
Loop
```

A. 3 次　　B. 4 次　　C. 5 次　　D. 6 次

42. 运行下列程序，结果是（　　）。

```
Private Sub Command1_Click()
    f0=1: f1=1: k=1
    Do While k <= 5
        f=f0+f1
        f0=f1
        f1=f
        k=k+1
    Loop
    MsgBox "f=" & f
End Sub
```

A. f=5　　B. f=7　　C. f=8　　D. f=13

43. 若有以下窗体单击事件过程:

```
Private Sub Form_Click()
    result=1
    For i=1 To 6 Step 3
        result=result*i
    Next i
    MsgBox result
End Sub
```

打开窗体运行后，单击窗体，则消息框的输出内容是（　　）。

A. 1　　B. 4　　C. 15　　D. 120

44. 运行下列程序，输入数据 8、9、3、0 后，窗体中显示结果是（　　）。

```
Private Sub Form_Click()
    Dim sum As Integer, m As Integer
    sum=0
    Do
        m=InputBox("输入m")
        sum=sum+m
    Loop Until m=0
    MsgBox sum
End Sub
```

A. 0　　B. 17　　C. 20　　D. 21

45. 窗体中有命令按钮 Command1，对应的事件代码如下:

```
Private Sub Command1_Click()
    Dim num As Integer, a As Integer, b As Integer, i As Integer
    For i=1 To 10
        num=Val(InputBox("请输入数据: ", "输入"))
        If Int(num/2)=num/2 Then
            a=a+1
        Else
            b=b+1
        End If
    Next i
    MsgBox "运行结果: a=" & Str(a) & ", b=" & Str(b)
End Sub
```

运行以上事件过程，所完成的功能是（　　）。

A. 对输入的10个数据求累加和

B. 对输入的10个数据求各自的余数，然后再进行累加

C. 对输入的10个数据分别统计奇数和偶数的个数

D. 对输入的10个数据分别统计整数和非整数的个数

46. 在窗体上有一个命令按钮Command1和一个文本框Text1，编写事件代码如下：

```
Private Sub Command1_Click()
    Dim i, j, x
    For i=1 To 20 Step 2
        x=0
        For j=i To 20 Step 3
            x=x+1
        Next j
    Next i
    Text1.Value=Str(x)
End Sub
```

打开窗体运行后，单击命令按钮，文本框中显示的结果是（　　）。

A. 1　　B. 7　　C. 17　　D. 400

47. 在窗体中有一个命令按钮（Command1和一个文本框Text1，编写事件代码如下：

```
Private Sub Command1_Click()
    For i=1 To 4
        x=3
        For j=1 To 3
            For k=1 To 2
                x=x+3
            Next k
        Next j
    Next i
    Text1.Value=Str(x)
```

```
End Sub
```

打开窗体运行后，单击命令按钮，文本框 Text1 输出的结果是（　　）。

A. 6　　B. 12　　C. 18　　D. 21

48. 在 VBA 中，下列关于过程的描述中正确的是（　　）。

A. 过程的定义可以嵌套，但过程的调用不能嵌套

B. 过程的定义不可以嵌套，但过程的调用可以嵌套

C. 过程的定义和过程的调用均可以嵌套

D. 过程的定义和过程的调用均不能嵌套

49. 在窗体中添加一个名称为 Command1 的命令按钮，然后编写如下事件代码，

```
Private Sub Command1_Click()
   MsgBox f(24, 18)
End Sub
Public Function f(m As Integer, n As Integer) As Integer
   Do While m<>n
      Do While m>n
         m=m-n
      Loop
      Do While m<n
         n=n-m
      Loop
   Loop
   f = m
End Function
```

窗体打开运行后，单击命令按钮，则消息框的输出结果是（　　）。

A. 2　　B. 4　　C. 6　　D. 8

50. 在窗体上有一个命令按钮 Command1，编写事件代码如下：

```
Private Sub Command1_Click()
   Dim x As Integer, y As Integer
   x=12: y=32
   Call Proc(x, y)
   Debug.Print x; y
End Sub
Public Sub Proc(n As Integer, ByVal m As Integer)
   n=n Mod 10
   m=m Mod 10
End Sub
```

打开窗体运行后，单击命令按钮，立即窗口上输出的结果是（　　）。

A. 2　32　　B. 12　3　　C. 2　2　　D. 12　32

51. 窗体中有命令按钮 Command1，事件过程如下：

```
Public Function f(x As Integer) As Integer
```

```
    Dim y As Integer
    x=20
    y=2
    f=x*y
End Function
Private Sub Command1_Click()
    Dim y As Integer
    Static x As Integer
    x=10
    y=5
    y=f(x)
    Debug.Print x; y
End Sub
```

运行程序，单击命令按钮，则立即窗口中显示的内容是（　　）。

A. 10　5　　B. 10　40　　C. 20　5　　D. 20　40

52. 窗体中有命令按钮 Command1 和文本框 Text1，事件过程如下：

```
Function result(ByVal x As Integer) As Boolean
    If x Mod 2=0 Then
        result=True
    Else
        result=False
    End If
End Function
Private Sub Command1_Click()
    x=Val(InputBox("请输入一个整数"))
    If_____Then
        Text1.Value=Str(x) & "是偶数."
    Else
        Text1.Value=Str(x) & "是奇数."
    End If
End Sub
```

运行程序，单击命令按钮，输入 19，在 Text1 中会显示“19 是奇数”。那么在程序的横线上应填写（　　）。

A. NOT result(x)　　B. result(x)

C. result(x)="奇数"　　D. result(x)="偶数"

53. 若有如下 Sub 过程：

```
Sub sfun(x As Single, y As Single)
    t=x
    x=t/y
    y=t Mod y
End Sub
```

在窗体中添加一个命令按钮 Command1，对应的事件过程如下：

```
Private Sub Command1_Click()
    Dim a As Single
    Dim b As Single
    a=5: b=4
    sfun a, b
    MsgBox a & Chr(10)+Chr(13) & b
End Sub
```

打开窗体运行后，单击命令按钮，消息框中有两行输出，内容分别为（　　）。

A. 1 和 1　　B. 1.25 和 1　　C. 1.25 和 4　　D. 5 和 4

54. 在窗体中有一个命令按钮 Command1，编写事件代码如下：

```
Private Sub Command1_Click()
    Dim s As Integer
    s=P(1)+P(2)+P(3)+P(4)
    Debug.Print s
End Sub
Public Function P(N As Integer)
    Dim Sum As Integer
    Sum=0
    For i=1 To N
        Sum=Sum+i
    Next i
    P=Sum
End Function
```

打开窗体运行后，单击命令按钮，输出结果是（　　）。

A. 15　　B. 20　　C. 25　　D. 35

55. 能够实现从指定记录集里检索特定字段值的函数是（　　）。（注：Nz 函数处理数据的空值问题）

A. Nz　　B. Find　　C. Lookup　　D. DLookup

56. 在已建窗体中有一命令按钮（名为 Command1），该按钮的单击事件对应的 VBA 代码为：

```
Private Sub Command1_Click()
    subT.Form.RecordSource="select*from 雇员"
End Sub
```

单击该按钮实现的功能是（　　）。

A. 使用 select 命令查找“雇员”表中的所有记录

B. 使用 select 命令查找并显示“雇员”表中的所有记录

C. 将 subT 窗体的数据来源设置为一个字符串

D. 将 subT 窗体的数据来源设置为“雇员”表

57. 在 VBA 中要打开名为“学生信息录入”的窗体，应使用的语句是（　　）。

A. DoCmd.OpenFom"学生信息录入"　　B. OpenForm "学生信息录入"

C. DoCmd.OpenWindow "学生信息录入"　D. OpenWindow "学生信息录入"

58. 下列程序段的功能是实现“学生”表中“年龄”字段值加 1:

```
Dim Str As String
Str="______"
Docmd.RunSQL Str
```

横线上应填入的程序代码是（　　）。

A. 年龄=年龄+1　B. Update 学生 Set 年龄=年龄+1

C. Set 年龄=年龄+1　D. Edit 学生 Set 年龄=年龄+1

二、填空题

1. 假设有一个空白窗体，窗体加载时，将窗体的记录源设置为“学生”；窗体的标题栏上显示“××××年等级考试”，其中“××××”为系统日期的年份。请将程序补充完整。

```
Private Sub ________Load()
    ______________________________ = "学生"
    ______________________________________
End Sub
```

2. 窗体加载时弹出输入框提示“请输入 0~4 的值”，并将命令按钮 Command2 设置为不可用，单击命令按钮 Command1，根据输入的值判断：如果输入的是 0，则打开表对象“学生”；如果输入的是 1，则打开窗体“添加学生”；如果输入的是 2，则打开报表“学生成绩单”；如果输入的是 3，则打开查询“学生查询”；如果输入的是 4，则运行宏“测试宏”；如果输入的值不在此范围内，则显示消息框提示“输入的值应在 0~4 范围内”，退出过程；将命令按钮 Command2 设置为可用。单击命令按钮 Command2，根据输入的值判断：如果输入的是 0，则关闭表对象；如果输入的是 1，则关闭窗体对象；如果输入的是 2，则关闭报表对象；如果输入的是 3，则关闭查询对象；如果输入的是 4，则关闭宏；如果输入的值不在此范围内，则显示消息框提示“输入的值应在 0~4 范围内”。请将程序补充完整。

```
______________________________
Private Sub Command1_Click()
Select Case a
    Case 0
        DoCmd.OpenTable "学生"
    Case 1
        ______________________________
    Case 2
        ______________________________, acViewPreview
    Case 3
        DoCmd.OpenQuery "学生查询"
    Case 4
        DoCmd.RunMacro "测试宏"
    Case Else
        ______________________________
        Exit Sub
```

```
End Select
Command2.__________ =True
End Sub
Private Sub Command2_Click()
Select Case a
   Case 0
      ______________________________
   Case 1
      DoCmd.Close acForm, "添加学生"
   Case 2
      DoCmd.Close acReport, "学生成绩单"
   Case 3
      ______________________________
   Case 4
      DoCmd.Close acMacro, "测试宏"
   Case Else
      MsgBox "输入的值应在0~4范围内"
End Select
End Sub
Private Sub Form_Load()
a=Val(______________________________)
Command2.Enabled=False
End Sub
```

实践篇

实验 1

数据库设计 «‹

1．实验目的

① 掌握概念模型的设计方法以及转换为关系模型的方法。

② 掌握创建空数据库的方法。

2．实验内容

【实验 1-1】需求分析阶段获取了如下信息：

学院：学院编号、学院名称、院长姓名、电话、地址

系：系编号、系名称

专业：专业编号、专业名称、负责人、学科门类

教师：工号、姓名、性别、出生日期、参加工作日期、政治面貌、学历、职称

课程：课程编号、课程名称、课程类别、学时、学分、学期

学生：学号、姓名、性别、出生日期、党员否、籍贯

"学院"管理若干个"系"，每个系只归一个学院管理；"系"包含若干"专业"，每个专业只属于一个系；"系"聘任若干位"教师"，每位教师只在一个系中任职；"教师"讲授"课程"，每位教师可以讲授多门课程，每门课程可以由多位教师讲授，每位教师每讲授一门课程就安排教室、星期、节次、起止周；"学生"选修"课程"，每位学生可以选修多门课程，每门课程可以有多位学生选修，每位学生每选修一门课程就有成绩。"学生"只能主修一个"专业"，每个专业可以有若干学生主修。

【实验 1-2】设计概念模型。

【实验 1-3】将概念模型转换为关系模型。

【实验 1-4】创建空数据库，存盘文件名为"土 16150 张三"（下画线部分以自己的***班级学号姓名***命名，不要加空格等符号）。认识 Access 2010 界面组成。

操作步骤：

① 选择"开始"→"所有程序"→Microsoft Office→Microsoft Access 2010，打开 Access 2010 的 BackStage 视图，如图 2-1-1 所示。

② 选择"空数据库"，单击文件名右侧的"浏览"按钮，打开"文件新建数据库"对话框，如图 2-1-2 所示。

③ 在"文件新建数据库"对话框中，修改"保存位置"为 D 盘或 E 盘（严禁存放到桌面），创建文件名为"土 16150 张三.accdb"（下画线部分以自己的班级学号姓名命名，不要加空格等符号），单击"确定"按钮后返回图 2-1-1，单击"创建"按钮。

④ 认识 Access 2010 界面组成，如图 2-1-3 所示。

图 2-1-1　Backstage 视图

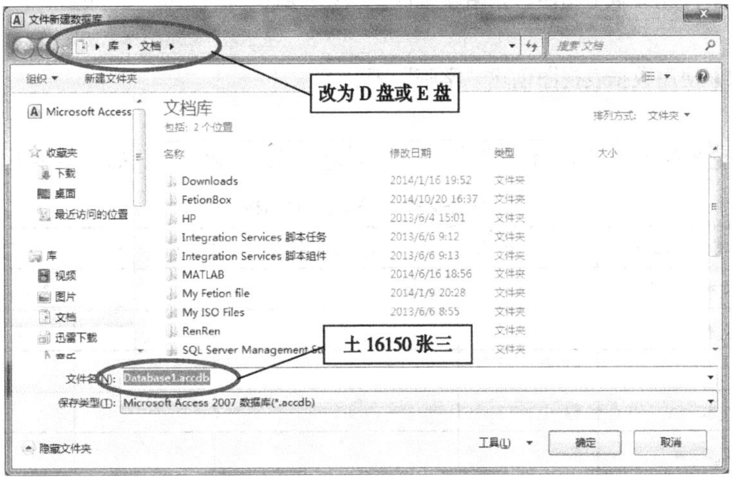

图 2-1-2　“文件新建数据库”对话框

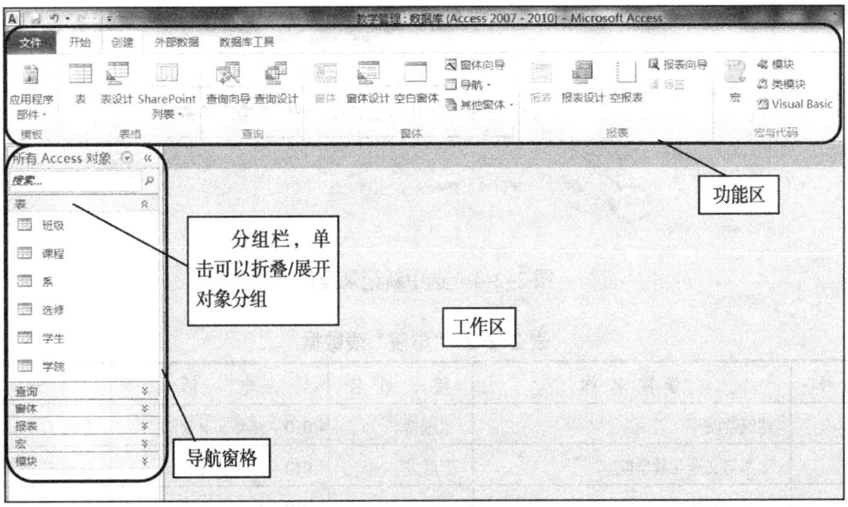

图 2-1-3　Access 2010 主窗口

⑤ 选择“文件”→“关闭数据库”命令关闭数据库。

实验 2

表 操 作

1. 实验目的

熟练掌握数据表的建立、数据表的维护及其数据表的操作。

2. 实验内容

【实验 2-1】 打开实验 1 创建的数据库文件。注意：若出现黄色的“安全警告”，则单击上面的“启用内容”。

【实验 2-2】 使用数据表视图创建“学院”表。

操作步骤：

① 参照理论篇第 3 章例 3-1 使用数据表视图创建“学院”表结构，如表 2-2-1 所示。

表 2-2-1 “学院”表结构

字段名称	数据类型	字段大小	完整性	索引	其他字段属性
学院编号	文本	2	主键		输入掩码：LL
学院名称	文本	9			
院长姓名	文本	3			
电话	文本	13			
地址	文本	5			

② 单击表行前的新记录图标，选中整行，如图 2-2-1 所示，将表 2-2-2 所示的“学院”表数据进行复制、粘贴。

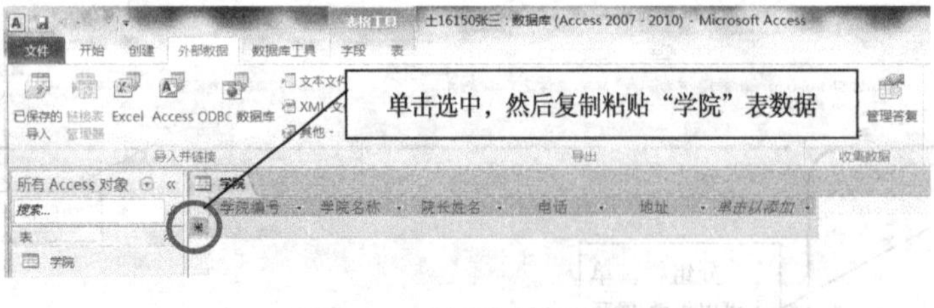

图 2-2-1 选中新记录操作

表 2-2-2 “学院”表数据

学院编号	学院名称	院长姓名	电话	地址
AC	建筑学院	张观博	010－3646××××	学院 G
CT	土木与交通工程学院	李彦龙	010－1256××××	学院 E
ER	环境与能源工程学院	王淳曦	010－3657××××	学院 B
MV	机电与车辆工程学院	戴煜涵	010－5768××××	学院 C
CS	信息科学技术学院	索彦平	010－6473××××	学院 H

续表

学院编号	学院名称	院长姓名	电 话	地 址
LA	人文学院	肖贤俊	010－1324××××	学院 D
SC	理学院	池泽煌	010－2345××××	学院 C
EM	经济管理学院	孙鸿铭	010-68123××××	学院 A

③ 单击快速访问工具栏中的“保存”按钮，弹出“另存为”对话框（见图 2-2-2），输入表名称“学院”后单击“确定”按钮。

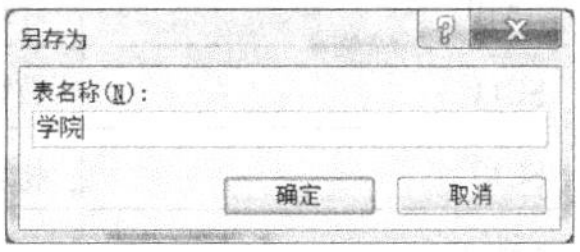

图 2-2-2 “另存为”对话框

④“学院”表创建完成，关闭“学院”表。

【实验 2-3】使用设计视图创建“系”表。

操作步骤：

① 参照理论篇第 3 章例 3-2 使用设计视图创建“系”表结构，如表 2-2-3 所示。

表 2-2-3 “系”表结构

字段名称	数据类型	字段大小	完 整 性	索 引	其他字段属性
系编号	文本	4	主键		输入掩码：LL00
系名称	文本	9			
学院编号	文本	2	参照完整性（“关系”中设置）	有（有重复）	

② 单击快速访问工具栏中的“保存”按钮，弹出“另存为”对话框，输入表名称“系”后单击“确定”按钮。

③ 在“表格工具-设计”选项卡的“视图”功能区中，单击“视图”按钮（见图 2-2-3），进入数据表视图。

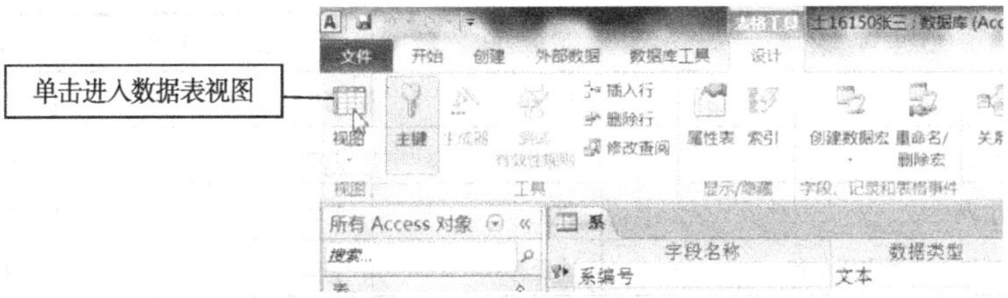

图 2-2-3 单击“视图”按钮

④ 单击表行前的新记录图标，选中整行，将表 2-2-4 所示的“系”表数据进行复制、粘贴，完成数据输入。

表 2-2-4 “系”表数据

系编号	系名称	学院编号
AC01	建筑系	AC
AC02	城乡规划系	AC
CT03	土木工程系	CT
ER04	建筑热能工程系	ER
ER05	市政工程系	ER
ER06	环境工程系	ER

续表

系 编 号	系 名 称	学院编号
ER07	环境科学系	ER
MV08	机电工程系	MV
CS09	计算机科学与技术系	CS
LA10	外语系	LA
SC11	数学系	SC
SC12	物理系	SC
EM13	工程管理系	EM
EM14	工商管理系	EM

【实验 2-4】使用数据表视图方法或表的设计视图方法分别创建“专业”表（见表 2-2-5、表 2-2-6）、“教师”表（见表 2-2-7、表 2-2-8）、“课程”表（见表 2-2-9、表 2-2-10）、“课表”（见表 2-2-11、表 2-2-12）、“学生”表（见表 2-2-13、表 2-2-14）、“选修”表（见表 2-2-15）。

表 2-2-5 “专业”表结构

字段名称	数据类型	字段大小	完整性	索引	其他字段属性
专业编号	文本	7	主键		
专业名称	文本	11			
负责人	文本	3			
学科门类	文本	3			
系编号	文本	4	参照完整性（“关系”中设置）	有（有重复）	

表 2-2-6 “专业”表数据

专业编号	专业名称	负责人	学科门类	系编号
082801	建筑学	翟佳林	工学	AC01
082802	城乡规划	巫燕炀	工学	AC02
081001	土木工程	路贻舒	工学	CT03
081002	建筑环境与能源应用工程	盛晨颢	工学	ER04
081003	给排水科学与工程	屈子默	工学	ER05
082502	环境工程	晏睿强	工学	ER06
082503	环境科学	匡昊然	工学	ER07
080204	机械电子工程	邢煊尧	工学	MV08
080901	计算机科学与技术	费楷瑞	工学	CS09
050201	英语	闵泊君	文学	LA10
070101	数学与应用数学	鲍骏鑫	理学	SC11
070202	应用物理学	饶德泽	理学	SC12
120103	工程管理	赵常坤	管理学	EM13
120201K	工商管理	李世杰	管理学	EM14

表 2-2-7 “教师”表结构

字段名称	数据类型	字段大小	完 整 性	索 引	其他字段属性
工号	文本	7	主键		
姓名	文本	4			
性别	文本	1			
出生日期	日期/时间				格式:短日期
参加工作日期	日期/时间				格式:短日期
政治面貌	文本	10			默认值:群众
学历	文本	3			默认值:硕士
职称	文本	5			
系编号	文本	4	参照完整性（“关系”中设置）	有（有重复）	

表 2-2-8 “教师”表数据

工 号	姓 名	性 别	出生日期	参加工作日期	政治面貌	学 历	职 称	系编号
6301009	王郝宇	男	1963-1-11	1986-8-1	党员	硕士	教授	AC01
6402015	李建	男	1964-2-2	1987-7-16	群众	硕士	副教授	AC02
6503021	张艺龄	男	1965-3-27	1987-7-20	群众	硕士	教授	CT03
6604006	林莉	女	1966-4-7	1988-8-1	党员	硕士	教授	ER04
6705011	霍涛	男	1967-5-12	1989-8-1	群众	硕士	副教授	ER05
6806002	祝瑞嘉	男	1968-6-6	1990-7-15	群众	硕士	教授	ER06
6907013	詹士博	女	1969-7-15	1991-7-22	党员	硕士	副教授	ER07
7008009	年笑傲	男	1970-8-8	1992-7-1	群众	硕士	副教授	MV08
7109003	周含晗	女	1971-9-11	1993-8-1	党员	硕士	教授	CS09
7210012	吴倩倩	女	1972-10-25	1996-8-1	党员	博士	教授	LA10
7311023	郑正	男	1973-11-5	1998-7-10	群众	硕士	副教授	LA10
7412006	钱好多	男	1974-12-2	2000-7-1	党员	博士	教授	SC11
7501032	田添	男	1975-1-25	2002-7-1	党员	博士	教授	SC11
7602016	马晓晓	女	1976-2-23	2004-8-1	群众	博士	副教授	SC12
7703026	石林	男	1977-3-30	2004-7-1	党员	博士	教授	EM13
7804019	郭凯亮	男	1978-4-11	2005-7-1	群众	博士	副教授	EM14

表 2-2-9 “课程”表结构

字段名称	数据类型	字段大小	完 整 性	索 引	其他字段属性
课程编号	文本	8	主键		
课程名称	文本	20			
课程类别	文本	2			
学时	数字	整型			
学分	数字	整型			
学期	文本	11			

表 2-2-10 “课程”表数据

课程编号	课程名称	课程类别	学时	学分	学期
SC11001	高等数学	必修	64	4	2016-2017 秋
LA10001	大学英语 A	必修	64	4	2016-2017 秋
AC01018	建筑学概论	必修	20	1	2016-2017 秋
AC02040	城乡规划概论	必修	24	1	2016-2017 秋
CT03029	结构力学	必修	64	4	2017-2018 春
ER04016	工程热力学	必修	64	4	2017-2018 秋
ER05033	水处理生物学	必修	48	3	2017-2018 春
ER06034	环境微生物学	必修	48	3	2017-2018 春
NV08080	机电传动与控制	必修	32	2	2018-2019 春
CS09060	数据库原理及应用	必修	64	4	2018-2019 秋
SC12016	普通物理	必修	56	3	2017-2018 秋
EM13116	管理学原理	必修	32	2	2017-2018 秋
EM14030	市场营销学	必修	48	3	2017-2018 秋

表 2-2-11 “课表”表结构

字段名称	数据类型	字段大小	完整性	索引	其他字段属性
工号	文本	7	主键 参照完整性（“关系”中设置）		
课程编号	文本	8			
课序号	文本	2			
起止周 1	文本	5			
星期 1	文本	1			
节次 1	文本	5			
教室 1	文本	4			
起止周 2	文本	5			
星期 2	文本	1			
节次 2	文本	5			
教室 2	文本	4			

表 2-2-12 “课表”表数据

工号	课程编号	课序号	起止周 1	星期 1	节次 1	教室 1	起止周 2	星期 2	节次 2	教室 2
7412006	SC11001	01	1-16	1	1-2	A115	1-16	3	1-2	A115
7412006	SC11001	02	1-16	1	3-4	A115	1-16	3	3-4	A115
7210012	LA10001	01	1-16	2	1-2	A215	1-8	4	5-6	A215
7311023	LA10001	01	1-16	2	1-2	E415	1-8	4	5-6	E415
6301009	AC01018	01	1-8	3	5-6	A315	1-2	5	5-6	A315
6402015	AC02040	01	1-12	4	5-6	D215				
6604006	ER04016	01	1-16	2	1-2	A321	1-16	4	3-4	A321
7602016	SC12016	01	1-16	3	5-6	A108	1-12	5	3-4	A108

续表

工 号	课程编号	课 序 号	起止周 1	星 期 1	节 次 1	教 室 1	起止周 2	星 期 2	节 次 2	教 室 2
7703026	EM13116	01	1–16	5	1–2	A115				
7804019	EM14030	01	1–16	4	5–7	A115				

表 2-2-13 “学生”表结构

字 段 名 称	数 据 类 型	字 段 大 小	完 整 性	索 引	其他字段属性
学号	文本	10	主键		
姓名	文本	4			
性别	文本	1			默认值:男
出生日期	日期/时间				格式:短日期
党员否	是/否				
籍贯	文本	5			
专业编号	文本	7	参照完整性（“关系”中设置）	有（有重复）	

表 2-2-14 “学生”表数据

学 号	姓 名	性 别	出 生 日 期	党 员 否	籍 贯	专 业 编 号
2016010150	巩炎彬	男	1998–1–9		内蒙古	082801
2016010250	骆蓝轩	男	1998–2–10	是	北京	082801
2016020150	翟佳林	男	1998–5–11		北京	082802
2016030150	解袭茗	女	1998–10–12		上海	081001
2016030250	庞亦澎	女	1998–6–13	是	海南	081001
2016040150	晏睿强	男	1998–3–14		上海	081002
2016050150	狄墨涵	女	1998–4–15		北京	081003
2016060150	竺亦萍	男	1999–1–16		上海	082502
2016060250	路贻舒	男	1998–11–17		山东	082502
2016080150	匡森迪	女	1998–1–18	是	上海	080204
2016090150	申宇恫	男	1998–1–19		北京	080901
2016090151	闵靖元	男	1998–1–20		天津	080901
2016130150	佟天寅	男	1998–8–21	是	吉林	120103
2016140150	费楷瑞	男	1998–12–22		四川	120201K
2016××××××	×××	×	××××–××–××		××	××…

注：表中最后一行用自己的信息填入替换××……

表 2-2-15 “选修”表结构

字 段 名 称	数 据 类 型	字 段 大 小	完 整 性	索 引	其他字段属性
学号	文本	10	主键		
课程编号	文本	8	参照完整性（“关系”中设置）		
成绩	数字	整型			有效性规则为“>=0 And <=100”

注：“选修”表数据自己设置：从“学生”表中任选 5 个学生的学号，从“课程”表中任选 2 门课程的课程编号，成绩自定，保证含有各个分数段，组合生成至少 10 条记录。

【实验 2-5】创建表间关系。

操作步骤：

① 关闭所有的表，单击“数据库工具”选项卡“关系”功能区中的“关系”按钮，进入“关系”窗口，同时弹出“显示表”对话框。

② 在“显示表”对话框，将要建立关联关系的表（学院、系、专业、教师、课程、课表、学生、选修）添加到“关系”窗口中。

③ 在“关系”窗口，通过鼠标拖动，将一个表中的相关字段拖到另一个表中的相关字段的位置，弹出“编辑关系”对话框。

④ 在“编辑关系”对话框，选中“实施参照完整性”“级联更新相关字段”“级联删除相关记录”，单击“创建”按钮，两表中的关联字段间就有了一条连线，由此两表间就创建了一个关系，如图 2-2-4 所示。

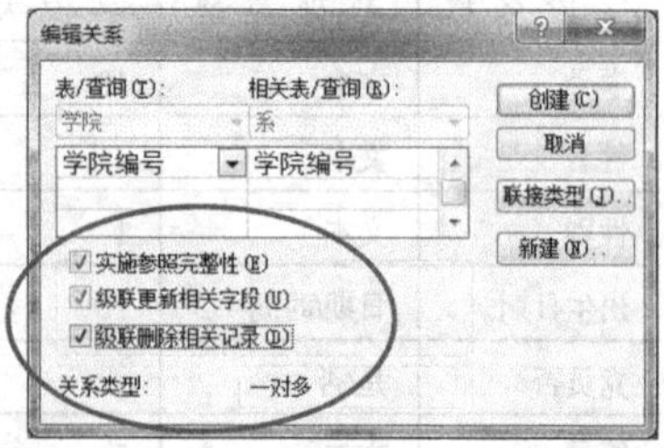

图 2-2-4 “编辑关系”对话框

⑤ 关闭“关系”窗口，结束数据库中表间关联关系的建立。

【实验 2-6】创建“测试”表。表结构如表 2-2-16 所示。

表 2-2-16 “测试”表结构

字段名称	数据类型	字段大小	完整性	其他字段属性
ID	文本	5	主键	输入掩码第 1 个必须是字母，第 2～3 个必须是字母或数字，第 4～5 个必须是数字； 标题显示“编号”
性别	文本	1		列表选择“男”“女”
出生日期	日期/时间			长日期格式； 有效性规则：1999 年 1 月 1 日前； 有效性文本：必须是 1999 年 1 月 1 日前出生
电话	文本	15		输入掩码形式：(****)-********，区号可以 3～4 位，号码可以 7～8 位

完成如下操作：

① 在“出生日期”字段前插入“姓名”字段：文本型，字段大小 8，必填。

② 输入 2 条记录。

③ 在“数据表视图”下调整列的顺序：“姓名”列移至“性别”字段前。

④ 隐藏“电话”列。

⑤ 取消隐藏。

⑥ 设置“电话”字段的字段宽度为 20。

⑦ 冻结“编号”字段。

⑧ 设置显示格式：表背景颜色为主题颜色中的紫色，强调文字颜色 4，淡色 40%；替代背景色为白色，背景 1，深色 5%；文字颜色为标准色中的蓝色，字号为 16。

实验 3

SQL 查询 «‹

1．实验目的

掌握 SQL 中数据定义语句、数据操作语句和数据查询语句的使用。

2．实验内容

【实验 3-1】打开上次实验的数据库文件。注意：若出现黄色的“安全警告”，则单击上面的“启用内容”。

【实验 3-2】使用 CREATE TABLE 语句分别创建“学院 SQL”表“选修 SQL”表。表结构参见表 2-2-1、表 2-2-15。

操作步骤：

① 在“创建”选项卡的“查询”功能区中，单击“查询设计”按钮（见图 2-3-1），系统弹出“显示表”对话框，单击“关闭”按钮将其关闭。

② 在“查询工具-设计”选项卡的“结果”功能区中，单击“SQL”按钮，进入“SQL 视图”，如图 2-3-2 所示。此时可以编辑输入 SQL 语句。

注意：语句中的逗号、括号均是英文的。

图 2-3-1 “查询设计”

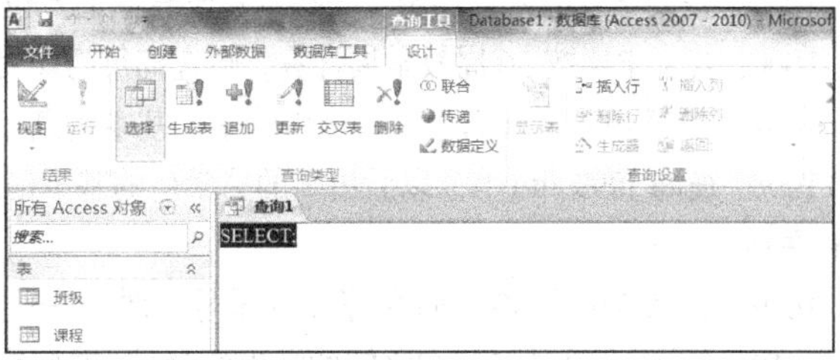

图 2-3-2 SQL 视图

③ 输入 SQL 语句后，在“查询工具-设计”选项卡的“结果”功能区中，单击“！运行”按钮，如图 2-3-3 所示。

④ 如果运行没有错误就会创建“学院 SQL”表对象，单击“保存”按钮，弹出“另存为”对话框，查询存盘名为“学院 SQL 定义”（见图 2-3-4），同时创建了一个查询对象。

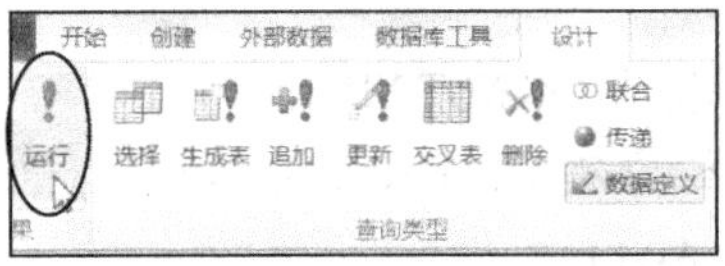

图 2-3-3 “！运行”按钮

图 2-3-4 “另存为”对话框

⑤ 关闭查询。重复上述步骤，创建“选修 SQL”表，保存为“选修 SQL 定义”。

【实验 3-3】 使用 ALTER TABLE 语句为“学院 SQL”表添加（ADD）“备注”字段，数据类型为备注型。查询存盘名为“××添加备注”（××为自己的姓名）。

【实验 3-4】 使用 ALTER TABLE 语句修改（ALTER）“学院 SQL”表中的“地址”字段：文本类型，字段大小 20。查询存盘名为“××修改地址”（××为自己的姓名）。

【实验 3-5】 使用 ALTER TABLE 语句删除（DROP）“学院 SQL”表中的“备注”字段。查询存盘名为“××删除备注”（××为自己的姓名）。

【实验 3-6】 使用 INSERT INTO 语句将“自己”的信息插入到“学生”表中（学号为自己学号的后 10 位）。查询存盘名为“××插入数据”（××为自己的姓名）。

【实验 3-7】 使用 UPDATE 语句将每门课程的学时数减 4。查询存盘名为“××更新数据 1”（××为自己的姓名）。

【实验 3-8】 使用 UPDATE 语句将 64 学时的课程的学分减少 12.5%。查询存盘名为“××更新数据 2”（××为自己的姓名）。

【实验 3-9】 删除所有不及格学生的修课记录。查询存盘名为“××删除不及格”（××为自己的姓名）。

【实验 3-10】 在 SQL 视图，使用 SELECT 语句完成下列查询，并分别保存，查询存盘名分别为“××????”（××为自己的姓名，????为题号，例如：张三 1001）。

1001：查询全部学生的基本信息。

1002：查询每位学生的学号、姓名、出生日期。

1003：查询“专业”表中有哪些不同的学科门类。（提示：DISTINCT）

1004：查询学生的姓名、年龄。（提示：年龄需要计算得到：Year(Date())–Year(出生日期) As 年龄）

1005：查询学生的入校年份。（提示：学号的前 4 位即是入校年份；取不同值，不显示重复值）

1006：若每学期按 16 周教学周计算，则查询每门课程的周学时数。(提示：学时/16 As 周学时数)

1007：查询 1999 年（含）以后出生的学生基本信息。（提示：WHERE 出生日期>=#1999-1-1#）

1008：查询 1999 年（含）以后出生的男学生的基本信息。（提示：WHERE Year(出生日期)>=1999 And 性别='男'）

1009：查询成绩在[80,99]间的学生的学号、课程编号及成绩。（提示：用 Between…And…）

1010：查询成绩不在[80,99]之间的学生的学号、课程编号及成绩。（提示：用 Not Between…And…）

1011：查询成绩分别为 75、85、95 的学生的学号、课程编号及成绩。（提示：用 In()）

1012：查询成绩不为 75、85、95 的学生的学号、课程编号及成绩。（提示：用 Not In()）

1013：查询姓“解”的学生的基本信息。

1014：查询姓“王”“李”“张”的教师信息。

1015：查询姓名中第 2 个字为“天”或“宇”的学生信息。

1016：查询选修表中成绩只有 1 位数字的成绩信息。

1017：查询选修表中成绩不为空的学号、课程编号。（提示：IS NOT NULL）

1018：查询统计 SC11001 课程成绩中的最高分和最低分。（提示：Max(), Min()）

1019：查询统计 SC11001 课程成绩的平均分。（提示：Avg()）

1020：查询统计 2016010150 学生所选课程的成绩平均分。

1021：查询统计 SC11001 课程成绩的总分。

1022：查询选修表中学生的学号、课程编号、成绩，并按成绩降序排序。（提示：Order By）

1023：查询选修表中排在前3名的学生的学号、课程编号、成绩，并按成绩降序排序。

1024：查询选修表中排在前20%的学生的学号、课程编号、成绩，并按成绩降序排序。

1025：查询学生的姓名、性别、出生日期，并按性别升序排序，性别相同的按出生日期降序排序。

1026：查询统计每位学生的选课成绩总分。

1027：查询统计教师表中每种学历的人数。

1028：查询统计每门课程的平均分。

1029：查询统计每门课程的选修人数。

1030：查询女学生人数至少在1人（含）以上的专业编号。

1031：查询选修课程的成绩总分小于160分的学生的学号和总分。

1032：查询每门课程的平均分小于70分的课程编号和平均分。

1033：查询学生的学号、姓名及所学专业名称。

1034：查询学生所选课程的成绩，要求显示学生的学号、姓名、课程编号、成绩。

1035：查询学生所在的学院名称、系名称、专业名称、学号、姓名。（提示：涉及学院、系、学生、专业4个表）

1036：查询选修SC11001课程的最高分学生的学号，课程编号和成绩。（要求：嵌套查询）

1037：查询SC11001课程中大于该门课程平均分的学生的学号、成绩。（要求：嵌套查询）

1038：查询选修了“高等数学”课程的学生的姓名。（要求：嵌套查询）

1039：将学生表中的学号、课程表中的课程编号追加到选修表中。

1040：查询教师的姓名、职称，并将查询结果存放到名为“职称信息”的表中。

实验 4

查询操作‹‹‹

1. 实验目的

掌握选择查询、交叉表查询、参数查询、操作查询等各种查询操作的创建方法。

2. 实验内容

【实验 4-1】打开上次实验的数据库文件。

【实验 4-2】使用查询设计视图，创建一个单表选择查询。查询学生的“学号”“姓名”“性别”“出生日期”。

操作步骤：

① 在“创建”选项卡的“查询”功能区中，单击“查询设计”，进入“选择查询”窗口，同时弹出“显示表”对话框，如图 2-4-1 所示。

② 在“显示表”对话框的“表”选项卡中，双击列表中的“学生”，将数据源“学生”添加到“选择查询”窗口，关闭“显示表”对话框。

③ 在“选择查询”窗口，分别双击“学生”表中的“学号”“姓名”“性别”“出生日期”字段，完成查询字段的选取，如图 2-4-2 所示。

图 2-4-1 “显示表”对话框

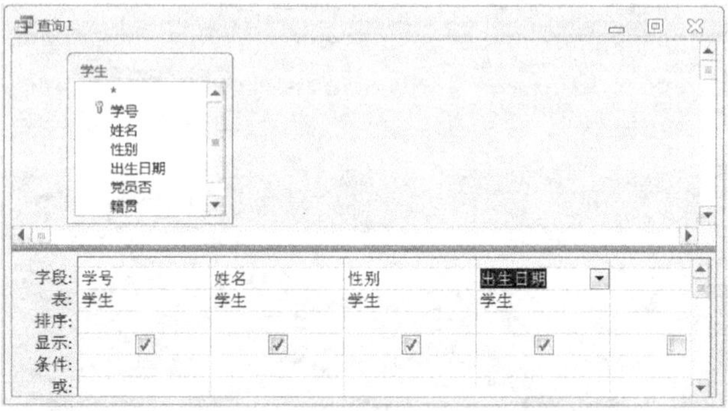

图 2-4-2 在“选择查询”窗口选取字段

④ 以“学生查询”为名保存查询，单击“查询工具–设计”选项卡“结果”功能区中的“! 运行”按钮执行查询。

⑤ 关闭查询。

【实验 4-3】使用查询设计视图，创建一个单表选择查询，查询姓“李”的教师的姓名、职称。查询存盘名为“教师查询”。

操作提示：在“姓名”字段的条件行中输入：Left([姓名],1)="李"，或者输入：Like "李*"。

【实验 4-4】使用查询设计视图，创建一个多表选择查询，选择“学院”表中的“学院名称”，“系”表中的“系名称”，“专业”表中的“专业名称”，“学生”表中的“学号”“姓名”“出生日期”，查询存盘名称为“学院_系_专业_学生”。

【实验 4-5】使用查询设计视图，创建参数查询。运行时，任意输入一个成绩值[见图 2-4-3（a）]，查询满足大于该成绩值的学号、课程编号、成绩。查询存盘名称为“成绩参数查询”。

操作提示：如图 2-4-3（b）所示，在“成绩”字段的条件行输入：>[请任意输入一个成绩]。

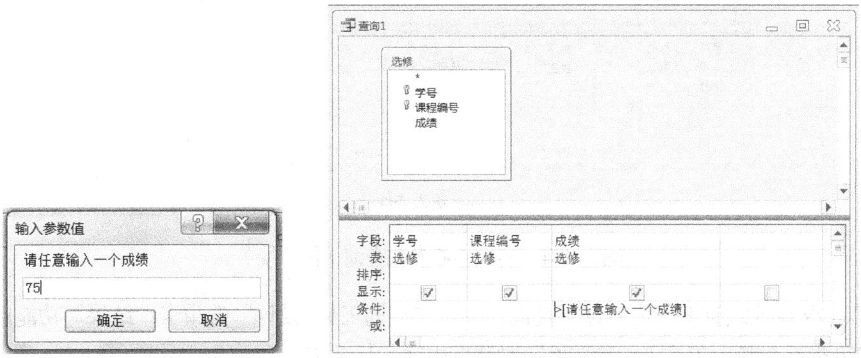

（a）“输入参数值”对话框　　（b）查询窗口

图 2-4-3　实验 4-5 参数查询示例

【实验 4-6】使用查询设计视图，创建一个两个表的参数查询，查询大于或等于某个输入值的学生的学号、姓名、课程编号、成绩。查询存盘名为“学生成绩查询”。

操作步骤：

① 在“创建”选项卡的“查询”功能区中，单击“查询设计”按钮，进入“选择查询”窗口，同时弹出“显示表”对话框。在“显示表”对话框的“表”选项卡中，分别双击列表中的“学生”“选修”，将数据源“学生”“选修”添加到“选择查询”窗口。关闭“显示表”对话框。

② 在“选择查询”窗口，分别双击“学生”表中的“学号”“姓名”“选修”表中的“课程编号”“成绩”完成查询字段的选取。

③ 在“查询工具-设计”选项卡的“显示/隐藏”功能区中，单击“参数”按钮[见图 2-4-4（a）]，弹出“查询参数”对话框，输入参数名 G1、整型，如图 2-4-4（b）所示。

④ 如图 2-4-4（c）所示，在“选择查询”窗口“成绩”列的条件行中输入：>=[G1]。

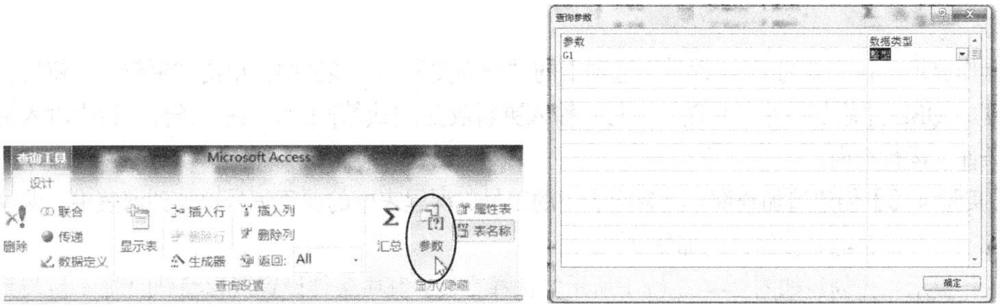

（a）“参数”按钮　　（b）“查询参数”对话框

图 2-4-4　实验 4-6 参数查询示例

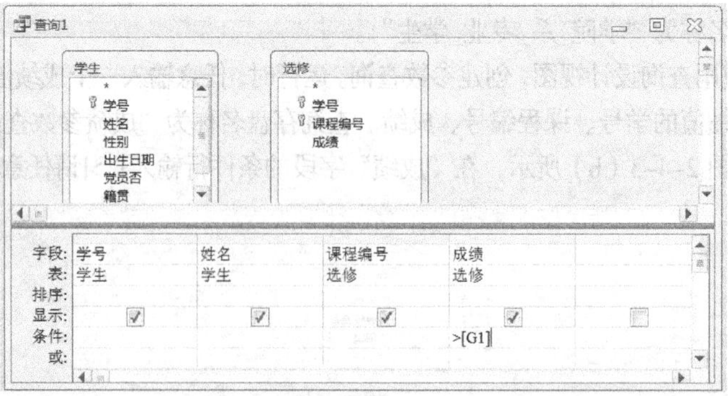

（c）输入条件

图 2-4-4　实验 4-6 参数查询示例（续）

⑤ 以“学生成绩查询”为名保存查询，单击“查询工具-设计”选项卡“结果”功能区中的“！运行”按钮执行查询，在“输入参数值”对话框中输入任意成绩。

【实验 4-7】创建生成表查询。查询学生的学号、姓名、课程编号、成绩。查询结果存放到“课程成绩”表中，查询存盘名称为“生成表查询”。

操作提示：在“查询工具-设计”选项卡的“查询类型”功能区中，单击“生成表”按钮[见图 2-4-5（a）]，弹出“生成表”对话框，选择当前数据库，输入表名称“课程成绩”[见图 2-4-5（b）]后，单击“确定”按钮运行查询。

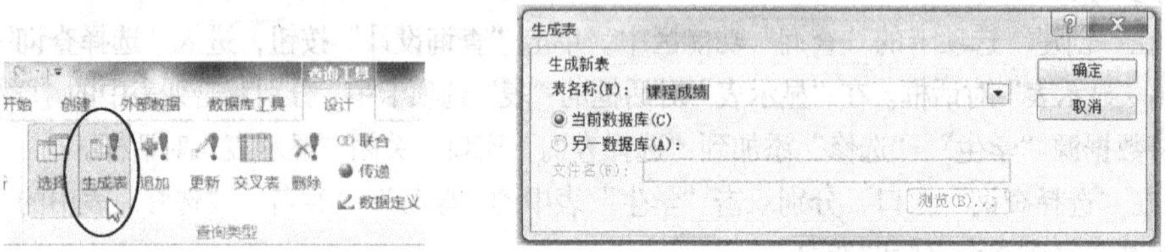

（a）“生成表”按钮　　（b）“生成表”对话框

图 2-4-5　实验 4-7 生成表查询示例

【实验 4-8】创建更新查询。将成绩在[55,59]之间的学生成绩提高 5%。查询存盘名为“成绩更新”。

操作提示：在“查询工具-设计”选项卡的“查询类型”功能区中，单击“更新”按钮后，查询定义窗口 QBE 中增加一个“更新到”行，输入更新数据：[成绩]*1.05，在“条件”行中输入更新的限定条件，运行查询。

【实验 4-9】创建追加查询。将教师表中的工号、课程表中的课程编号追加到课表中，课序号均为“03”。查询存盘名称为“追加数据”。

操作提示：先创建如图 2-4-6（a）所示的选择查询，其中条件设置课程编号的前 4 位与系编号相同（即假设教师只上本系的课）。

在“查询工具-设计”选项卡的“查询类型”功能区中，单击“追加”按钮后，弹出“追加”对话框[见图 2-4-6（b）]，选择“当前数据库”，从“表名称”下拉列表中选择“课表”后，单击“确定”按钮运行查询。

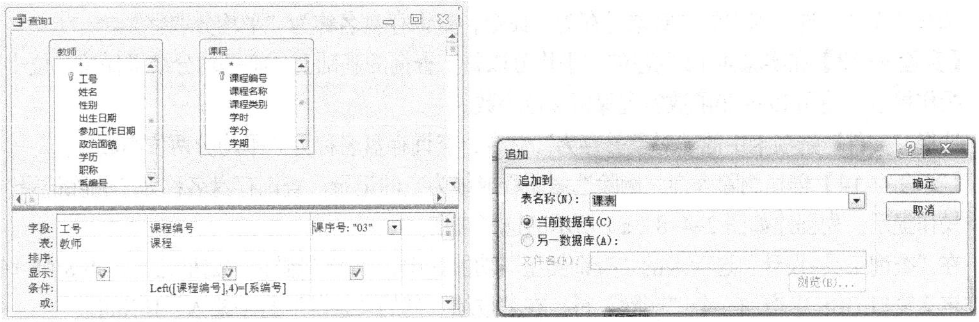

（a）创建选择查询　　　　（b）“追加”对话框

图 2-4-6　实验 4-9 追加查询示例

【实验 4-10】创建新字段查询。查询教师的工号、姓名、年龄。查询存盘名称为“创建年龄字段”。

操作提示：“新字段”年龄的计算式为年龄: Year(Date())-Year([出生日期])。

【实验 4-11】创建汇总查询。查询每位学生选修课程的平均分。查询存盘名称为“创建平均分字段”。

操作步骤：

① 在“创建”选项卡的“查询”功能区中，单击“查询设计”按钮，进入“选择查询”窗口，同时弹出“显示表”对话框。在“显示表”对话框的“表”选项卡中，双击列表中的“选修”，将数据源“选修”表添加到“选择查询”窗口。关闭“显示表”对话框。

② 在“选择查询”窗口，分别双击“选修”表中的“学号”“成绩”字段完成查询字段的选取。

③ 单击“查询工具-设计”选项卡“显示/隐藏”功能区中的“∑汇总”按钮[见图 2-4-7（a）]，查询定义窗口 QBE 中增加一个“总计”行，“学号”列显示 Group By，“成绩”列从下拉列表中选择“平均值”，如图 2-4-7（b）所示。

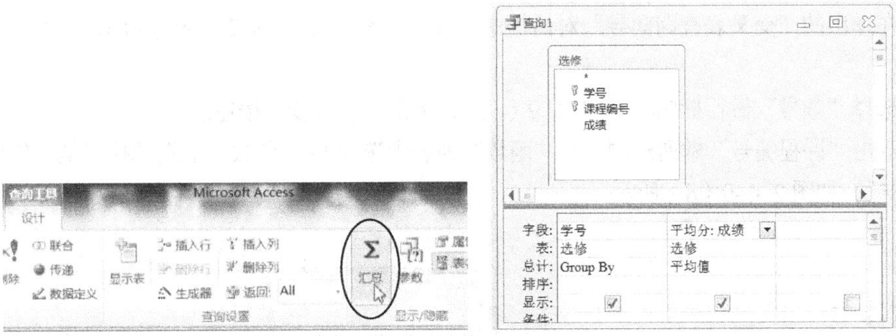

（a）“汇总”按钮　　　　（b）设置查询条件

图 2-4-7　实验 4-11 汇总查询示例

④ 保存查询。查询存盘名称为“创建平均分字段”。

⑤ 运行查询。

【实验 4-12】在实验 4-11 创建的“创建平均分字段”查询的基础上，将平均分结果保留整数部分。

操作提示：使用 Int()函数或 Fix()函数取整；Avg()函数计算平均值；从“总计”行“平均分”列的下拉列表中选择 Expression。

选择“文件”选项卡中的“对象另存为”命令，查询存盘名称为“平均分取整”。

【实验 4-13】在实验 4-12 创建的“平均分取整”查询的基础上，将平均分结果保留 2 位小数。

操作提示：使用 Round()函数实现保留 2 位小数。

选择“文件”选项卡中的“对象另存为”命令，查询存盘名称为“平均分两位小数”。

【实验 4-14】创建删除查询。删除选修课程成绩为空的记录。查询存盘名称为“删除记录”。

操作提示：先创建如图 2-4-8（a）所示的选择查询。

在“查询工具-设计”选项卡的“查询类型”功能区中，单击“删除”按钮[见图 2-4-8（b）]后，查询定义窗口 QBE 中增加一个“删除”行，在“成绩”列的“条件”行中输入：Is Null。

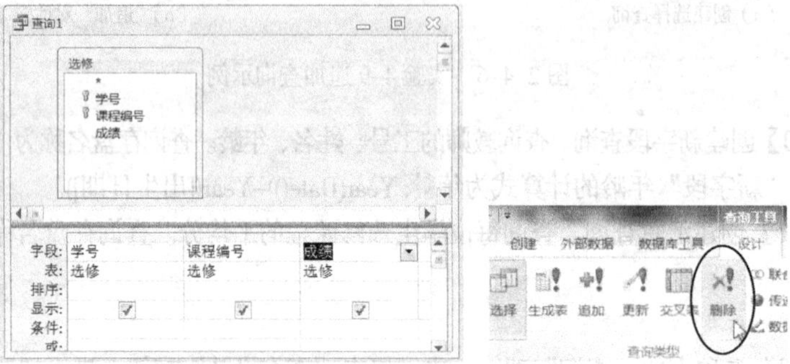

（a）创建选择查询　　（b）“删除”按钮

图 2-4-8　实验 4-14 删除查询示例

【实验 4-15】通过交叉表查询向导创建“选修”表的交叉表查询。

操作步骤：

① 在“创建”选项卡的“查询”功能区中，单击“查询向导”，弹出“新建查询”对话框[见图 2-4-9（a）]，选择“交叉表查询向导”，单击“确定”按钮。

② 在弹出的“交叉表查询向导”对话框中选择“选修”表[见图 2-4-9（b）]，单击“下一步”按钮。

③ 选择“学号”做行标题[见图 2-4-9（c）]，单击“下一步”按钮。

④ 双击“课程编号”做列标题，从“函数”列表中选择 First 函数，取消选择“是，包括各行小计”复选框，如图 2-4-9（d）所示。

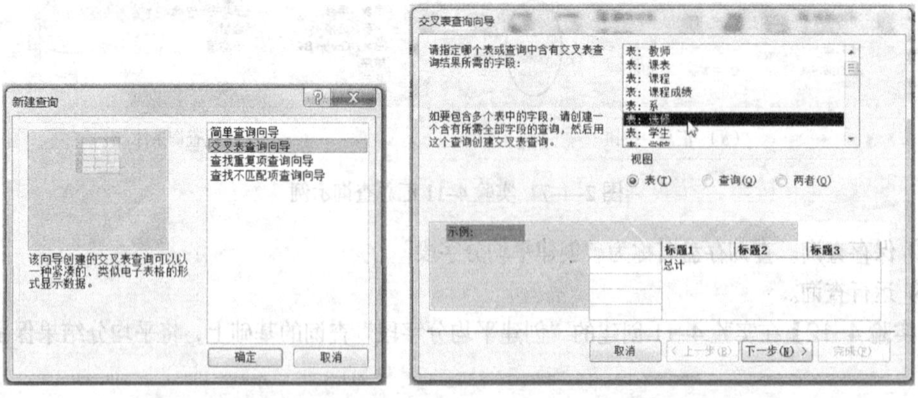

（a）“新建查询”对话框　　（b）选择“选修”表

图 2-4-9　实验 4-15 交叉表查询操作步骤

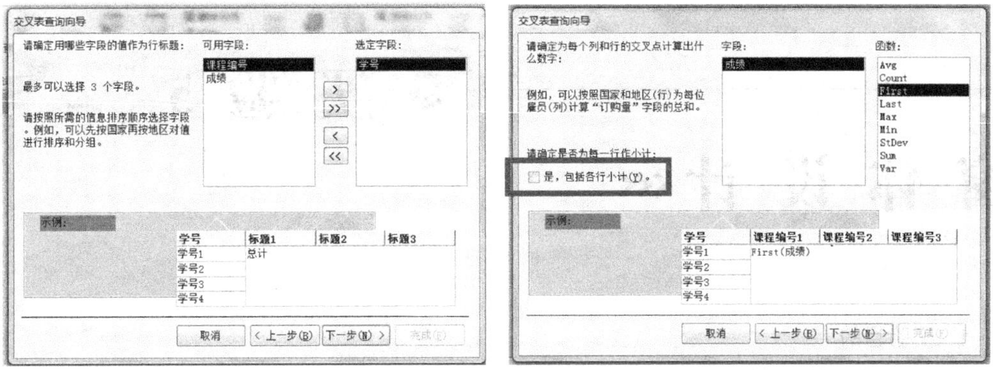

（c）选择“学号”　　（d）设置课程编号

图 2-4-9　实验 4-15 交叉表查询操作步骤（续）

⑤ 指定查询存盘名为“成绩交叉表”，单击“完成”按钮。

【实验 4-16】以“学生”“选修”“课程”表为数据源创建一个查询，显示每位学生每门课程的成绩。行标题为“姓名”，列标题为“课程名称”，值为“成绩”。查询存盘名称为“学生成绩表”。

操作提示：通过查询设计创建一个交叉表查询。

【实验 4-17】创建嵌套查询。查询 SC11001 课程中低于该课平均分的学生的成绩。要求第一列由“学号”和“姓名”两列信息合二为一构成。查询存盘名称为“低于平均分”。部分操作如图 2-4-10 所示。

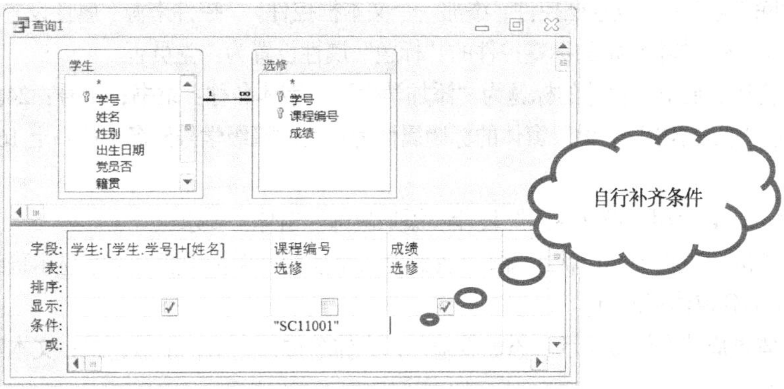

图 2-4-10　实验 4-17 部分操作

实验 5

窗体设计

1. 实验目的

掌握窗体的各种创建方法，设计各种实用窗体。

2. 实验内容

【实验 5-1】打开上次实验的数据库文件。

【实验 5-2】以表对象“学院”为数据源，使用“窗体”工具创建“添加学院”窗体。要求：在窗体页眉节，将窗体的标题设为“添加学院”，字体名称：隶书；字号：24。保存窗体，窗体存盘名为“添加学院”。设置窗体的标题属性为自己的班级学号姓名（如：土 16150 张三），然后保存窗体。

【实验 5-3】以表对象“系”为数据源，使用“多个项目”工具创建“添加系”窗体。要求：在窗体页眉节，窗体的标题为“添加系”，字体名称：隶书；字号：24。保存窗体，窗体存盘名称为“添加系”。设置窗体的标题属性为自己的班级学号姓名（如：土 16150 张三），然后保存窗体。

【实验 5-4】以表对象“学生”为数据源，使用“分割窗体”工具创建“添加学生”窗体。要求：

① 删除“党员否”复选框控件，添加一个文本框控件，“控件来源”属性设置为：=IIf([党员否],"党员","")；与该文本框绑定的标签控件的“标题”属性设置为：党员否。

② 在窗体页眉节，窗体的标题为“添加学生”，字体名称：隶书；字号：24。保存窗体，窗体存盘名称为“添加学生”。设置窗体的标题属性为自己的班级学号姓名（如：土 16150 张三），然后保存窗体。

【实验 5-5】使用“设计视图”设计“添加教师”窗体。要求：

① 用 Office 软件中的形状或画图软件绘制一个徽标，徽标中要有文字显示班级、学号、姓名，将此徽标添加到窗体页眉节。

② 窗体页眉节有标签显示“添加教师”，字体名称：隶书；字号：24；文本对齐：居中；特殊效果：凸起。

③ 主体节中的各个绑定控件要水平、垂直对齐。

④ 在窗体页脚节，通过“控件向导”绘制具有“记录导航”功能（移至第一项记录、移至前一项记录、移至下一项记录、移至最后一项记录）的 4 个显示图片的命令按钮；具有“记录操作”功能（添加新记录、撤销记录、保存记录）的 3 个显示文字的命令按钮。

⑤ 设置窗体的标题属性为自己的班级学号姓名（如：土 16150 张三）。将窗体的“记录选择器”属性设置为否，“导航按钮”属性设置为否。

操作提示：首先设置窗体的“记录源”属性为“教师”。

【实验 5-6】在“添加教师”窗体的基础上通过复制、粘贴生成“添加专业”“添加课程”“添加课表”“添加选修”窗体。

操作步骤：

① 在导航窗格的“窗体”对象列表下右击“添加教师”窗体，选择快捷菜单中的“复制”命令。

② 再次右击导航窗格，选择快捷菜单中的“粘贴”命令，弹出“粘贴为”对话框，输入窗体名称为“添加专业”。

③ 在导航窗格的“窗体”对象列表下右击“添加专业”窗体，选择快捷菜单中的“设计视图”命令，在设计视图，删除主体节内所有控件，修改窗体的记录源为“专业”，将“专业”表中字段添加到主体节。

④ 将窗体页眉节标签的标题改为“添加专业”。

⑤ 同理设计并修改“添加课程”“添加课表”“添加选修”窗体。

【实验 5-7】创建包含子窗体的学生成绩表浏览窗体。以“学生成绩浏览”为名保存窗体，运行界面如图 2-5-1 所示。

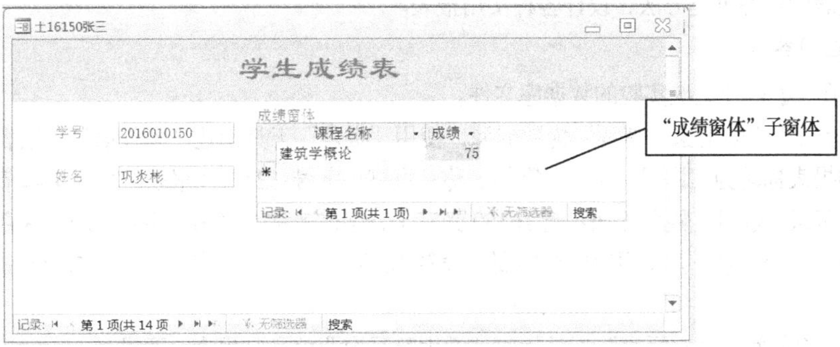

图 2-5-1 实验 5-7 创建学生成绩浏览窗体

【实验 5-8】以实验 4-6 创建的参数查询“学生成绩查询”为数据源，使用“多个项目”工具创建“成绩查询”窗体。

【实验 5-9】参照理论篇第 5 章例 5-9 创建选项卡式窗体“教师详细信息”。

要求：

① 创建一个不含“03”课序号的“教师详细信息”查询，信息包括：学院名称、系名称、教师姓名、性别、出生日期、参加工作日期、学历、职称、课程名称、课序号、起止周 1、星期 1、节次 1、教室 1、起止周 2、星期 2、节次 2、教室 2。

② 窗体页面节显示窗体标题：教师详细信息；字体名称：隶书；字号：24；文本对齐：居中；特殊效果：凸起。

③ 选项卡的页标题分别为：基本信息、授课信息。其中，“基本信息”选项卡下有：姓名、性别、出生日期、参加工作日期、学历、职称；“授课信息”选项卡下有：姓名、课程名称、课序号、起止周 1、星期 1、节次 1、教室 1、起止周 2、星期 2、节次 2、教室 2。

④ 除了③中选项卡上信息之外的其他信息添加到主体节的其他区域。

⑤ 设置窗体的标题属性为自己的班级学号姓名（如：土 16150 张三），将窗体的“记录选择器”属性设置为否。

实验 6

报表设计

1．实验目的

掌握报表的各种创建方法，设计各种实用报表。

2．实验内容

【实验 6-1】打开上次实验的数据库文件。

【实验 6-2】以表对象“课程”为数据源，使用“报表”工具创建“课程信息”报表。要求：报表页眉节的报表标题为“课程信息”，字体名称：隶书；字号：24。在报表的页面页脚节插入一个标签，内容为班级、学号、姓名（如：土 16150 张三），字体名称：隶书；字号：24。保存报表，报表存盘名称为“课程信息”。将报表的标题属性设置为班级、学号、姓名（如：土 16150 张三），然后保存报表。

【实验 6-3】使用“空报表”工具创建“学生院系专业信息”报表。要求：

① 单击“添加现有字段”按钮，打开字段列表，从“学院”表中双击“学院名称”，“系”表中双击“系名称”，“专业”表中双击“专业名称”，“学生”表中双击“学号”“姓名”。

② 在报表页眉节设置报表标题“学生院系专业信息”。字体名称：隶书；字号：24。

③ 将报表的标题属性设置为班级、学号、姓名（如：土 16150 张三）。

【实验 6-4】创建“学生个人成绩汇总”报表，运行界面如图 2-6-1 所示。要求：

① 报表主体节显示学号、姓名、课程名称、成绩等信息。（操作提示：可以使用“空报表”工具创建）

② 根据学号分组，汇总每个学生的成绩，在学号页脚节显示汇总信息，并将整个组放在同一页上。

③ 将与学号、姓名、课程名称、成绩文本框绑定的标签控件移至学号页眉节，使每个分组都有表头标题。

④ 在“学号页眉”节，添加标签，标签标题为“学生个人成绩汇总”，字体名称：隶书；字号：24；文本对齐：居中。

⑤ 在学号页眉节的底部、学号页脚节的顶部绘制水平线，边框宽度为 2 pt，高度为 0。

⑥ 汇总文本框前添加标签控件，设置标题属性为“总计：”。

⑦ 将报表的标题属性设置为自己的班级学号姓名（如：土 16150 张三）。

【实验 6-5】创建主/子报表“学生成绩单”。打印预览效果如图 2-6-2 所示。

操作提示：可以先使用“报表”工具生成主报表，再通过“子报表”控件借助向导生成子报表。指定子报表存盘名为“成绩单”。

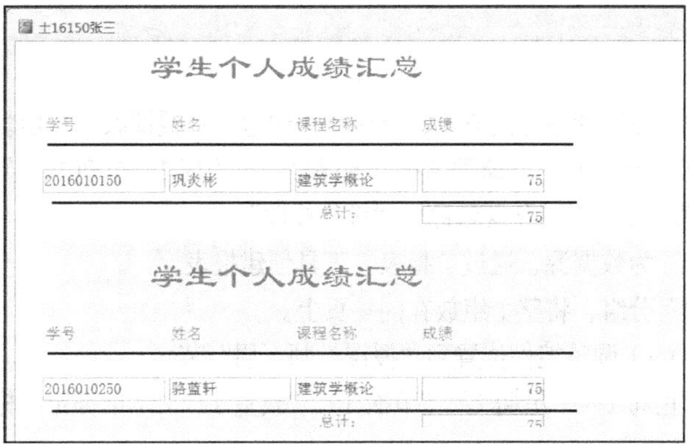

图 2-6-1　实验 6-4 创建“学生个人成绩汇总”报表

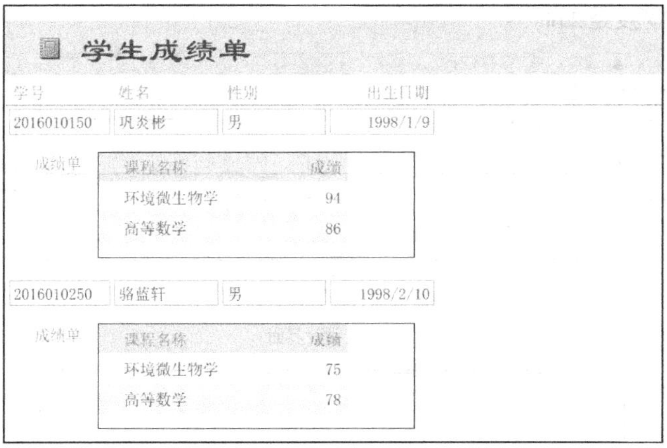

图 2-6-2　实验 6-5“学生成绩单”打印预览效果

【实验 6-6】创建成绩呈多列显示的学生成绩总表报表。打印预览效果如图 2-6-3 所示。报表存盘名为“成绩总表”。要求：

① 页面显示列数为 2；“列尺寸”的宽度为 10 cm。

② 将报表的标题属性设置为自己的班级学号姓名（如：土 16150 张三）。

提示：参照理论篇第 6 章例 6-4。

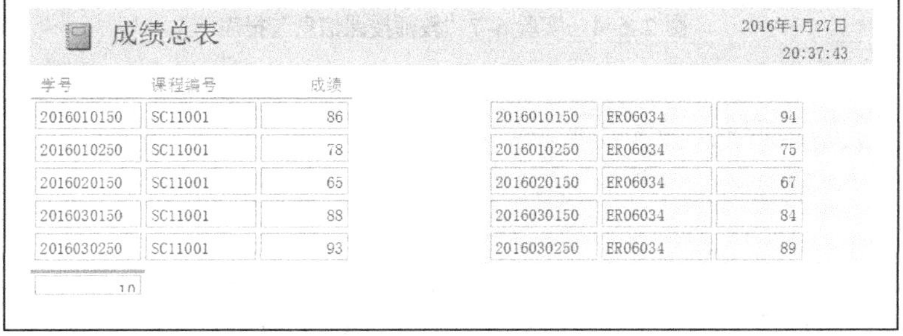

图 2-6-3　实验 6-6“成绩总表”打印预览效果

【实验 6-7】创建一个“教师授课信息”报表。设计界面如图 2-6-4（a）所示，打印预览效果如

图 2-6-4（b）所示。

操作提示：

① 创建一个不含“03”课序号的查询，查询结果中包含：授课教师（由教师工号和教师姓名组成，工号和姓名之间有一个空格）、课程名称、课序号、起止周 1、星期 1、节次 1、教室 1、起止周 2、星期 2、节次 2、教室 2。查询存盘名称为“教师授课”。

② 以“教师授课”为数据源，通过“报表”工具创建报表。

③ 按“授课教师”分组，将整个组放在同一页上。

④ 根据图 2-6-4（a）调整控件位置到“授课教师页眉”节。

⑤ 分别将与“起止周 1”“星期 1”“节次 1”“教室 1”文本框绑定的标签更改为“起止周”“星期”“节次”“教室”。

⑥ 分别删除与“起止周 2”“星期 2”“节次 2”“教室 2”文本框绑定的标签。

⑦ 直线的边框宽度是 2 pt。

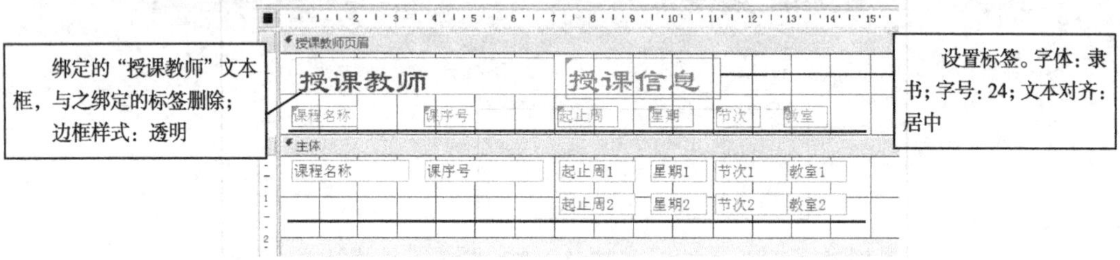

（a） 设计界面

（b） 打印预览效果

图 2-6-4 实验 6-7“教师授课信息”报表

实验 7

VBA 程序设计 <<<

1. 实验目的

运用顺序结构、分支结构、循环结构以及过程进行程序设计。

2. 实验内容

【实验 7-1】 打开上次实验的数据库文件。

【实验 7-2】 已知一个数列的前 2 项均为 1，从第 3 项开始，每一项是前 2 项之和。用数组的方法编写程序计算该数列的第 19 项，并通过消息框输出。

【实验 7-3】 假设窗体上有一个文本框 Text1，与之绑定的标签名为 Label1，有一个命令按钮 Command1。编写程序实现在加载窗体时，将窗体的记录源设置为“教师”，文本框 Text1 的控件来源属性为“姓名”，标签 Label1 的标题属性为“姓名：”；单击命令按钮 Command1，关闭窗体。

【实验 7-4】 设计一个主页窗体，要求窗体上显示整个数据库应用系统标题“教学管理系统”、制作人、版本信息、完成时间等信息，窗体运行 3 s 后自动关闭并打开登录窗体。

提示：参照理论篇第 8 章例 8-5。

【实验 7-5】 设计一个登录窗体，验证使用系统的合法性。要求：

① 用户名可以从组合框中选取，组合框的行来源为从教师表中查询的教师姓名。

② 输入口令的文本框的输入掩码为：密码，口令与用户名相同。

③ “确定”按钮的单击事件过程中实现：判断用户名和口令是否为空，如果为空，则显示消息框，提示“用户名和口令不得为空”，否则，根据用户名查找对应的口令（即姓名）判断口令是否正确。如果正确，则关闭登录窗体，打开名为“张三”的窗体，否则显示消息框，提示“不存在此用户”。

④ “取消”按钮的单击事件过程中实现：关闭当前窗体。

提示：参照理论篇第 8 章例 8-6。

【实验 7-6】 设计一个查询窗体。运行时根据从各个组合框中选取的数据生成查询条件，重置子窗体的记录源为新的查询语句。窗体存盘名称为“查询窗体”。

操作提示：

① “学历”组合框的“行来源类型”属性为“值列表”，“行来源”属性为“学士;硕士;博士”；“职称”组合框的“行来源类型”属性为“表/查询”，“行来源”属性为“SELECT DISTINCT 职称 FROM 教师;”；子窗体以“教师”表作为数据源。设计界面如图 2-7-1 所示。

② 参照理论篇第 8 章例 8-7 编写代码。

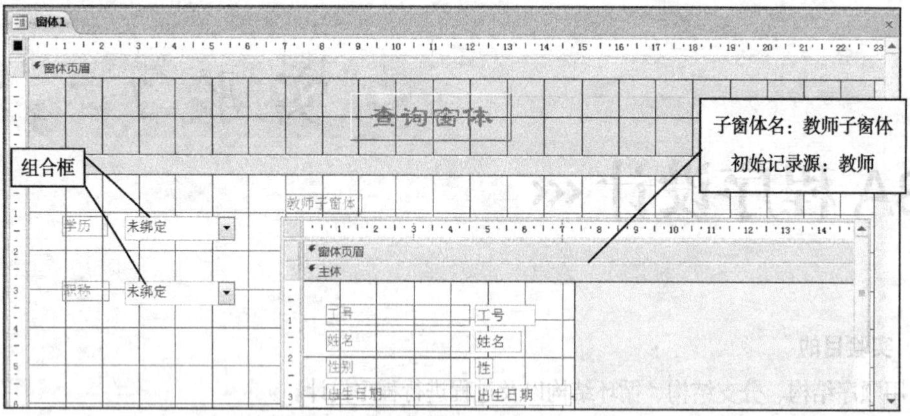

图 2-7-1　实验 7-6 设计查询窗体

实验 8

宏设计

1．实验目的

掌握宏的创建及运行。

2．实验内容

【实验 8-1】 打开上次实验的数据库文件。

【实验 8-2】 创建一个子宏（存盘文件名为“× × ×子宏”）（× × ×为自己的姓名），如图 2-8-1 所示。该子宏可以实现打开上述实验建立的各个窗体、报表。

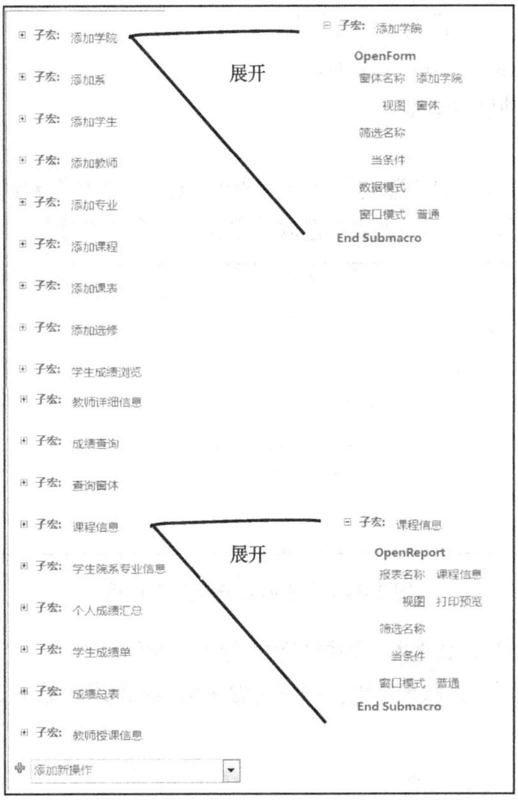

图 2-8-1　实验 8-2 创建子宏

【实验 8-3】 创建名为“张三”的窗体，运行实验 8-2 创建的宏，运行界面如图 2-8-2 所示。每个命令按钮的单击事件对应相应的子宏。

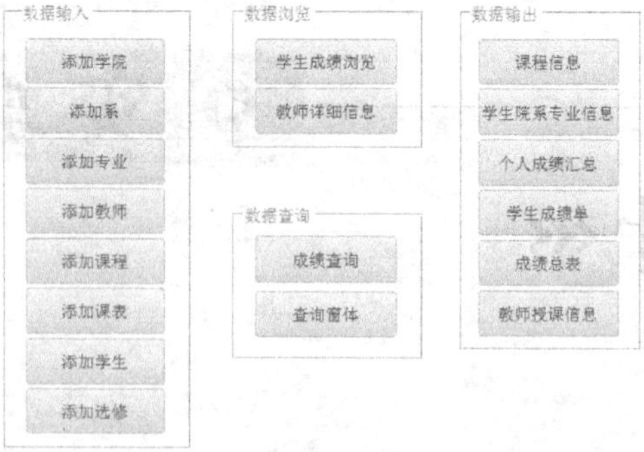

图 2-8-2　实验 8-3 宏运行界面

【实验 8-4】创建一个名为“测试条件宏”的窗体，窗体上有一个命令按钮 Command1，有一个文本框 Text1。创建一个名为“条件宏”的宏，判断如果文本框 Text1 为空，则显示消息框提示“请输入数字或文字”；如果文本框 Text1 中输入的是数字，则显示消息框提示“OK!输入的是数字”，否则显示消息框提示“OK!输入的是文字”。命令按钮 Command1 的单击事件为“条件宏”，运行时，在文本框 Text1 中输入信息，单击按钮进行判断。

操作提示：使用 IsNull()、IsNumeric()函数。

【实验 8-5】设置自动启动窗体。

操作步骤：

① 选择“文件”选项卡中的“选项”命令，弹出“Access 选项”对话框，在左窗格选择“当前数据库”，在右窗格从“显示窗体”列表中选取“主页”，单击“确定”按钮，如图 2-8-3 所示。

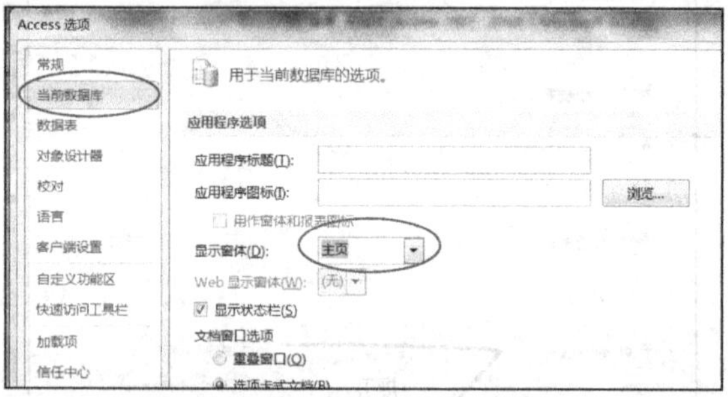

图 2-8-3　“Access 选项”对话框

② 关闭数据库，重新打开数据库，即可自动引导主页窗体。

实验 8-5 还可以通过以下方法来实现。创建名为 autoexec 的宏（见图 2-8-4），在启动数据库时自动打开窗体“主页”。

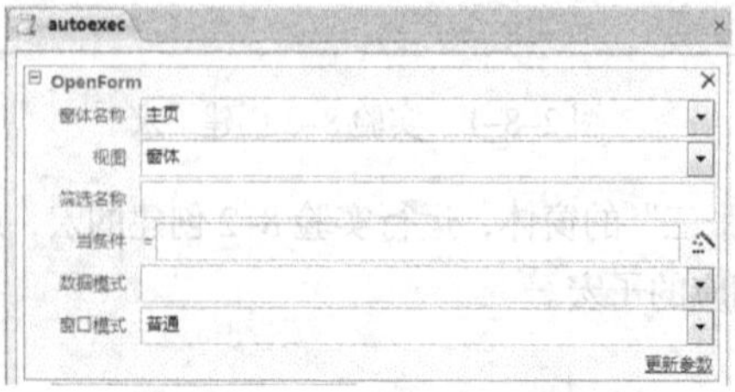

图 2-8-4　名为 autoexec 的宏

附录A

习题参考答案

第1章 数据库技术基础

一、单项选择题

1. C	2. C	3. D	4. B	5. A	6. A	7. B	8. B	9. A	10. C
11. C	12. A	13. B	14. B	15. C	16. D	17. B	18. D	19. C	20. A
21. B	22. D	23. D	24. D	25. A	26. B	27. A	28. B	29. C	30. B
31. D	32. D	33. B	34. B	35. C	36. C	37. A	38. C	39. D	40. C
41. D	42. D	43. D	44. B	45. D	46. D	47. C	48. B	49. A	50. A
51. B	52. B	53. D	54. D	55. A	56. C	57. A	58. B		

二、填空题

1. 人工管理阶段、文件系统阶段、数据库系统阶段
2. 计算机软件、计算机硬件、数据库、人员
3. 数据库
4. 数据库系统
5. 外存
6. 内模式、模式、外模式
7. 外模式/模式映射
8. 模式/内模式映射
9. 物理独立性
10. 逻辑独立性
11. 物理
12. 逻辑
13. 外模式、内模式、模式
14. 概念结构、逻辑结构
15. 一对多、多对多
16. 一对一
17. 一对多
18. 多对多
19. 关系模型
20. 关系模型
21. 抽象
22. 实体集
23. E-R

三、简答题

1. 答：

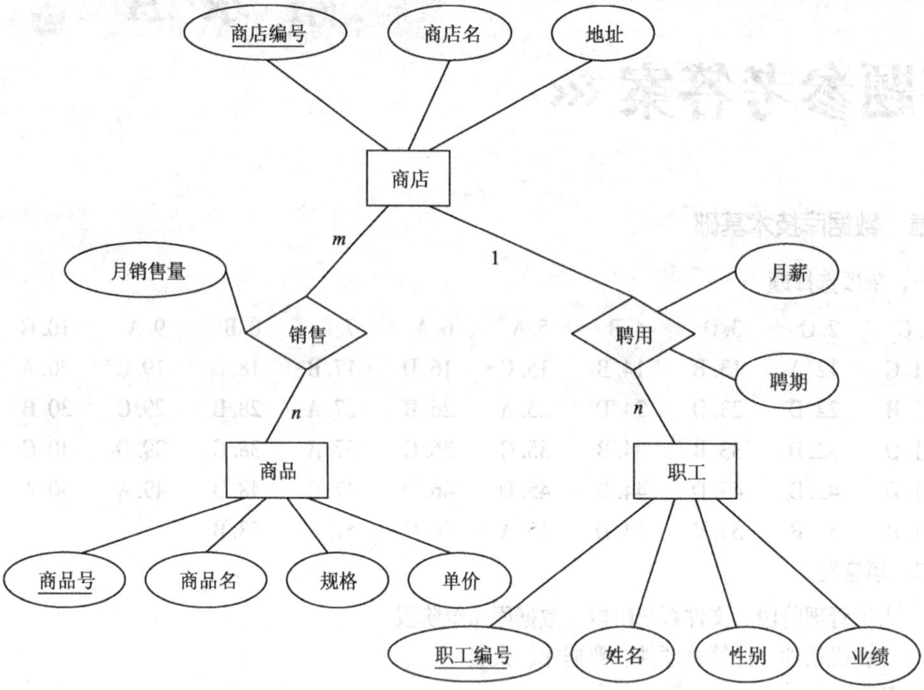
商店编号
商店名
地址
商店
m
1
月销售量
销售
聘用
月薪
聘期
n
n
商品
职工
商品号
商品名
规格
单价
职工编号
姓名
性别
业绩

2. 答：

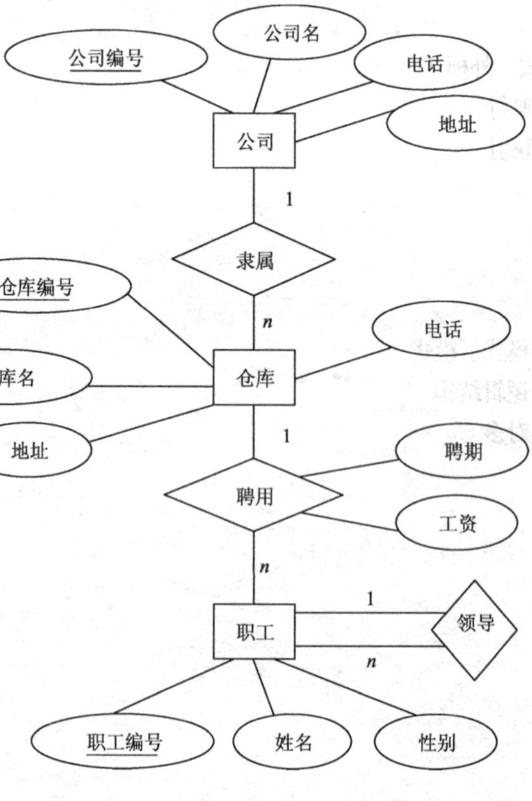
公司编号
公司名
电话
地址
公司
1
隶属
n
仓库编号
电话
仓库名
仓库
地址
1
聘期
聘用
工资
n
1
职工
领导
n
职工编号
姓名
性别

3. 答：

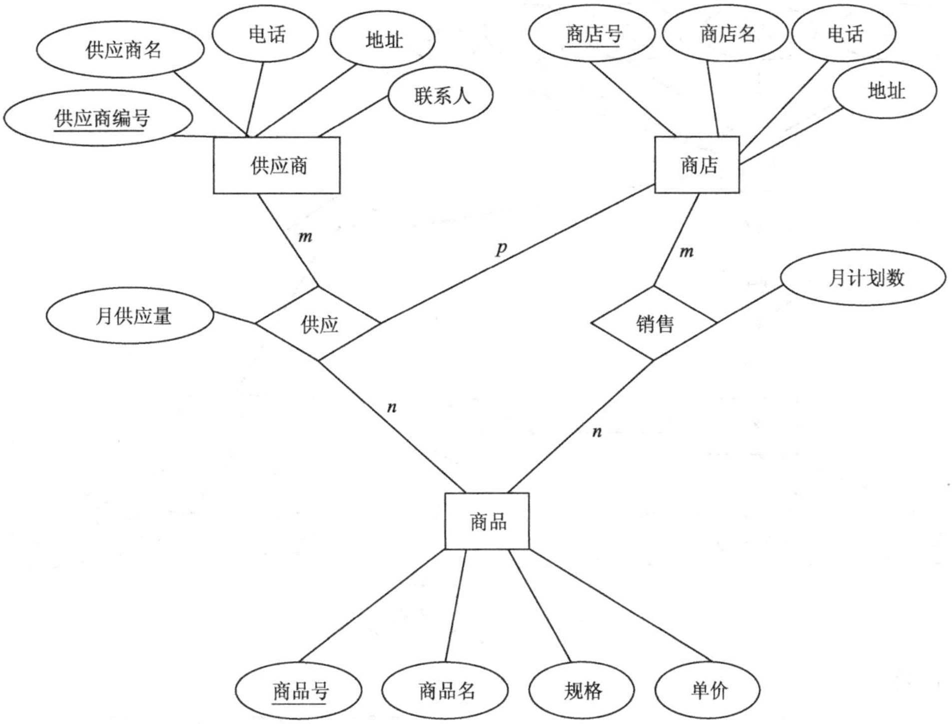
供应商名
电话
地址
联系人
供应商编号
供应商
商店号
商店名
电话
地址
商店
m
p
m
月供应量
供应
销售
月计划数
n
n
商品
商品号
商品名
规格
单价

4. 答：

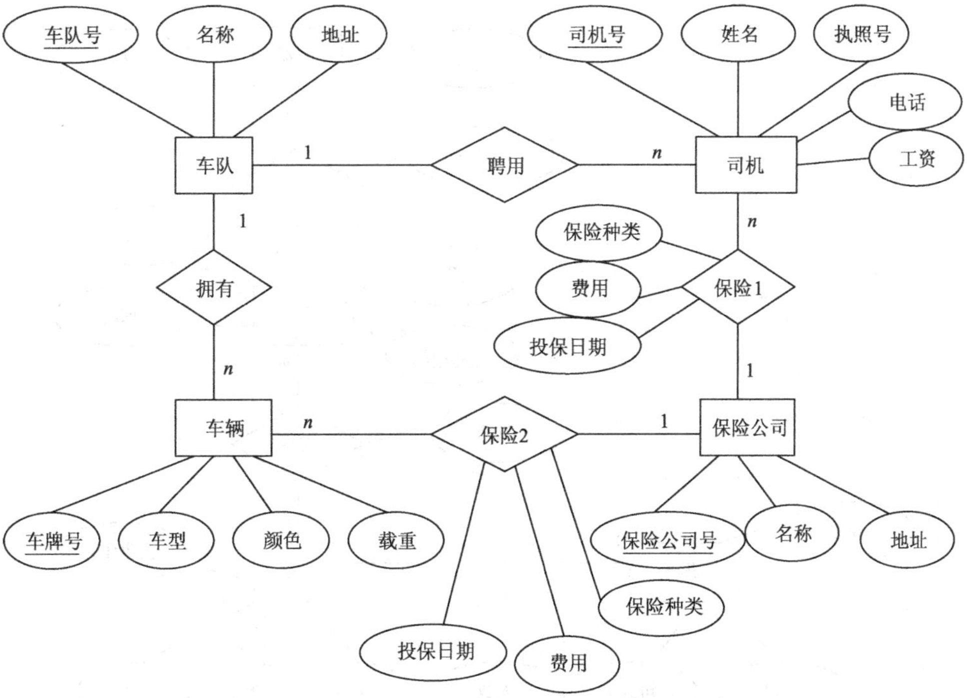
车队号
名称
地址
司机号
姓名
执照号
电话
工资
车队
1
聘用
n
司机
1
n
保险种类
费用
投保日期
拥有
保险1
n
1
车辆
n
保险2
1
保险公司
车牌号
车型
颜色
载重
保险公司号
名称
地址
保险种类
投保日期
费用

5. 答：

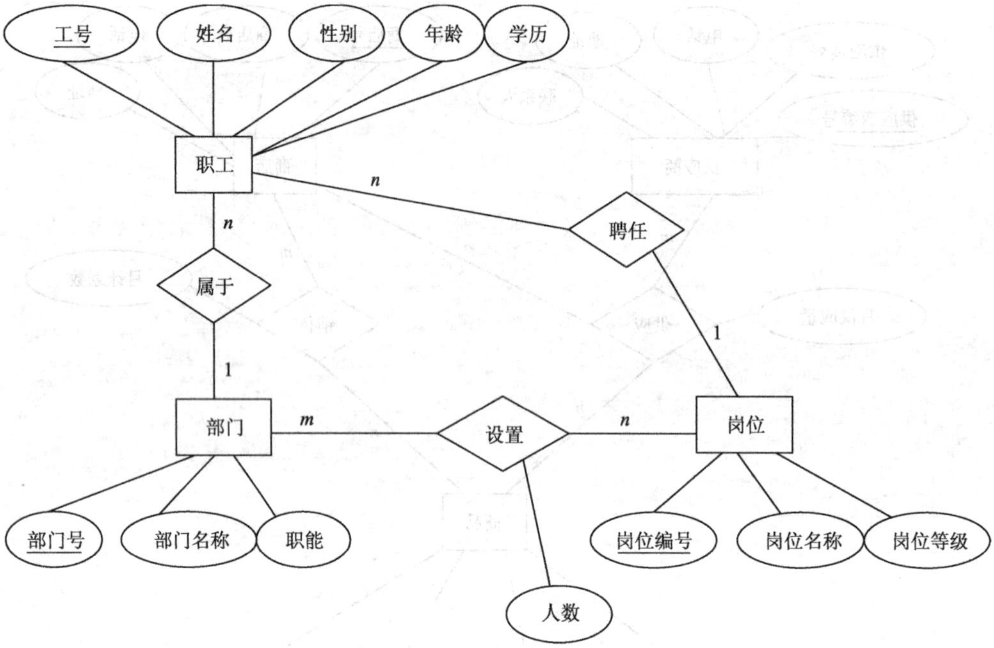
工号
姓名
性别
年龄
学历
职工
n
聘任
n
属于
1
1
部门
m
设置
n
岗位
部门号
部门名称
职能
人数
岗位编号
岗位名称
岗位等级

6. 答：

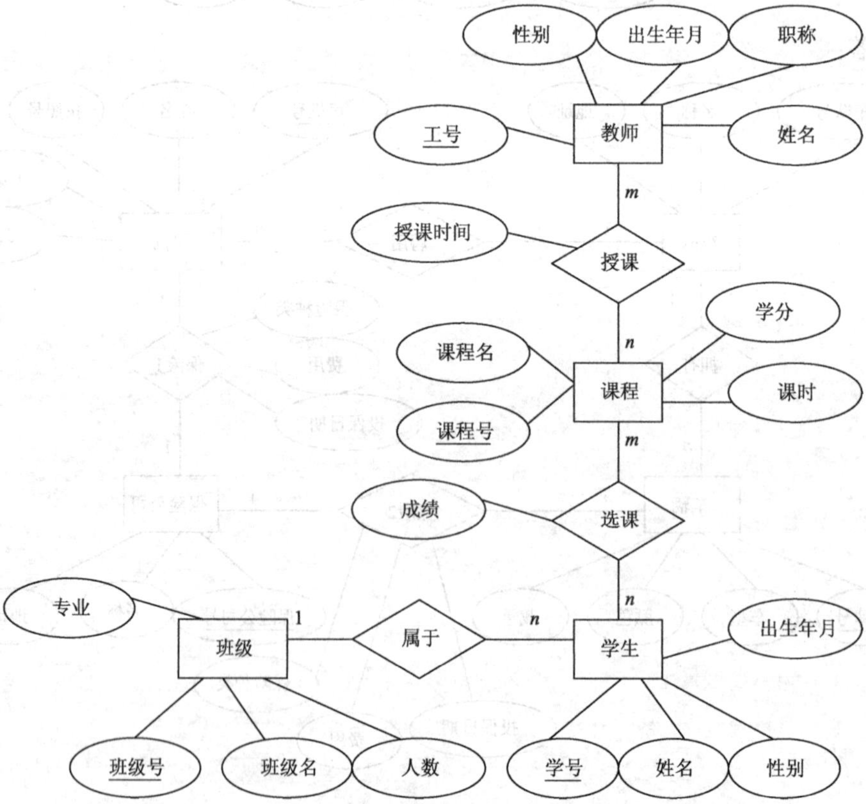
性别
出生年月
职称
工号
教师
姓名
m
授课时间
授课
学分
n
课程名
课程
课时
课程号
m
成绩
选课
n
专业
1
班级
属于
n
学生
出生年月
班级号
班级名
人数
学号
姓名
性别

7. 答：

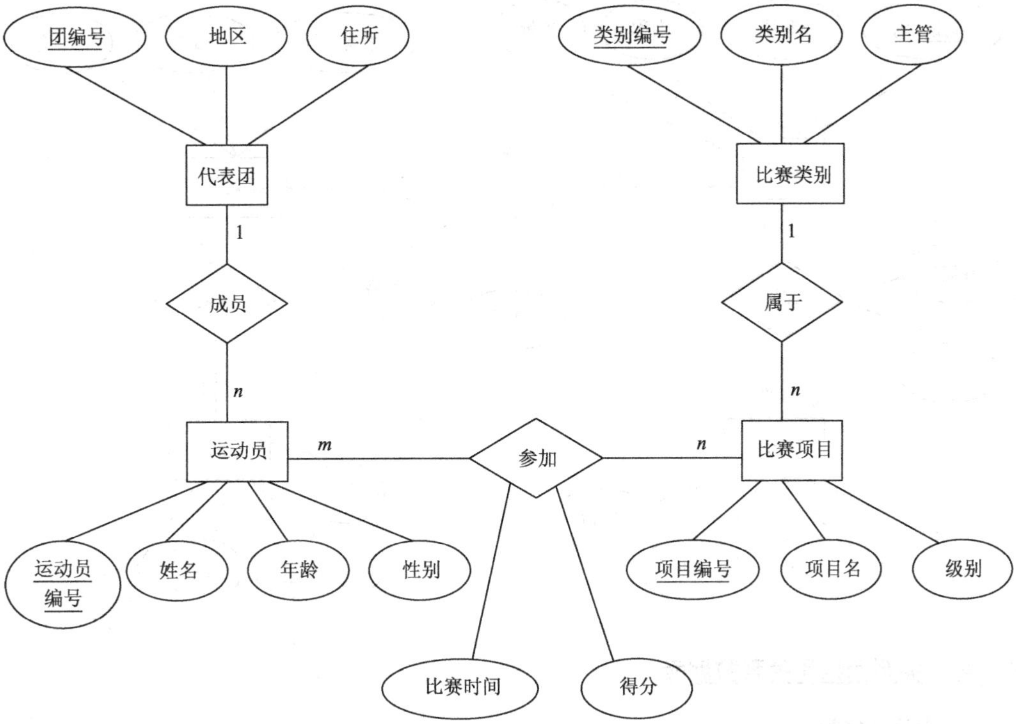
团编号
地区
住所
代表团
1
成员
n
类别编号
类别名
主管
比赛类别
1
属于
n
运动员
m
参加
n
比赛项目
运动员编号
姓名
年龄
性别
项目编号
项目名
级别
比赛时间
得分

8. 答：

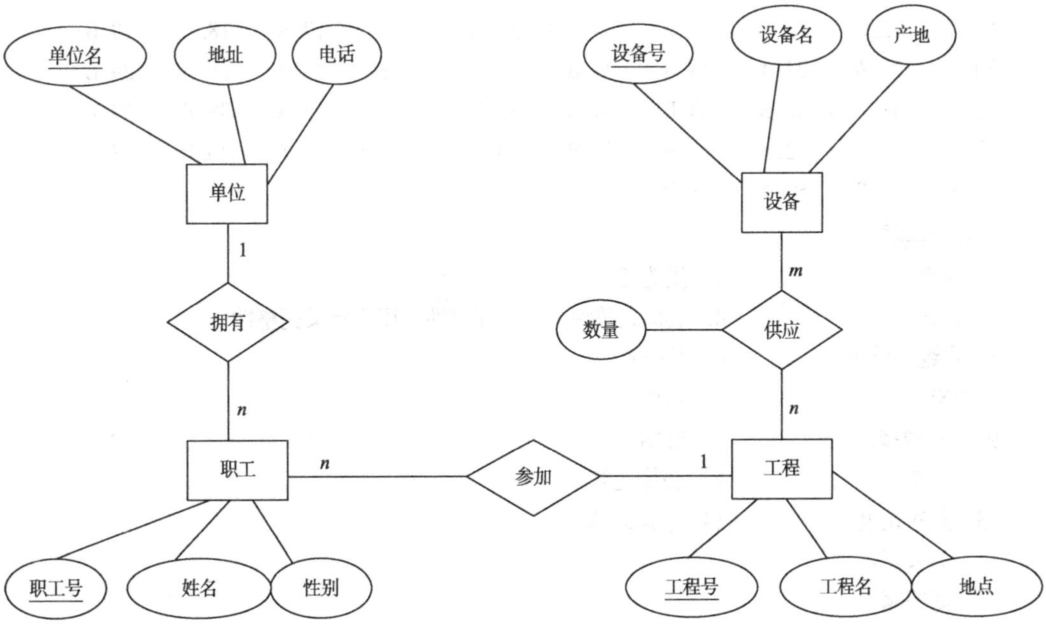
单位名
地址
电话
单位
1
拥有
n
设备号
设备名
产地
设备
m
数量
供应
n
职工
n
参加
1
工程
职工号
姓名
性别
工程号
工程名
地点

9. 答：

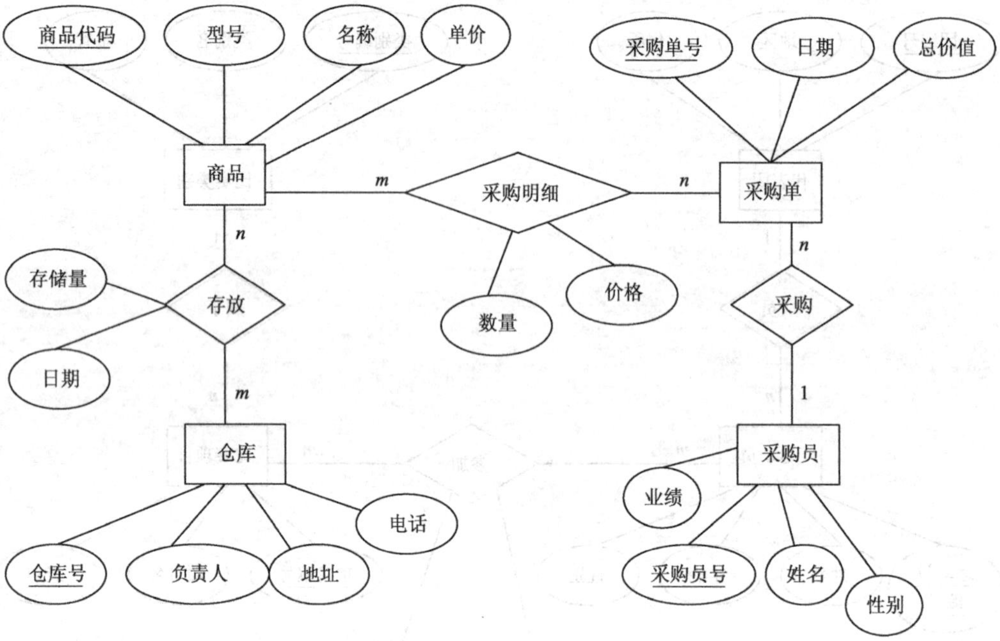

第 2 章　关系模型和关系数据库

一、单项选择题

1. C　2. C　3. C　4. B　5. B　6. D　7. A　8. C　9. C、B　10. D
11. C　12. C　13. D　14. A、C、B、A　15. A　16. C　17. A　18. C　19. B
20. A　21. A　22. A　23. B　24. B　25. B　26. B　27. B　28. B　29. B
30. C　31. A、D　32. B　33. B　34. A　35. B　36. C　37. A　38. B　39. B
40. B　41. B　42. B　43. B　44. B　45. A、B、A、C、C、C　46. D　47. C
48. A　49. B　50. A　51. D

二、填空题

1. 属性　　2. 候选键
3. 二维表　　4. 实体完整性、参照完整性、用户定义完整性
5. 主键、外键　　6. 数据冗余
7. 2NF　　8. 3NF
9. 一个关系　　10. $R \cap S$
11. $R-S$　　12. 投影运算
13. 某些元组　　14. 选择运算
15. 关系模式

三、简答题

1. 答：（1）基本的函数依赖有 3 个。

（司机编号，汽车牌照）→ 行驶公里

司机编号 → 车队编号

车队编号 → 车队主管

R 的主键为（司机编号，汽车牌照）

（2）根据（1）可推出下列函数依赖成立：

（司机编号，汽车牌照）→（车队编号，车队主管）

司机编号→（车队编号，车队主管）

其中前一个函数依赖是一个部分函数依赖，因此 R 不是 2NF 模式。

R 应分解成 R_1（司机编号，汽车牌照，行驶公里）

R_2（司机编号，车队编号，车队主管）

这两个模式都是 2NF 模式。

（3）R_1 已是 3NF 模式，但 R_2 不是 3NF 模式。

因为在 R_2 中的基本函数依赖有两个：

司机编号 → 车队编号；

车队编号 → 车队主管。

显然，存在传递函数依赖：司机编号 → 车队主管，因此 R_2 不是 3NF 模式。

R_2 应分解成 R_{21}（司机编号，车队编号）

R_{22}（车队编号，车队主管）

这样，R_1、R_{21}、R_{22} 均是 3NF 模式。

2.答：（1）基本的函数依赖有 3 个。

（教工编号，学期）→ 工作量

教工编号 → 院系名

院系名 → 院系领导

R 的主键为（教工编号，学期）

（2）根据（1）可推出下列函数依赖成立：

（教工编号，学期）→（院系名，院系领导）

教工编号→（院系名，院系领导）

其中，前一个函数依赖是一个部分函数依赖，因此 R 不是 2NF 模式。

R 应分解成 R_1（教工编号，院系名，院系领导）

R_2（教工编号，学期，工作量）

这两个模式都是 2NF 模式。

（3）R_2 已是 3NF 模式，但 R_1 不是 3NF 模式。

因为在 R_1 中的基本函数依赖有两个：

教工编号 → 院系名

院系名 → 院系领导

显然，存在传递函数依赖：教工编号 → 院系领导，因此 R_1 不是 3NF 模式。

R_1 应分解成：R_{11}(教工编号,院系名)

R_{12}(院系名,院系领导)

此处，R_{11}、R_{12} 和 R_2 均是 3NF 模式。

3.答：（1）基本函数依赖有 3 个。

（职工名，项目名）→工资

项目名→部门名

部门名→部门经理

R 的主键为（职工名，项目名）

（2）根据（1）可推出下列函数依赖成立：

（职工名，项目名）→（部门名，部门经理）

项目名 →（部门名，部门经理）

其中，前一个函数依赖是一个部分函数依赖，因此 R 不是 2NF 模式。

R 应分解成：R_1（项目名，部门名，部门经理）

R_2（职工名，项目名，工资）

这两个模式都是 2NF 模式。

（3）R_2 已是 3NF 模式，但 R_1 不是 3NF 模式。

因为在 R_1 中的基本函数依赖有两个：

项目名→部门名

部门名→部门经理

显然，存在传递函数依赖：项目名→部门经理，因此 R_1 不是 3NF 模式。

R_1 应分解成：R_{11}（项目名，部门名）

R_{12}（部门名，部门经理）

此处，R_{11}、R_{12} 和 R_2 均是 3NF 模式。

4.答:（1）基本的函数依赖有 3 个。

（职工编号，日期）→ 日营业额

职工编号 → 部门名

部门名 → 部门经理

R 的主键为（职工编号，日期）

（2）根据（1）可推出下列函数依赖成立：

（职工编号，日期）→（部门名，部门经理）

职工编号 →（部门名，部门经理）

可见，前一个函数依赖是部分函数依赖，所以 R 不是 2NF 模式。

R 应分解成 R_1（职工编号，部门名，部门经理）

R_2（职工编号，日期，日营业额）

此处，R_1 和 R_2 都是 2NF 模式。

（3）R_2 已是 3NF 模式，但 R_1 不是 3NF 模式。

因为在 R_1 中的基本函数依赖有两个：

职工编号 → 部门名

部门名 → 部门经理

显然，存在传递函数依赖：职工编号 → 部门经理，因此 R_1 不是 3NF 模式。

R_1 应分解成 R_{11}（职工编号，部门名）

R_{12}（部门名，部门经理）

此处，R_{11}、R_{12} 和 R_2 均是 3NF 模式。

5.答：（1）基本的函数依赖有：

课程号→课程名，学分

（课程号，授课教师号）→ 授课时数

R 的主键为（课程号，授课教师号）

（2）根据（1）可推出下列函数依赖成立：

（课程号，授课教师号）→（课程名，学分）

课程号→课程名，学分

可见，前一个函数依赖是部分函数依赖，所以 R 不是 2NF 模式。

R 应分解成 R_1（课程号，课程名，学分）

R_2（课程号，授课教师号，授课时数）

此处，R_1 和 R_2 都是 2NF 模式。

6. E–R 图可以转换为如下 4 个关系模式：

商店（商店编号，商店名，地址）

职工（职工编号，姓名，性别，业绩，商店编号，聘期，月薪）

商品（商品号，商品名，规格，单价）

销售（商店编号，商品号，月销售量）

7. E–R 图可以转换为如下 3 个关系模式：

公司（公司编号，公司名，地址，电话）

仓库（仓库编号，仓库名，地址，电话，公司编号）

职工（职工编号，姓名，性别，经理编号，仓库编号，聘期，工资）

8. E–R 图可以转换为如下 5 个关系模式：

供应商（供应商编号，供应商名，地址，电话，联系人）

商店（商店号，商店名，地址，电话）

商品（商品号，商品名，规格，单价）

供应（供应商编号，商品号，商店号，月供应量）

销售（商店号，商品号，月计划数）

9. E–R 图可以转换为如下 4 个关系模式：

车队（车队号，名称，地址）

司机（司机号，姓名，执照号，电话，工资，车队号，保险公司号，投保日期，保险种类，费用）

车辆（车牌号，车型，颜色，载重，车队号，保险公司号，投保日期，保险种类，费用）

保险公司（保险公司号，名称，地址）

10. E–R 图可以转换为如下 4 个关系模式：

职工（工号，姓名，性别，年龄，学历，部门号，岗位编号）

部门（部门号，部门名称，职能）

岗位（岗位编号，岗位名称，岗位等级）

设置（部门号，岗位编号，人数）

11. E–R 图可以转换为如下 6 个关系模式：

班级（班级号，班级名，人数，专业）

学生（学号，姓名，性别，出生年月，班级号）

课程（课程号，课程名，课时，学分）

教师（工号，姓名，性别，出生年月，职称）

选课（学号，课程号，成绩）

授课（工号，课程号，授课时间）

12. E–R 图可以转换为如下 5 个关系模式：

代表团（团编号，地区，住所）
运动员（运动员编号，姓名，性别，年龄，团编号）
比赛类别（类别编号，类别名，主管）
比赛项目（项目编号，项目名，级别，类别编号）
参加（运动员编号，项目编号，比赛时间，得分）

13. E-R 图可以转换为如下 5 个关系模式：
单位（单位名，地址，电话）
职工（职工号，姓名，性别，单位名，工程号）
工程（工程号，工程名，地点）
设备（设备号，设备名，产地）
供应（工程号，设备号，数量）

14. E-R 图可以转换为如下 6 个关系模式：
商品（商品代码，型号，名称，单价）
仓库（仓库号，负责人，地址，电话）
采购单（采购单号，日期，总价值，采购员号）
采购员（采购员号，姓名，性别，业绩）
存放（商品代码，仓库号，存储量，日期）
采购明细（商品代码，采购单号，数量，价格）

15.
（1）$\pi_{\text{姓名，所在城市}}(\text{供应商})$
（2）$\pi_{\text{零件名称，质量}}(\text{零件})$
（3）$\sigma_{\text{所在城市="北京"}}(\text{供应商})$
（4）$\sigma_{\text{颜色="红"}}(\text{零件})$
（5）$\pi_{\text{供应商编号,姓名}}(\sigma_{\text{所在城市="北京"}}(\text{供应商}))$
（6）$\pi_{\text{零件编号,质量}}(\sigma_{\text{颜色="红"}}(\text{零件}))$
（7）$\pi_{\text{姓名}}(\sigma_{\text{所在城市="北京"} \wedge \text{状态="批准"}}(\text{供应商}))$
（8）$\pi_{\text{零件名称}}(\sigma_{\text{颜色="红"} \wedge \text{质量}<100}(\text{零件}))$
（9）$\pi_{\text{零件名称}}(\sigma_{\text{颜色="蓝"} \vee \text{质量}<50}(\text{零件}))$
（10）$\pi_{\text{零件名称}}(\sigma_{\text{质量}<80 \vee \text{质量}>200}(\text{零件}))$
（11）$\pi_{\text{项目名称}}(\sigma_{\text{供应商编号="S101"}}(\text{项目} \bowtie \text{供货}))$
（12）$\pi_{\text{姓名、零件名称,项目名称,供应数量}}(\text{供应商} \bowtie \text{供货} \bowtie \text{零件} \bowtie \text{项目})$
（13）$\pi_{\text{供应商编号}}(\text{供应商}) - \pi_{\text{供应商编号}}(\sigma_{\text{项目编号="J555"}}(\text{供货}))$

第 3 章　数据库与表

一、单项选择题

1. C	2. D	3. D	4. C	5. B	6. A	7. D	8. C	9. A	10. C
11. B	12. D	13. A	14. D	15. D	16. C	17. D	18. C	19. D	20. C
21. C	22. B	23. C	24. D	25. D	26. D	27. B	28. D	29. A	30. C
31. D	32. D	33. C	34. C	35. C	36. C	37. A	38. C	39. B	40. D
41. B	42. B	43. C	44. C	45. A	46. D	47. B	48. A	49. D	50. D

51.D 52. C 53. B 54. B 55. D 56. D 57. D 58. C 59. B 60. B
61.C 62. C 63. D 64. A 65. C

二、填空题

1. 查询　　2. Shift
3. 数据　　4. 排列顺序
5. 字段名称　　6. 输入掩码
7. 有效性规则　　8. 有效性文本、有效性规则
9. 默认值　　10. 建立索引

第4章 查询

一、单项选择题

1. B 2. D 3. A 4. A 5. C 6. D 7. D 8. D 9. C 10. B
11. D 12. B 13. D 14. D 15. C 16. B 17. B 18. C 19.D 20. B
21. D 22. D 23. C 24. D 25. A 26. C 27. C

二、简答题

(1) CREATE TABLE 交易(交易号 Char(4) Primary key,交易时间 Date,终端 Char(2),收银员 Char(6),总金额 Money)

(2) ALTER TABLE 销售 ALTER 单价 Single

(3) ALTER TABLE 商品 ADD 备注 Memo

(4) ALTER TABLE 商品 DROP 备注

(5) INSERT INTO 商品 VALUES("BH11307","蓝月亮","百货","高","600ml",#2016-12-12#)

(6) UPDATE 销售 SET 优惠价=单价*0.85

(7) UPDATE 销售 SET 优惠价 = 单价*0.5 WHERE 数量<50;

(8) DELETE FROM 商品 WHERE 品质="低"

(9) SELECT * FROM 商品

(10) SELECT 商品编号,名称,规格 FROM 商品

(11) SELECT DISTINCT 类型 FROM 商品

(12) SELECT * FROM 商品 WHERE 名称 LIKE "圣牧*"

(13) SELECT * FROM 商品 WHERE 名称 NOT LIKE "圣牧*"

(14) SELECT * FROM 商品 WHERE 名称 LIKE "*纯牛奶*"

(15) SELECT * FROM 商品 WHERE 名称 LIKE "*[杏桃]*"

(16) SELECT * FROM 商品 WHERE 名称 NOT LIKE "*[杏桃]*"

(17) SELECT * FROM 商品 WHERE 名称 LIKE "*洗衣液"

(18) SELECT * FROM 销售 WHERE 单价 LIKE "##.#"

(19) SELECT * FROM 商品 WHERE Datediff("yyyy",[生产日期],Date())>1

(20) SELECT * FROM 交易 WHERE 交易时间=Dateserial(Year(Date())-1,10,1)

(21) SELECT * FROM 交易 WHERE 交易时间=Dateadd("q",-1,Date())

(22) SELECT * FROM 交易 WHERE Datepart("m",[交易时间])=5

(23) SELECT * FROM 交易 WHERE Datepart("q",[交易时间])=2

（24）SELECT * FROM 交易 WHERE 交易时间<#2016-10-1#

（25）SELECT * FROM 交易 WHERE 交易时间 Between #2016-5-18# And #2016-6-20#

（26）SELECT * FROM 交易 WHERE 交易时间 Between Date() And Date()-6

（27）SELECT * FROM 交易 WHERE Year([交易时间])=Year(Date()) And Month([交易时间])=Month(Date())

（28）SELECT * FROM 交易 WHERE 交易时间 Between Date() And Dateadd("m",-1,Date())

（29）SELECT * FROM 交易 WHERE Year([交易时间])=Year(Date()) And Datepart("q",[交易时间])=Datepart("q",Date())

（30）SELECT * FROM 交易 WHERE 交易时间=Dateserial(Year(Date()),Month(Date()),1)

（31）SELECT * FROM 交易 WHERE 交易时间=Dateserial(Year(Date()),Month(Date())+1,0)

（32）SELECT 商品编号,单价,数量 FROM 销售 WHERE 单价 Between 50 And 99

（33）SELECT 商品编号,单价,数量 FROM 销售 WHERE 单价 In(9.9,19.9,29.9)

（34）SELECT 商品编号,单价 FROM 销售 WHERE 优惠价 Is Null

（35）SELECT 商品编号,单价 FROM 销售 WHERE 优惠价 Is Not Null

（36）SELECT * FROM 商品 WHERE Year([生产日期])<>Year(Date()) And 类型="百货"

（37）SELECT * FROM 商品 WHERE 规格 LIKE "###g" OR 规格 Like "###ml"

（38）SELECT MAX(总金额) AS 最高值, MIN(总金额) AS 最低值 FROM 交易

（39）SELECT AVG(总金额) AS 平均值 FROM 交易

（40）SELECT COUNT(*) AS 交易笔数 FROM 交易 WHERE 交易时间=#2016-1-1#

（41）SELECT SUM(总金额) AS 总计 FROM 交易 WHERE 交易时间 Between Date() And DateAdd("m",-1,Date())

（42）SELECT MAX(总金额) AS 最高值 FROM 交易 WHERE Year(交易时间)=2016

（43）SELECT 类型,COUNT(*) AS 数量 FROM 商品 GROUP BY 类型

（44）SELECT 商品编号,SUM(数量) AS 数量和 FROM 销售 GROUP BY 商品编号

（45）SELECT 类型 FROM 商品 GROUP BY 类型 HAVING COUNT(*) >=50

（46）SELECT 商品编号 FROM 销售 GROUP BY 商品编号 HAVING COUNT(*)>=5

（47）SELECT 收银员,AVG(总金额) AS 平均 FROM 交易 GROUP BY 收银员

（48）SELECT 收银员, AVG(总金额) FROM 交易 GROUP BY 收银员 HAVING AVG(总金额)>150000

（49）SELECT 交易号,收银员,总金额 FROM 交易 ORDER BY 总金额 DESC

（50）SELECT 商品编号,名称,类型,品质,生产日期 FROM 商品 ORDER BY 生产日期,品质 DESC

（51）SELECT 商品.商品编号,名称,规格,单价 FROM 商品 INNER JOIN 销售 ON 商品.商品编号 = 销售.商品编号

或

SELECT 商品.商品编号,名称,规格,单价 FROM 商品,销售 WHERE 商品.商品编号=销售.商品编号

（52）SELECT 商品编号 FROM 销售 WHERE 单价>(SELECT AVG(单价) FROM 销售)

（53）Select 商品编号,名称,规格 Into 备份表 From 商品

第5章 窗体

一、单项选择题

1. C	2. D	3. A	4. C	5. B	6. C	7. A	8. B	9. D	10.B
11. B	12. C	13. C	14. A	15. C	16. C	17. A	18. C	19. B	20.A
21. B	22. D	23. B	24. C	25. A					

二、填空题

1. 表、查询
2. 窗体
3. 节
4. 窗体页眉、页面页眉、主体、页面页脚、窗体页脚
5. 一对多
6. 一对多
7. 一对多
8. 绑定型、非绑定型、计算型
9. SQL 语句

第6章 报表

一、单项选择题

1. B	2. D	3. C	4. D	5. A	6. B	7. A	8. A	9. B	10. A
11. B	12. A	13. A	14. C	15. D	16. D	17. A	18. B	19. A	20. B
21. A	22. B	23. D	24. B	25. B	26. A	27. A	28. D	29. D	

二、填空题

1. 编辑修改
2. 统计计算
3. 报表页眉、页面页眉、组页眉、主体、组页脚、页面页脚、报表页脚
4. 第1页
5. 主体
6. 设计视图、打印预览、报表视图、布局视图
7. 数据源
8. 布局
9. 布局、布局
10. 设计、设计
11. =
12. 短虚线
13. 一对一、一对多
14. 组页眉、组页脚
15. 最后一页、前

第7章 宏

一、单项选择题

1. D	2. A	3. C	4. B	5. B	6. C	7. A	8. C	9. A	10. B
11. A	12. A	13. C	14. C	15. A	16. D	17. B	18. A	19. C	20. D
21. C	22. C	23. A	24. B	25. D	26. A	27. B	28. C	29. D	

二、填空题

1. 操作
2. 宏设计器
3. 宏设计器
4. 添加操作
5. Autoexec
6. 条件表达式
7. 条件表达式
8. 窗体名称
9. 报表名称
10. 表名称

11. 控件事件

第 8 章　VBA 程序设计

一、单项选择题

1. A	2. D	3. A	4. A	5. C	6. C	7. D	8. C	9. A	10. B
11. C	12. B	13. B	14. A	15. B	16. A	17. A	18. B	19. B	20. D
21. C	22. C	23. B	24. A	25. D	26. A	27. D	28. C	29. A	30. A
31. B	32. C	33. A	34. A	35. A	36. B	37. B	38. B	39. A	40. A
41. C	42. D	43. B	44. C	45. C	46. A	47. D	48. B	49. C	50. A
51. D	52. B	53. B	54. B	55. D	56. D	57. A	58. B		

二、填空题

```
1. Form
Me.RecordSource
Me.Caption = Year(Date) & "年等级考试"
```

2.

```
Dim a As Integer
DoCmd.OpenForm "添加学生"
DoCmd.OpenReport "学生成绩单"
MsgBox "输入的值应在 0~4 范围内"
Enabled
DoCmd.Close acTable, "学生"
DoCmd.Close acQuery, "学生查询"
InputBox("请输入 0~4 的值")
```

参 考 文 献

[1] 国家中长期教育改革和发展规划纲要（2010—2020 年）.

[2] 教育部高等学校计算机课程教学指导委员会. 计算机基础课程教学基本要求[M]. 北京：高等教育出版社，2016.

[3] 王珊，萨师煊. 数据库系统概论[M]. 4 版. 北京：机械工业出版社，2014.

[4] 吴靖. 数据库原理及应用（Access 版）[M]. 北京：机械工业出版社，2015.

[5] 李雁翎. 数据库技术与应用：Access[M]. 北京：高等教育出版社，2005.

[6] 邱李华，曹青，郭志强. Visual Basic 程序设计教程[M]. 3 版. 北京：机械工业出版社，2011.

[7] 丁宝康，汪卫, 张守志, 等. 数据库系统教程(第 3 版)习题解答与实验指导[M]. 北京：高等教育出版社，2009.

[8] MICK. SQL 基础教程[M]. 孙淼，罗勇，译. 北京：人民邮电出版社，2013.

[9] 全国计算机等级考试命题研究中心，未来教育教学与研究中心. 全国计算机等级考试:二级 Access[M]. 成都：电子科技大学出版社，2016.